Quantenmechanik: Das The

Leonard Susskind · Art Friedman

Quantenmechanik: Das Theoretische Minimum

Alles, was Sie brauchen, um Physik zu treiben

 Springer

Leonard Susskind
Department of Physics
Stanford University
Stanford, CA, USA

Art Friedman
Murphys, CA, USA

Übersetzt von
Heiko Sippel
Düsseldorf, Deutschland

ISBN 978-3-662-60329-1   ISBN 978-3-662-60330-7   (eBook)
https://doi.org/10.1007/978-3-662-60330-7

Die Deutsche Nationalbibliothek verzeichnet diese Publikation in der Deutschen Nationalbibliografie; detaillierte bibliografische Daten sind im Internet über http://dnb.d-nb.de abrufbar.

Deutsche Übersetzung der englischsprachigen Originalausgabe: QUANTUM MECHANICS – THE THEORETICAL MINIMUM. WHAT YOU NEED to KNOW to START DOING PHYSICS © 2014 by Leonard Susskind and George Hrabovsky. Published by Basic Books, A Member of the Perseus Books Group. All rights reserved.

Copyright: deBlik, Berlin

Planung/Lektorat: Margit Maly
Springer ist ein Imprint der eingetragenen Gesellschaft Springer-Verlag GmbH, DE und ist ein Teil von Springer Nature.
Die Anschrift der Gesellschaft ist: Heidelberger Platz 3, 14197 Berlin, Germany

Für unsere Eltern,
die dies alles ermöglichten:
Irene und Benjamin Susskind
George und Trudy Freeman

Vorwort

Albert Einstein, auf viele Weisen Vater der Quantenmechanik, verband eine notorische Hassliebe mit dem Thema. Seine Streitgespräche mit Niels Bohr – Bohr zutiefst von der Quantenmechanik überzeugt, Einstein zutiefst skeptisch – bilden einen berühmten Bestandteil der Geschichte der Wissenschaft. Allgemein sehen die meisten Physiker Bohr als Gewinner und Einstein als Verlierer. Meinem Gefühl nach, das wohl auch von einer wachsenden Zahl von Physikern geteilt wird, wird diese Einstellung Einsteins Ansichten nicht gerecht.

Bohr und Einstein waren beide sehr scharfsinnige Männer. Einstein bemühte sich sehr zu beweisen, dass die Quantenmechanik inkonsistent ist. Bohr dagegen konnte Einsteins Argumente immer widerlegen. Doch bei seinem letzten Angriff wies Einstein auf etwas derart Tiefliegendes hin, etwas so der Anschauung Widersprechendes und Verstörendes und doch so Aufregendes, dass es nun zu Beginn des 21. Jahrhunderts erneut die theoretischen Physiker fasziniert. Bohrs einzige Reaktion auf Einsteins letzte große Entdeckung – die Entdeckung der Verschränkung – war es, sie zu ignorieren.

Das Phänomen der Verschränkung ist eine grundlegende Tatsache der Quantenmechanik, und es macht sie so verschieden von der klassischen Physik. Es stellt unser gesamtes Verständnis darüber in Frage, was in der physikalischen Welt real ist. Unsere übliche Vorstellung eines physikalischen Systems besagt, dass wir bei einer vollständigen Kenntnis eines Systems alles über seine Teile wissen. Haben wir vollständige Kenntnis über den Zustand eines Automobils, so wissen wir alles über seine Räder, seinen Motor, sein Getriebe bis hin zu den Schrauben, die die Polsterung festhalten. Es macht keinen Sinn, wenn ein Mechaniker sagen würde: „Ich weiß alles über Ihr Auto, aber leider kann ich Ihnen nichts über seine Einzelteile sagen."

Aber dies ist genau das, was Einstein zu Bohr sagte – in der Quantenmechanik kann man alles über ein System wissen, aber nichts über seine einzelnen Teile – Bohr jedoch erkannte diese Tatsache nicht an. Ich sollte hinzufügen, dass dies auch in Generationen von Lehrbüchern nicht erwähnt wurde.

Jeder weiß, dass die Quantenmechanik seltsam ist, aber ich vermute, dass nur wenige Leute genau erklären könnten, warum. Dieses Buch ist eine technische Vorlesung über Quantenmechanik, aber es ist anders als die meisten Vorlesungen oder Lehrbücher. Der Fokus liegt auf den logischen Prinzipien, und das Ziel ist nicht, die völlige Seltsamkeit der Quantenmechanik zu verbergen, sondern sie ans Licht zu bringen.

Ich möchte Sie erinnern, dass dieses Buch eines von mehreren ist, die sich eng an meine Vorlesungen „Das Theoretische Minimum" im Internet anlehnen. Mein Co-Autor Art Friedman war einer der Besucher dieser Vorlesungen. Das Buch profitierte davon, dass Art selbst noch das Thema erlernte und dadurch

erfassen konnte, was den Anfänger verwirrt. Das Schreiben machte uns sehr viel
Spaß, und wir wollten etwas von diesem Geist mit etwas Humor einfließen lassen.
Wenn Ihnen das nicht gefällt, ignorieren Sie es.

Leonard Susskind

Als ich meinen Master in Informatik an der Stanford machte, konnte ich nicht
ahnen, dass ich einige Jahre später zurückkommen würde, um Leonards Physik-
Vorlesungen zu besuchen. Meine kurze „Laufbahn" in der Physik hatte viele
Jahre zuvor mit meinem Bachelor geendet. Aber mein Interesse an dem Thema
war immer lebendig geblieben.

Anscheinend habe ich viel Gesellschaft – die Welt scheint voller Leute, die
ernsthaft und tief an der Physik interessiert sind, aber die im Leben einen
anderen Weg eingeschlagen haben. Dieses Buch ist für sie.

Man kann Quantenmechanik bis zu einem bestimmten Grad rein qualitativ
betreiben. Aber erst die Mathematik kann ihre ganze Schönheit erfassen. Wir
haben versucht, dieses erstaunliche Gebiet dem mathematisch etwas erfahrenen
Nicht-Physiker voll zugänglich zu machen. Ich denke, es ist uns ganz gut gelungen
und ich hoffe, Sie werden zustimmen.

Niemand schafft ein solches Projekt ohne jede Menge Hilfe. Die Leute von
Brockman Inc. haben den geschäftlichen Teil ganz einfach erscheinen lassen, und
das Produktions-Team bei Perseus Books war spitze. Mein tiefer Dank geht an
TJ Kelleher, Rachel King und Tisse Takagi. Unser großes Glück war es, mit
einem so fähigen Redakteur wie John Searcy arbeiten zu können.

Ich bin Leonards anderen Studenten dankbar für ihre tiefsinnigen und provo-
kanten Fragen und viele anregende Gespräche nach den Veranstaltungen. Rob
Colwell, Todd Craig, Monty Frost und John Nash unterstützten uns mit hilf-
reichen Anmerkungen zum Manuskript. Jeremy Branscome und Russ Bryan
sichteten das gesamte Manuskript und fanden etliche Probleme.

Ich danke meiner Familie und Freunden für ihre Unterstützung und ihren
Enthusiasmus. Besonders danke ich meiner Tochter Hannah, die den Laden am
Laufen hielt.

Neben ihrer Liebe, ihren Ermutigungen, ihrem Verständnis und ihrem Humor
steuerte meine erstaunliche Frau Margaret Sloan ein Drittel der Diagramme und
beide Abbildungen von Hilberts Raum bei. Danke, Maggie!

Am Projektbeginn bemerkte Leonard, der meine wahre Motivation spürte, dass
einer der besten Wege, Physik zu erlernen, darin besteht, darüber zu schreiben.
Das ist natürlich wahr, aber ich wusste nicht, wie sehr, und ich bin dankbar,
dass ich es herausfinden konnte. Tausend Dank, Leonard!

Art Friedman

Vorwort des Übersetzers

Weiter geht die Reise. Leonard *Lenny* Susskind und sein neuer Co-Autor Art Friedman nehmen uns diesmal mit in die seltsame Welt der Quantenmechanik, und alles, was wir in **Band I** „Klassische Mechanik" des Theoretischen Minimums über die Fundamente der Physik gelernt haben, scheint nicht mehr zu gelten. Aber am Ende des Buchs sehen wir, wie sich alles wieder zusammenfügt.

Auch die Vorlesungen zu diesem **Band II** sind wieder im Internet zu finden, unter der Adresse http://theoreticalminimum.com oder bei YouTube. Die Vorlesungen bilden zusammen mit dem Buch einen einmaligen Einstieg in die Welt der Quantenmechanik, deren technische Anwendungen unser Leben so sehr verändert haben, und deren Entwicklung noch lange nicht abgeschlossen ist. Ich wünsche allen Lesern viel Spaß beim Lesen des Buchs und beim Nachrechnen der Beispiele und Aufgaben.

Ich bedanke mich wieder beim Springer-Verlag für die Unterstützung bei der Übersetzung und den Korrekturen, und bei meiner Frau Sabine, die mich während der Arbeit mit reichlich Kaffee versorgte.

Heiko Sippel

Prolog

> Art blickte über sein Bier hinweg und sagte: „Lenny, lass uns eine Partie ‚Einstein und Bohr' spielen!"
>
> „Okay, aber ich will nicht immer verlieren. Diesmal bist du Artstein und ich L-Bohr. Du fängst an!"
>
> „In Ordnung. Hier der erste Versuch: ‚Gott würfelt nicht!' Haha, L-Bohr, eins zu null für mich."
>
> „Nicht so schnell, Artstein, nicht so schnell. Du, mein Freund, warst der erste, der bemerkte, dass die Quantenmechanik grundlegend probabilistisch ist. Hehehe, das sind zwei Punkte!"
>
> „Na gut, ich nehme es zurück."
>
> „Kannst du nicht."
>
> „Kann ich doch."
>
> „Kannst du nicht."

Nur wenigen fiel auf, dass **Albert Einstein** in seiner Veröffentlichung „Über die Quantentheorie der Strahlung" im Jahr 1917 bemerkte, dass die Aussendung von Gammastrahlen durch ein statistisches Gesetz bestimmt ist.

Ein Professor und ein Geiger kommen in eine Bar

Band I wurde durch kurze Unterhaltungen zwischen Lenny und George eingerahmt, zwei fiktiven Personen, die lose auf Charakteren von John Steinbeck beruhten. Das Umfeld dieses Bandes des Theoretischen Minimums ist von den Geschichten von Damon Runyon inspiriert. Es ist eine Welt voller Gauner, Betrüger, Heruntergekommenen, Schlitzohren und Weltverbesserer. Dazu kommen ein paar normale Typen, die einfach nur über die Runden wollen. Die Handlung spielt in einer beliebten Kneipe namens *Hilberts Raum*.

Dorthin kommen nun Lenny und Art, zwei Greenhorns aus Kalifornien, die irgendwie ihren Touristen-Bus verpasst haben. Wünschen Sie ihnen Glück. Sie können es gebrauchen.

Das müssen Sie mitbringen

Man muss kein Physiker sein für diese Reise, aber Sie sollten einige Grundkenntnisse in Analysis und Linearer Algebra besitzen. Sie sollten auch etwas über die Themen im **Band I** der Reihe wissen. Schon okay, wenn ihre Mathematik etwas eingerostet ist. Wir werden zwischendurch einiges repetieren und erklären, besonders zur Linearen Algebra. **Band I** erklärte viel zur Analysis.

Leiten Sie aus unserem schlichten Humor nicht ab, dass wir für Hohlköpfe schreiben. Das tun wir nicht. Unser Ziel ist es, ein schwieriges Thema „so einfach wie möglich zu machen, aber nicht einfacher", und hoffen, dabei auch etwas Spaß zu haben. Wir sehen uns in Hilberts Raum!

Einleitung

Die klassische Mechanik ist anschaulich; die Dinge bewegen sich auf vorhersehbare Weise. Ein erfahrener Ballspieler kann mit einem schnellen Blick auf einen fliegenden Ball aus dessen Position und Geschwindigkeit bestimmen, wohin er laufen muss, um den Ball zu erreichen. Natürlich kann ihn ein kurzer Windstoß täuschen, aber nur, weil er dann nicht alle Variablen einbezogen hat. Es gibt einen einfachen Grund, warum die klassische Mechanik anschaulich ist: Menschen und vor ihnen die Tiere haben sie unzählige Male beim täglichen Überleben angewandt. Aber vor dem 20. Jahrhundert hatte nie jemand die Quantenmechanik angewandt. Die Quantenmechanik beschreibt Dinge, die so klein sind, dass sie vollständig jenseits der menschlichen Sinne liegen. So ist es verständlich, dass wir keine Intuition für die Quantenwelt entwickelt haben. Wir können sie nur verstehen, indem wir unsere Intuition mit abstrakter Mathematik neu verdrahten. Glücklicherweise sind wir aus irgendwelchen merkwürdigen Gründen dazu in der Lage.

Normalerweise lernt man zuerst die klassische Mechanik, bevor man sich an die Quantenmechanik wagt. Aber die Quantenmechanik ist viel grundlegender als die klassische Mechanik. Soweit wir wissen, bietet die Quantenmechanik eine exakte Beschreibung jedes physikalischen Systems, aber einige Dinge sind groß genug, dass die Quantenmechanik gut genug durch die klassische Mechanik angenähert werden kann. Und nur dies ist die klassische Mechanik: eine Annäherung. Vom logischen Standpunkt aus sollten wir zuerst Quantenmechanik lernen, aber nur wenige Physiklehrer würden dies empfehlen. Auch diese Vorlesungsreihe „Das Theoretische Minimum" begann mit der klassischen Mechanik. Trotzdem wird in diesen Quanten-Vorlesungen die klassische Mechanik beinahe keine Rolle spielen bis kurz vor Schluss, lange nachdem die Grundlagen der Quantenmechanik erklärt sind. Ich denke, dass dies der richtige Weg ist, nicht nur logisch, sondern auch pädagogisch. Auf diese Weise geraten wir nicht in die Falle zu glauben, Quantenmechanik sei nur klassische Mechanik mit ein paar neuen Gimmicks. Nebenbei: Quantenmechanik ist technisch viel leichter als klassische Mechanik.

Das einfachste klassische System – die grundlegende logische Einheit der Informatik – ist ein System mit zwei Zuständen. Manchmal nennt man es ein **Bit**. Es steht für alles, was nur zwei Zustände annehmen kann: eine Münze, die Kopf oder Zahl zeigt, ein Schalter, der an oder aus ist, oder ein winziger Magnet, der nur nach Norden oder Süden zeigen kann. Wie Sie vermuten werden, besonders wenn Sie die Vorlesung 1 aus **Band I** gelesen haben, ist die Theorie eines klassischen Systems mit zwei Zuständen sehr einfach, eigentlich sogar langweilig. In diesem Band beginnen wir mit der Quantenversion eines Zwei-Zustände-Systems, **Qubit** genannt, das viel interessanter ist. Um es zu verstehen, brauchen wir eine völlig neue Weise zu denken – eine völlig neue Logik.

Inhaltsverzeichnis

Vorlesung 1

Systeme und Experimente

Lenny und Art kommen in Hilberts Raum.

Art: „Was ist das hier, die Twilight Zone? Oder irgendein Spiegelkabinett? Ich verliere die Orientierung."

Lenny: „Tief durchatmen! Du gewöhnst dich dran."

Art: „Wo ist hier oben?"

1.1 Quantenmechanik ist anders

Was ist so besonders an der Quantenmechanik? Warum ist sie so schwer zu verstehen? Es wäre einfach, dies auf die „schwierige Mathematik" zu schieben, und darin liegt vielleicht sogar etwas Wahrheit. Aber das allein kann es nicht sein. Viele Nicht-Physiker meistern die klassische Mechanik und Feldtheorie, die ebenfalls schwierige Mathematik voraussetzen.

Quantenmechanik beschäftigt sich mit dem Verhalten von Objekten, die so klein sind, dass wir Menschen sie uns überhaupt nicht vorstellen können. Einzelne

© Springer-Verlag GmbH Deutschland, ein Teil von Springer Nature 2020
L. Susskind und A. Friedman, *Quantenmechanik: Das Theoretische Minimum*, https://doi.org/10.1007/978-3-662-60330-7_1

Atome befinden sich von der Größe her am oberen Teil der Skala. Elektronen dienen häufig als Untersuchungsobjekte. *Unsere Sinnesorgane sind einfach nicht für die Wahrnehmung der Bewegung eines Elektrons geschaffen. Wir können allerhöchstens versuchen, Elektronen und ihre Bewegungen als mathematische Abstraktionen zu begreifen.*

„Na und?" fragt der Skeptiker. „Die klassische Mechanik ist randvoll mit mathematischen Abstraktionen – Punktmassen, starre Körper, Inertialsysteme, Orte, Impulse, Felder, Wellen – die Liste ist endlos. Mathematische Abstraktionen sind nichts Neues." Der Standpunkt ist korrekt, und tatsächlich haben klassische und Quantenmechanik viele wichtige Dinge gemein. Die Quantenmechanik ist aber auf zwei Weisen anders:

1. **Andere Abstraktionen**: Quanten-Abstraktionen sind grundsätzlich verschieden von klassischen. So werden wir zum Beispiel feststellen, dass die Idee eines Zustands in der Quantenmechanik vom Konzept her völlig anders ist als ihr klassisches Gegenstück.
2. **Zustände und Messungen**: In der klassischen Welt ist die Beziehung zwischen dem Zustand eines Systems und dem Ergebnis einer Messung des Systems recht einfach. Tatsächlich ist sie trivial. Die Begriffe, die einen Zustand beschreiben (etwa Ort und Impuls eines Teilchens), sind dieselben Begriffe, welche die Messung des Systems beschreiben. Anders ausgedrückt kann man ein Experiment ausführen, um den Zustand eines Systems zu bestimmen. In der Quantenwelt gilt dies nicht. Zustände und Messungen sind zwei verschiedene Dinge, und die Beziehung zwischen ihnen ist subtil und nicht intuitiv.

Diese Ideen sind entscheidend, und wir werden immer wieder auf sie zurückkommen.

1.2   Spins und Qubits

Der Begriff des **Spins** stammt aus der Teilchenphysik. Teilchen verfügen neben ihrer Lage im Raum noch über andere Eigenschaften. Zum Beispiel können sie über eine elektrische Ladung oder eine Masse verfügen. Ein Elektron ist nicht dasselbe wie ein Quark oder ein Neutrino. Aber selbst ein bestimmter Teilchentyp wie das Elektron ist durch seine Lage nicht vollständig beschrieben. Am Elektron hängt noch ein weiterer Freiheitsgrad, den man Spin nennt. Man könnte sich den Spin einfach als einen kleinen Pfeil vorstellen, der in eine bestimmte Richtung weist, doch dieses naive Bild ist zu klassisch, um die wahre Situation richtig wiederzugeben. Der Spin eines Elektrons ist so quantenmechanisch wie ein System nur sein kann, und jeder Versuch, ihn sich klassisch vorzustellen, geht völlig an der Sache vorbei.

Wir können und werden die Vorstellung eines Spins abstrahieren und dabei vergessen, dass er an einem Elektron hängt. Ein Quantenspin ist ein System, das völlig isoliert untersucht werden kann. Tatsächlich ist der Quantenspin, losgelöst vom Elektron, das ihn durch den Raum trägt, gleichzeitig das einfachste und reinste Quantensystem.

Der isolierte Quantenspin ist ein Beispiel der allgemeinen Klasse einfacher Systeme, die wir **Qubits** – Quanten-Bits – nennen, die in der Quantenwelt dieselbe Rolle spielen wie Bits bei der Beschreibung des Zustandes eines Computers. Viele Systeme – vielleicht sogar alle Systeme – können durch Kombination von Qubits aufgebaut werden. Wenn wir sie daher kennenlernen, lernen wir noch einiges mehr.

1.3　Ein Experiment

Werden wir konkret und verwenden das einfachste Beispiel, das wir finden können. In der ersten Vorlesung von **Band I** begannen wir mit der Diskussion eines sehr einfachen deterministischen Systems: eine Münze, die nur entweder Kopf (K) oder Zahl (Z) zeigen kann. Wir können dies ein System mit zwei Zuständen nennen, oder ein Bit, mit den beiden Zuständen K und Z. Formaler erfinden wir einen „Freiheitsgrad" namens σ, der zwei Werte annehmen kann, nämlich $+1$ und -1. Der Zustand K wird ersetzt durch

$$\sigma = +1$$

und der Zustand Z durch

$$\sigma = -1.$$

Klassisch gesehen ist das schon alles zum Zustandsraum. Das System befindet sich entweder im Zustand $\sigma = +1$ oder $\sigma = -1$, dazwischen gibt es nichts. In der Quantenmechanik stellen wir uns dieses System als ein Qubit vor.

Band I diskutierte auch einfache Entwicklungsgesetze, die beschrieben, wie man von Moment zu Moment den neuen Zustand bestimmt. Beim einfachsten Gesetz geschieht gar nichts. In diesem Fall lautet das Entwicklungsgesetz beim Übergang eines diskreten Moments (n) zum nächsten ($n + 1$)

$$\sigma(n + 1) = \sigma(n). \tag{1.1}$$

Nun betrachten wir eine still vorausgesetzte Annahme, bei der wir in **Band I** etwas nachlässig waren. Ein Experiment beinhaltet mehr als das zu untersuchende System. Es umfasst auch eine **Apparatur** $\mathcal{A}$, um die Messungen vorzunehmen und die Ergebnisse aufzuzeichnen. Im Fall des Zwei-Zustände-Systems interagiert die Apparatur mit dem System (dem Spin) und zeichnet den Wert von σ auf. Stellen wir uns die Apparatur als schwarzen Kasten[1] vor, mit einem Fenster, das ein Messergebnis anzeigt. Auf der Apparatur ist auch ein Pfeil „hier ist oben" angebracht. Der Pfeil ist wichtig, denn er beschreibt die Orientierung des Kastens im Raum, und seine Richtung beeinflusst die Ergebnisse unserer Messungen. Wir fangen an, indem wir ihn in Richtung der z-Achse zeigen lassen (Abb. 1.1). Anfangs wissen wir nicht, ob $\sigma = +1$ oder $\sigma = -1$ ist. Unser Ziel ist ein Experiment, um den Wert von σ zu bestimmen.

Vor der Messung (A)   Nach der Messung (B)

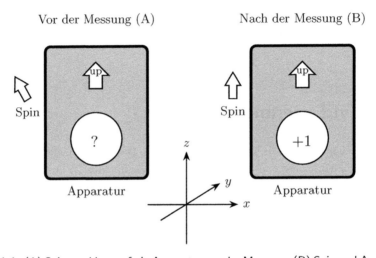

Abb. 1.1 (A) Spin- und katzenfreie Apparatur vor der Messung. (B) Spin und Apparatur nach der ersten Messung mit dem Ergebnis $\sigma_z = +1$. Der Spin ist nun im Zustand $\sigma_z = +1$ präpariert. Wird der Spin nicht gestört und verbleibt die Apparatur in derselben Ausrichtung, so ergeben weitere Messungen dasselbe Ergebnis. Die Koordinatenachsen zeigen unsere Konventionen zur Benennung der Richtungen im Raum.

Bevor die Apparatur mit dem Spin interagiert, ist das Fenster leer (in unserem Bild mit einem Fragezeichen angedeutet). Nachdem σ gemessen wurde, zeigt das Fenster +1 oder −1. Indem wir die Apparatur beobachten, bestimmen wir den Wert von σ. Dieser ganze Vorgang ergibt ein sehr einfaches Experiment zur Bestimmung von σ.

Nachdem wir σ gemessen haben, setzen wir die Apparatur wieder zurück und messen σ erneut, ohne den Spin zu stören. Nach dem sehr einfachen Gesetz aus Gl. 1.1 sollten wir dieselbe Antwort wie beim ersten Mal erhalten. Dem Ergebnis $\sigma = +1$ wird $\sigma = +1$ folgen; dasselbe gilt für $\sigma = -1$. Dies stimmt für

---

[1] „Schwarzer Kasten" bedeutet, dass wir nicht wissen, was in dem Kasten ist oder wie er funktioniert. Aber seien Sie sicher, es ist keine Katze drin.

eine beliebige Anzahl von Wiederholungen. Das ist gut, denn wir können so das Ergebnis eines Experiments bestätigen. Wir können dies auch anders ausdrücken: Die erste Interaktion mit der Apparatur $\mathcal{A}$ **präpariert** das System in einem der zwei Zustände. Nachfolgende Experimente bestätigen den Zustand. Soweit gibt es keinen Unterschied zwischen klassischer und Quantenmechanik.

Jetzt machen wir etwas Neues. Nachdem wir den Spin durch eine Messung mit $\mathcal{A}$ präpariert haben, stellen wir die Apparatur auf den Kopf und messen σ erneut (Abb. 1.2).

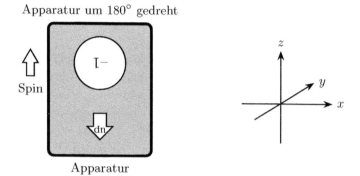

Abb. 1.2 Die Apparatur wird umgedreht, ohne den zuvor gemessenen Spin zu stören. Eine neue Messung ergibt $\sigma_z = -1$.

Wir stellen fest, dass die auf den Kopf gestellte Apparatur bei einem präparierten Wert von $\sigma = +1$ den Wert $\sigma = -1$ misst. Umgekehrt misst bei einem präparierten Wert von $\sigma = -1$ die umgedrehte Apparatur den Wert $\sigma = +1$. Mit anderen Worten vertauscht das Umdrehen der Apparatur $\sigma = +1$ und $\sigma = -1$. Aus diesem Ergebnis könnten wir schließen, dass σ ein Freiheitsgrad ist, der mit einer Richtung im Raum zu tun hat. Ist etwa σ irgendein Vektor mit einer Orientierung, so wäre es natürlich zu erwarten, dass das Umdrehen der Apparatur die abgelesenen Werte vertauscht. Eine einfache Erklärung ist, dass die Apparatur die Komponente des Vektors längs einer in der Apparatur liegenden Achse misst. Stimmt diese Erklärung für alle Konfigurationen?

Wenn wir überzeugt sind, dass der Spin ein Vektor ist, so würden wir ihn natürlich durch seine drei Komponenten σ_z, σ_x und σ_y beschreiben. Steht die Apparatur aufrecht längs der z-Achse, so misst sie σ_z.

Bislang gibt es immer noch keinen Unterschied zwischen klassischer und Quantenmechanik. Der Unterschied tritt erst dann zutage, wenn wir die Apparatur längs eines beliebigen Winkels drehen, etwa um $\frac{\pi}{2}$ (90 Grad). Die Apparatur beginnt in der aufrechten Position (der Pfeil zeigt in Richtung der z-Achse). Ein Spin wird mit $\sigma = +1$ präpariert. Als Nächstes drehen wir $\mathcal{A}$ so, dass der Pfeil längs der x-Achse weist (Abb. 1.3) und machen dann eine Messung, die vermutlich die x-Komponente des Spins σ_x bestimmt.

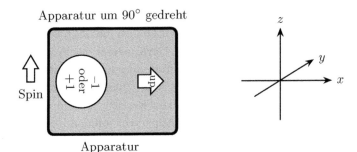

Abb. 1.3 Die Apparatur wird um $90°$ gedreht. Eine neue Messung ergibt $\sigma_z = -1$ mit einer Wahrscheinlichkeit von 50 %.

Wenn σ tatsächlich die Komponenten eines Vektors längs des Pfeils darstellt, so müsste man nun null erwarten. Warum? Anfangs haben wir bestätigt, dass σ längs der z-Ache liegt, so dass also die Komponente längs x null sein muss. Aber bei der Messung von σ_x erleben wir eine Überraschung: Anstelle von $\sigma_x = 0$ zeigt die Apparatur entweder $\sigma_x = +1$ oder $\sigma_x = -1$. $\mathcal{A}$ ist sehr hartnäckig – egal wie man es orientiert, weigert es sich, irgendeine andere Antwort als $\sigma = \pm 1$ zu geben. Falls der Spin wirklich ein Vektor ist, dann ein äußerst merkwürdiger.

Trotzdem stellen wir etwas Interessantes fest. Nehmen wir an, wir wiederholen den Vorgang viele Male, und befolgen dabei jedes Mal dieselbe Prozedur, d.h.

- Beginne mit $\mathcal{A}$ längs der z-Achse und präpariere $\sigma = +1$.
- Drehe die Apparatur, so dass sie längs der x-Achse liegt.
- Bestimme σ.

Das wiederholte Experiment spuckt eine zufällige Reihe von Plus-Eins und Minus-Eins aus. Der Determinismus ist zusammengebrochen, aber auf eine besondere Weise. Haben wir viele Wiederholungen, so stellen wir fest, dass die Anzahl von $\sigma = +1$ und $\sigma = -1$ statistisch gleich sind. Mit anderen Worten: Der Durchschnittswert von σ ist null. Anstelle des klassischen Ergebnisses – nämlich dass die Komponente von σ längs der x-Achse null ist – entdecken wir, dass *der Durchschnitt dieser wiederholten Messungen null ist.*

Jetzt machen wir alles noch einmal von vorn, aber anstatt $\mathcal{A}$ in Richtung der x-Achse zu drehen, drehen wir es in eine beliebige Richtung längs des Einheitsvektors[2] $\hat{n}$. Im klassischen Fall, und vorausgesetzt σ ist wirklich ein Vektor, würden wir als Ergebnis des Experiments die Komponente von σ längs der $\hat{n}$-Achse erwarten. Bilden $\hat{n}$ und z-Achse einen Winkel θ, so wäre das klassische Resultat $\sigma = \cos\theta$. Aber Sie erraten es vielleicht, jedes Mal erhalten wir $\sigma = +1$

---

[2]Die Standard-Notation für einen Einheitsvektor (ein Vektor der Länge 1) ist ein kleines „Dach" auf dem Symbol des Vektors.

oder $\sigma = -1$. Das Ergebnis ist aber statistisch so gewichtet, dass der Mittelwert $\cos\theta$ beträgt.

Das Ergebnis gilt natürlich viel allgemeiner. Wir müssen nicht mit $\mathcal{A}$ längs der z-Achse beginnen. Wählen Sie irgendeine Richtung $\hat{m}$ aus und beginnen Sie mit dem Pfeil in Richtung $\hat{m}$. Präparieren Sie einen Spin, so dass die Apparatur $+1$ anzeigt. Danach drehen Sie die Apparatur in Richtung $\hat{n}$, ohne den Spin zu stören, wie in Abb. 1.4. Ein neues Experiment an demselben Spin wird beliebige Ergebnisse ± 1 ergeben, aber mit einem Durchschnittswert gleich dem Cosinus des Winkels zwischen $\hat{n}$ und $\hat{m}$. Mit anderen Worten: Der Mittelwert beträgt $\hat{n} \cdot \hat{m}$.

Apparatur um beliebigen Winkel gedreht

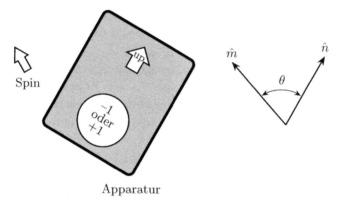

Apparatur

Abb. 1.4 Die Apparatur, gedreht um einen beliebigen Winkel innerhalb der $x-z$-Ebene. Der Durchschnitt der Messungen beträgt $\hat{n} \cdot \hat{m}$.

Die quantenmechanische Notation für den statistischen Mittelwert einer Größe Q ist **Diracs Bracket-Notation** $\langle Q \rangle$. Wir können die Ergebnisse unserer experimentellen Untersuchungen wie folgt zusammenfassen: Beginnen wir mit einem längs $\hat{m}$ orientierten $\mathcal{A}$ und bestätigen $\sigma = +1$, so ergeben nachfolgende Messungen mit $\mathcal{A}$ orientiert längs $\hat{n}$ das statistische Resultat

$$\langle \sigma \rangle = \hat{n} \cdot \hat{m}.$$

Wir lernen daraus, dass quantenmechanische Systeme nicht deterministisch sind – die Ergebnisse von Experimenten können statistisch zufällig sein – aber wenn wir ein Experiment viele Male wiederholen, so erfüllen die gemittelten Größen die Erwartungen der klassischen Mechanik, zumindest bis zu einem gewissen Punkt.

1.4   Experimente sind niemals behutsam

Jedes Experiment umfasst ein äußeres System – eine Apparatur – das mit dem System interagiert, um ein Ergebnis aufzuzeichnen. In diesem Sinne ist jedes Experiment invasiv. Dies gilt sowohl in der klassischen als auch in der Quantenphysik, aber nur die Quantenphysik macht darüber großes Aufheben. Woran liegt das? Im klassischen Fall hat eine ideale Mess-Apparatur einen verschwindend kleinen Effekt auf das zu messende System. Klassische Experimente können beliebig behutsam sein und trotzdem genaue und wiederholbare Ergebnisse liefern. Zum Beispiel kann die Richtung eines Pfeils bestimmt werden, indem man ihn mit Licht bestrahlt und das reflektierte Licht zu einem Bild bündelt. Zwar muss das Licht über eine genügend kleine Wellenlänge verfügen, um ein Bild zu liefern, doch nichts verhindert in der klassischen Physik die Verwendung von beliebig schwachem Licht. Anders gesagt kann das Licht über einen beliebig kleinen Energieinhalt verfügen.

In der Quantenmechanik ist die Situation grundlegend anders. Jede Interaktion, die stark genug ist, um einen Aspekt eines Systems zu messen, ist notwendigerweise stark genug, um einen anderen Aspekt des Systems zu verändern. Daher kann man nichts über ein Quantensystem erfahren, ohne etwas anderes darin zu verändern.

Dies sollte in den Beispielen mit $\mathcal{A}$ und σ offensichtlich sein. Beginnen wir etwa mit $\sigma = +1$ längs der z-Achse. Wenn wir σ erneut mit $\mathcal{A}$ längs der z-Achse ausgerichtet messen, bestätigen wir den vorherigen Wert. Wir können dies beliebig oft wiederholen, ohne das Ergebnis zu ändern. Aber stellen wir uns nun vor, dass wir zwischen aufeinanderfolgenden Messungen längs der z-Achse $\mathcal{A}$ um 90 Grad drehen, eine Messung ausführen, und $\mathcal{A}$ dann wieder in die ursprüngliche Lage zurückdrehen. Wird eine erneute Messung längs der z-Achse das ursprüngliche Ergebnis bestätigen? Die Antwort ist nein. Die Zwischen-Messung längs der x-Achse hinterlässt den Spin in einer völlig zufälligen Konfiguration, was die nächste Messung anbetrifft. Es gibt keinen Weg, die zwischenzeitliche Bestimmung des Spins durchzuführen, ohne die letzte Messung zu zerstören. Man könnte sagen, dass die Messung einer Spinkomponente die Information über eine andere Komponente zerstört. In der Tat kann man nicht gleichzeitig die Komponenten des Spins entlang zweier Achsen kennen, jedenfalls nicht in reproduzierbarer Weise. Etwas ist grundsätzlich verschieden zwischen dem Zustand eines Quantensystems und dem Zustand eines klassischen Systems.

1.5   Logische Aussagen

Der Zustandsraum eines klassischen Systems ist eine mathematische Menge. Ist
das System eine Münze, so ist der Zustandsraum eine Menge mit zwei Elementen,
K und Z. In der Mengenlehre schreibt man dies als $\{K, Z\}$. Ist das System ein
sechsseitiger Würfel, so hat der Zustandsraum $\{1, 2, 3, 4, 5, 6\}$ sechs Elemente.
Die Logik der Mengenlehre wird **Boolesche Logik** genannt. Die Boolesche
Logik ist nur eine formalisierte Version der klassischen Aussagenlogik.

Ein fundamentaler Begriff in der Booleschen Logik ist der **Wahrheitswert**.
Der Wahrheitswert einer Aussage ist entweder wahr oder falsch. Dazwischen
ist nichts erlaubt. Das damit verbundene Konzept in der Mengenlehre ist das
der **Teilmenge**. Einfach gesagt ist eine Aussage wahr für alle Elemente einer
entsprechenden Teilmenge und falsch für alle Elemente, die nicht in dieser
Teilmenge liegen. Ist die Menge etwa die Menge der möglichen Zustände eines
Würfels, so kann man die Aussage betrachten:

> A: Der Würfel zeigt eine ungerade Zahl

Die korrespondierende Teilmenge enthält die drei Elemente $\{1, 3, 5\}$.

Eine andere Aussage lautet

> B: Der Würfel zeigt eine Zahl kleiner als 4

Die korrespondierende Teilmenge enthält die Zustände $\{1, 2, 3\}$.

Zu jeder Aussage gibt es ihr Gegenteil (auch **Negation** genannt). Beispiel:

> **nicht** A: Der Würfel zeigt nicht eine ungerade Zahl

Die Teilmenge für diese negierte Aussage ist $\{2, 4, 6\}$.

Es existieren Regeln für die Verknüpfung von Aussagen zu komplizierteren
Aussagen; die wichtigsten sind **oder**, **und** und **nicht**. Wir haben gerade ein
Beispiel für **nicht** gesehen, das auf eine einzelne Teilmenge oder Aussage angewendet wird. Die Verknüpfung **und** ist recht einfach und wirkt auf ein Paar von
Aussagen[3]. Es bedeutet, dass beide wahr sind. Auf zwei Teilmengen angewendet
liefert **und** die Elemente, die in beiden Mengen vorkommen, den Schnitt der
beiden Teilmengen. Im Beispiel des Würfels ist der Schnitt der Teilmengen A

---

[3]**und** kann für mehrere Aussagen definiert werden, aber wir betrachten hier immer nur zwei.
Dasselbe gilt für **oder**.

und B die Menge der Elemente, die sowohl ungerade und kleiner als 4 sind. Abb. 1.5 verwendet ein Venn-Diagramm, um zu zeigen, wie dies geht.

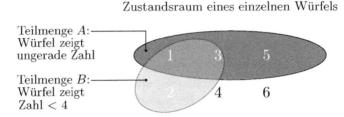

Abb. 1.5 Ein Beispiel für das klassische Modell des Zustandsraums. Teilmenge A steht für die Aussage „Der Würfel zeigt eine ungerade Zahl". Teilmenge B steht für „Der Würfel zeigt eine Zahl < 4". Die mittelgraue Fläche zeigt die Schnittmenge von A und B, die der Aussage (A **und** B) entspricht. Die weißen Ziffern sind die Elemente der Vereinigung von A und B, was für die Aussage (A **oder** B) steht.

Die Regel für **oder** ist ähnlich wie die für **und**, mit einem kleinen Unterschied. Im täglichen Sprachgebrauch wird „oder" üblicherweise ausschließend verwendet – die ausschließende Version ist wahr, wenn die eine oder die andere Aussage wahr ist, aber nicht alle beide. Die Boolesche Logik verwendet allerdings die einschließende Version von **oder**, die wahr ist, wenn eine der beiden oder alle beide Aussagen wahr sind. Daher ist beim einschließenden **oder** die Aussage

Albert Einstein entdeckte die Relativität **oder** Isaac Newton war Engländer

wahr, genauso wie

Albert Einstein entdeckte die Relativität **oder** Isaac Newton war Russe

Das einschließende **oder** ist nur falsch, wenn beide Aussagen falsch sind. Beispiel:

Albert Einstein entdeckte Amerika[4] **oder** Isaac Newton war Russe

Das einschließende **oder** hat die mengentheoretische Entsprechung der Vereinigung zweier Mengen. Diese beschreibt die Teilmenge aller Elemente, die in einer der beiden oder in beiden Teilmengen vorkommt. Im Beispiel des Würfels bedeutet (A **oder** B) die Teilmenge $\{1, 2, 3, 5\}$.

---

[4]Ok, vielleicht hat Einstein auch Amerika entdeckt, aber er war nicht der erste.

1.6   Überprüfung klassischer Aussagen

Kehren wir zu dem einfachen Quantensystem mit einem einzelnen Spin zurück und den verschiedenen Aussagen, deren Wahrheit man mit Hilfe der Apparatur $\mathcal{A}$ testen kann. Gehen wir von den folgenden beiden Aussagen aus:

> A: Die z-Komponente des Spins ist $+1$

> B: Die x-Komponente des Spins ist $+1$

Jede Aussage macht Sinn und kann durch Orientierung von $\mathcal{A}$ längs der jeweiligen Achse geprüft werden. Die Negation macht ebenso Sinn. So ist etwa die Negation der ersten Aussage

> **nicht** A: Die z-Komponente des Spins ist -1

Betrachten wir nun aber die zusammengesetzten Aussagen

> A **oder** B:
> Die z-Komponente des Spins ist $+1$ **oder** die x-Komponente des Spins ist $+1$

> A **und** B:
> Die z-Komponente des Spins ist $+1$ **und** die x-Komponente des Spins ist $+1$

Stellen wir uns vor, wir würden die Aussage A **oder** B überprüfen. Verhielte sich der Spin klassisch (was er natürlich nicht tut), würden wir so vorgehen:[5]

- Miss vorsichtig σ_z und zeichne den Wert auf. Beträgt er $+1$, so sind wir fertig; die Aussage A **oder** B ist wahr. Ist $\sigma_x = -1$, so fahre mit dem nächsten Schritt fort.
- Miss vorsichtig σ_x. Hat es den Wert $+1$, so ist die Aussage A **oder** B wahr. Ansonsten waren weder σ_z noch σ_x gleich $+1$, und A **oder** B ist falsch.

---

[5]Erinnern Sie sich, dass die klassische Bedeutung von σ sich von der quantenmechanischen unterscheidet. Klassisch ist σ ein einfacher 3-Vektor; σ_x und σ_z stehen für seine räumlichen Komponenten.

Es gibt eine alternative Prozedur, in der man die Reihenfolge der zwei Messungen umkehrt. Um diese Umkehrung hervorzuheben, nennen wir die neue Prozedur B **oder** A:

- Miss vorsichtig σ_x und zeichne den Wert auf. Beträgt er $+1$, so sind wir fertig; die Aussage B **oder** A ist wahr. Ist $\sigma_x = -1$, fahre mit dem nächsten Schritt fort.
- Miss vorsichtig σ_z. Hat es den Wert $+1$, so ist die Aussage B **oder** A wahr. Ansonsten war weder σ_z noch σ_x $+1$, und B **oder** A ist falsch.

In der klassischen Physik liefern beide Reihenfolgen der Operationen dasselbe Ergebnis. Der Grund ist, dass die Messungen beliebig behutsam sein können – so behutsam, dass sie die Ergebnisse nachfolgender Messungen nicht beeinflussen. Daher hat die Aussage A **oder** B dieselbe Bedeutung wie die Aussage B **oder** A.

1.7 Überprüfung quantentheoretischer Aussagen

Kommen wir nun zu der Quantenwelt, die ich vorhin beschrieben habe. Stellen wir uns eine Situation vor, in der jemand (oder etwas) heimlich den Spin im Zustand $\sigma_z = +1$ präpariert hat. Unsere Aufgabe ist es, mit Hilfe der Apparatur $\mathcal{A}$ zu bestimmen, ob die Aussage A **oder** B wahr oder falsch ist. Wir probieren die oben beschriebenen Prozeduren aus.

Wir beginnen mit der Messung von σ_z. Da eine uns unbekannte Kraft die Dinge vorbereitet hat, stellen wir fest, dass $\sigma_z = +1$ gilt. Wir müssen nicht weitermachen, denn A **oder** B ist wahr. Trotzdem könnten wir σ_x testen, nur um zu sehen, was passiert. Die Antwort ist nicht vorhersagbar. Ob wir $\sigma_x = +1$ oder $\sigma_x = -1$ finden, hängt vom Zufall ab. Aber keins der beiden Ergebnisse ändert etwas an der Wahrheit der Aussage A **oder** B.

Jetzt kehren wir die Reihenfolge der Messungen einmal um. Wie zuvor nennen wir die umgekehrte Prozedur B **oder** A, und dieses Mal messen wir zuerst σ_x. Da die unbekannte Kraft den Spin auf $+1$ längs der z-Achse ausgerichtet hat, unterliegt die Messung von σ_x dem Zufall. Stellt sich $\sigma_x = +1$ heraus, so sind wir fertig: B **oder** A ist wahr. Aber nehmen wir das andere Ergebnis $\sigma_x = -1$ an. Der Spin ist also in Richtung von $-x$ ausgerichtet. Machen wir kurz Halt, um zu verstehen, was eben passiert ist. Als Ergebnis unserer ersten Messung ist der Spin nicht mehr in seinem ursprünglichen Zustand $\sigma_z = +1$. Er ist in einem neuen Zustand, der entweder $\sigma_z = +1$ oder $\sigma_z = -1$ ist. Lassen Sie das einen Augenblick einwirken. Wir können die Wichtigkeit nicht genug unterstreichen.

Nun sind wir bereit für die Überprüfung der zweiten Hälfte der Aussage B **oder** A. Drehen wir die Apparatur $\mathcal{A}$ in Richtung der z-Achse und messen σ_z. Gemäß der Quantenmechanik unterliegt das Ergebnis ± 1 nur dem Zufall.

Das bedeutet, wir messen mit einer Wahrscheinlichkeit von 25 % $\sigma_x = -1$ und $\sigma_z = -1$. Anders gesagt stellen wir mit einer Wahrscheinlichkeit von $\frac{1}{4}$ fest, dass B **oder** A falsch ist, und dies, obwohl anfangs die unbekannte Kraft den Zustand σ_z eingestellt hatte.

Offenbar ist in diesem Beispiel das einschließende **oder** nicht symmetrisch. Der Wahrheitswert von A **oder** B hängt von der Reihenfolge der Überprüfung der beiden Aussagen ab. Das ist keine Lappalie: Es bedeutet nicht nur, dass die Gesetze der Quantenmechanik anders sind als ihre klassischen Gegenstücke, sondern dass auch die Fundamente der Logik anders sind.

Was ist mit A **und** B? Nehmen wir an, unsere erste Messung ergibt $\sigma_z = +1$ und die zweite $\sigma_x = +1$. Dies ist natürlich ein mögliches Ergebnis. Wir würden sagen, dass A **und** B wahr ist. Aber in der Wissenschaft, vor allem in der Physik, bedeutet Wahrheit, dass Aussagen durch weitere Beobachtungen überprüft werden können. In der klassischen Physik folgt aus der Behutsamkeit von Beobachtungen, dass nachfolgende Beobachtungen nicht beeinflusst werden und ein vormaliges Experiment bestätigen. Eine Münze, die nach einem Wurf Kopf anzeigt, wird nicht durch das Betrachten plötzlich auf die Zahl-Seite gedreht – jedenfalls nicht im klassischen Fall. In der Quantenmechanik zerstört die zweite Messung ($\sigma_x = +1$) die Möglichkeit, die erste Messung zu bestätigen. Ist einmal σ_x längs der x-Achse präpariert worden, so wird eine erneute Messung von σ_z ein zufälliges Ergebnis liefern. Daher lässt sich A **und** B nicht bestätigen: Der zweite Teil des Experiments zerstört die Möglichkeit, den ersten Teil zu bestätigen.

Wenn Sie ein bisschen über Quantenmechanik wissen, haben Sie wahrscheinlich erkannt, dass wir vom Unbestimmtheitsprinzip reden. Das Unbestimmtheitsprinzip gilt nicht nur für Ort und Impuls (bzw. Geschwindigkeit); es gilt für viele Paare von Größen. Im Falle des Spins gilt es für Aussagen über zwei verschiedene Komponenten von σ. Im Falle des Orts und des Impulses eines Teilchens wären zwei mögliche Aussagen:

Das Teilchen befindet sich am Ort x

Das Teilchen hat den Impuls p

Aus diesen Aussagen können wir die zusammengesetzten Aussagen bilden:

Das Teilchen befindet sich am Ort x **und** Das Teilchen hat den Impuls p

Das Teilchen befindet sich am Ort x **oder** Das Teilchen hat den Impuls p

So merkwürdig sie klingen, haben beide Aussagen eine Bedeutung in der deutschen Sprache, und auch in der klassischen Physik. In der Quantenmechanik jedoch ist die erste Aussage ohne jede Bedeutung (sie ist nicht einmal falsch), und die zweite bedeutet etwas völlig anderes, als Sie es sich vielleicht vorstellen. Alles läuft auf einen tiefgründigen Unterschied in der Logik der Konzepte vom klassischen und quantenmechanischen Zustand eines Systems hinaus. Um den quantenmechanischen Zustand eines Systems zu erklären, bedarf es etwas abstrakter Mathematik; daher machen wir hier eine Unterbrechung für ein kurzes Intermezzo über komplexe Zahlen und Vektorräume. Die Notwendigkeit für komplexe Größen wird später klarwerden, wenn wir die mathematische Darstellung von Spinzuständen untersuchen.

1.8   Mathematisches Intermezzo: Komplexe Zahlen

Jeder, der es bis hierhin in der Reihe „Das Theoretische Minimum" geschafft hat, dürfte die komplexen Zahlen kennen. Trotzdem möchte ich ein paar Zeilen aufwenden, um Sie an die Grundlagen zu erinnern. Abb. 1.6 zeigt einige Basis-Begriffe.

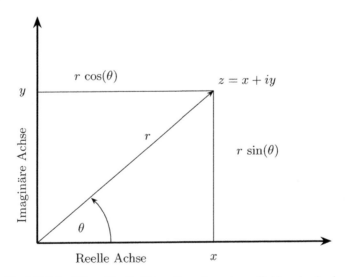

Abb. 1.6 Zwei übliche Wege für die Darstellung komplexer Zahlen. In der kartesischen Darstellung sind x und y die horizontale (reelle) und vertikale (imaginäre) Komponente. In der Polardarstellung ist r der Radius und θ der Winkel mit der x-Achse. In jedem Fall benötigt man zwei reelle Zahlen, um eine komplexe Zahl zu beschreiben.

Eine komplexe Zahl z ist die Summe einer reellen und einer imaginären Zahl. Wir können dies schreiben als

$$z = x + iy,$$

wobei x und y reell sind und $i^2 = -1$. Mit komplexen Zahlen kann man addieren, multiplizieren und dividieren wie in der Arithmetik gewohnt. Man kann sie sich als Punkte in der komplexen Ebene mit den Koordinaten x, y vorstellen. Sie können auch in **Polarkoordinaten** dargestellt werden:

$$z = re^{i\theta} = r(\cos\theta + i\sin\theta).$$

Komplexe Zahlen zu addieren ist einfach in der Komponenten-Schreibweise: Man addiert einfach die Komponenten. Ebenso einfach ist die Multiplikation in der Polardarstellung: Man multipliziert die Radien und addiert die Winkel:

$$(r_1 e^{i\theta_1})(r_2 e^{i\theta_2}) = (r_1 r_2)e^{i(\theta_1 + \theta_2)}.$$

Zu jeder komplexen Zahl gehört eine **konjugiert komplexe Zahl** z^*, die man einfach dadurch erhält, indem man das Vorzeichen des Imaginärteils umkehrt. Ist

$$z = x + iy = re^{i\theta},$$

so ist

$$z^* = x - iy = re^{-i\theta}.$$

Die Multiplikation einer komplexen Zahl mit ihrer konjugierten ergibt immer eine positive reelle Zahl:

$$z^* z = r^2.$$

Natürlich ist jede konjugiert komplexe Zahl selbst wieder eine komplexe Zahl, aber oft ist es hilfreich, sich z und z^* als zu zwei separaten **dualen Zahlensystemen** gehörend vorzustellen. Dual bedeutet hier, dass es zu jedem z ein eindeutiges z^* gibt, und umgekehrt.

Es gibt noch eine besondere Art komplexer Zahlen, die ich **Phasen-Faktoren** nenne. Ein Phasen-Faktor ist einfach eine komplexe Zahl, deren r-Komponente 1 beträgt. Ist z ein Phasen-Faktor, so gilt:

$$z^* z = 1$$
$$z = e^{i\theta}$$
$$z = \cos\theta + i\sin\theta.$$

1.9   Mathematisches Intermezzo: Vektorräume

1.9.1   Axiome

In einem klassischen System ist der Zustandsraum eine Menge (die Menge der möglichen Zustände), und die Logik der klassischen Physik ist die Boolesche Logik. Dies ist offensichtlich, und man kann sich nur schwer etwas anderes vorstellen. Trotzdem bewegt sich die reale Welt auf völlig anderen Bahnen, zumindest wenn die Quantenmechanik ins Spiel kommt. Der Zustandsraum eines Quantensystems ist keine mathematische Menge[6], sondern ein **Vektorraum**. Die Beziehungen zwischen den Elementen eines Vektorraums sind anders als diejenigen zwischen den Elementen einer Menge, und die Aussagenlogik ist ebenfalls anders.

Bevor ich Ihnen von Vektorräumen erzähle, muss ich zunächst den Begriff **Vektor** erläutern. Wie Sie wissen, verwenden wir den Term, um ein Objekt im gewöhnlichen Raum mit einer Größe und einer Richtung zu bezeichnen. Solche Vektoren haben drei Komponenten, die den drei Raumdimensionen entsprechen. Ich möchte nun, dass Sie dieses Konzept eines Vektors vollständig vergessen. Wenn ich von nun an über etwas mit einer Größe und Richtung im Raum rede, werde ich es ausdrücklich einen **3-Vektor** nennen. Ein mathematischer Vektorraum ist ein abstraktes Konstrukt, das etwas mit dem normalen Raum zu tun haben kann, oder auch nicht. Er kann jede Dimension von 1 bis ∞ haben, und seine Komponenten können ganze Zahlen, reelle Zahlen oder auch viel allgemeinere Dinge sein.

Die Vektorräume, die wir zur Definition der quantenmechanischen Zustände verwenden, werden **Hilberträume** genannt. Wir werden hier keine mathematische Definition angeben, aber Sie können diesen Begriff Ihrem Vokabular hinzufügen. Wenn Sie dem Begriff Hilbertraum in der Quantenmechanik begegnen, bezieht er sich auf den Zustandsraum. Ein Hilbertraum kann endlich oder unendlich viele Dimensionen haben.

In der Quantenmechanik besteht ein Vektorraum aus den Elementen $|A\rangle$, genannt **Ket-Vektor** oder einfach **Ket**. Hier sind die Axiome, die den Vektorraum der Zustände eines Quantensystems definieren (z und w sind komplexe Zahlen):

---

[6]Um etwas genauer zu sein, sind für uns nicht die mengentheoretischen Eigenschaften des Zustandsraums wichtig, obwohl er natürlich eine Menge bildet.

1. Die Summe zweier Ket-Vektoren ist wieder ein Ket-Vektor:

$$|A\rangle + |B\rangle = |C\rangle \,.$$

2. Die Vektoraddition ist kommutativ:

$$|A\rangle + |B\rangle = |B\rangle + |A\rangle \,.$$

3. Die Vektoraddition ist assoziativ:

$$(|A\rangle + |B\rangle) + |C\rangle = |A\rangle + (|B\rangle + |C\rangle) \,.$$

4. Es gibt einen eindeutig bestimmten Vektor 0, der zu einem Ket addiert wieder denselben Ket ergibt:

$$|A\rangle + 0 = |A\rangle \,.$$

5. Zu jedem Ket $|A\rangle$ gibt es einen eindeutig bestimmten Ket $-|A\rangle$, so dass gilt

$$|A\rangle + (-|A\rangle) = 0 \,.$$

6. Jeden Ket $|A\rangle$ kann man mit jeder komplexen Zahl z multiplizieren, um einen neuen Ket zu erhalten. Die Multiplikation mit diesem Skalar ist linear:

$$|zA\rangle = z\,|A\rangle = |B\rangle \,.$$

7. Es gilt das Distributivgesetz:

$$z\,(|A\rangle + |B\rangle) = z\,|A\rangle + z\,|B\rangle$$
$$(z + w)\,|A\rangle = z\,|A\rangle + w\,|A\rangle \,.$$

Die Axiome 6 und 7 werden oft auch die **Axiome der Linearität** genannt.

Gewöhnliche 3-Vektoren erfüllen diese Axiome bis auf eines: Axiom 6 erlaubt die Multiplikation mit jeder komplexen Zahl. Gewöhnliche 3-Vektoren können mit reellen Zahlen (positiv, negativ oder null) multipliziert werden, aber die Multiplikation mit komplexen Zahlen ist nicht definiert. Man kann sich die 3-Vektoren als reellen Vektorraum vorstellen, und die Kets als einen komplexen Vektorraum. Unsere Definition der Ket-Vektoren ist ziemlich abstrakt. Wie wir sehen werden, gibt es auch verschiedene konkrete Wege, um Ket-Vektoren darzustellen.

1.9.2   Funktionen und Spaltenvektoren

Sehen wir uns einige konkrete Beispiele komplexer Vektorräume an. Zuerst betrachten wir die Menge der stetigen komplexwertigen Funktionen einer Variablen
x. Bezeichnen wir die Funktionen mit $A(x)$. Man kann zwei beliebige Funktionen
addieren und sie mit komplexen Zahlen multiplizieren. Man kann überprüfen,
dass alle sieben Axiome erfüllt sind. Dieses Beispiel sollte beweisen, dass wir
über etwas viel Allgemeineres reden als über dreidimensionale Pfeile.

Zweidimensionale Spaltenvektoren liefern ein anderes konkretes Beispiel. Wir
erzeugen sie, indem wir ein Paar komplexer Zahlen α_1 und α_2 in der Form

$$\begin{pmatrix} \alpha_1 \\ \alpha_2 \end{pmatrix}$$

übereinander schreiben und diesen „Stapel" mit dem Ket-Vektor $|A\rangle$ identifizieren.
Die komplexen Zahlen α_1 und α_2 sind die Komponenten von $|A\rangle$. Man kann
zwei Spaltenvektoren addieren, indem man ihre Komponenten addiert:

$$\begin{pmatrix} \alpha_1 \\ \alpha_2 \end{pmatrix} + \begin{pmatrix} \beta_1 \\ \beta_2 \end{pmatrix} = \begin{pmatrix} \alpha_1 + \beta_1 \\ \alpha_2 + \beta_2 \end{pmatrix}.$$

Weiterhin kann man den Spaltenvektor mit einer komplexen Zahl z multiplizieren,
indem man die Komponenten multipliziert:

$$z \begin{pmatrix} \alpha_1 \\ \alpha_2 \end{pmatrix} = \begin{pmatrix} z\,\alpha_1 \\ z\,\alpha_2 \end{pmatrix}.$$

Spaltenvektoren kann man mit jeder Anzahl von Dimensionen bilden. Hier zum
Beispiel ein fünfdimensionaler Vektor:

$$\begin{pmatrix} \alpha_1 \\ \alpha_2 \\ \alpha_3 \\ \alpha_4 \\ \alpha_5 \end{pmatrix}.$$

Üblicherweise kombiniert man keine Vektoren mit unterschiedlichen Dimensionen.

1.9.3   Bras und Kets

Wie wir gesehen haben, verfügen komplexe Zahlen über eine duale Version
in der Form der komplex konjugierten Zahlen. In der gleichen Weise verfügt

ein komplexer Vektorraum über eine duale Version, die im Wesentlichen der konjugiert komplexe Vektorraum ist. Zu jedem Ket-Vektor $|A\rangle$ gibt es ein **Bra** im Dualraum, der mit $\langle A|$ bezeichnet wird. Woher kommen die merkwürdigen Begriffe *Bra* und *Ket*? Wir werden bald die inneren Produkte von Bras und Kets definieren mit Hilfe von Ausdrücken wie $\langle B|A\rangle$, die dann **Bra-Kets** oder **Brackets**[*] bilden. Innere Produkte sind extrem wichtig im mathematischen Instrumentarium der Quantenmechanik, und ganz allgemein für Vektorräume.

Bra-Vektoren erfüllen dieselben Axiome wie Ket-Vektoren, aber man muss sich zwei Dinge über den Zusammenhang zwischen Kets und Bras einprägen:

---

1. Ist $\langle A|$ der Bra zum Ket $|A\rangle$, und ist $\langle B|$ der Bra zum Ket $|B\rangle$, so ist der zum Ket

$$|A\rangle + |B\rangle$$

gehörende Bra

$$\langle A| + \langle B|.$$

2. Ist z eine komplexe Zahl, dann ist der zu $z\,|A\rangle$ gehörende Bra *nicht* $\langle A|\,z$. Man muss die konjugiert komplexe Zahl verwenden. Daher ist der zum Ket

$$z\,|A\rangle$$

gehörende Bra

$$\langle A|\,z^*.$$

Im konkreten Beispiel der Kets in der Darstellung von Spaltenvektoren werden die dualen Bras durch Zeilenvektoren dargestellt, wobei die Einträge durch die konjugiert komplexen Zahlen ermittelt werden. Wird also der Ket $|A\rangle$ durch die Spalte

$$\begin{pmatrix} \alpha_1 \\ \alpha_2 \\ \alpha_3 \\ \alpha_4 \\ \alpha_5 \end{pmatrix}$$

dargestellt, so hat der zugehörende Bra $\langle A|$ die Zeilendarstellung

$$\begin{pmatrix} \alpha_1^* & \alpha_2^* & \alpha_3^* & \alpha_4^* & \alpha_5^* \end{pmatrix}.$$

---

[*]Brackets: Englisch für *Klammern*. (A.d.Ü.)

1.9.4   Innere Produkte

Sie sind sicher mit dem Punktprodukt für gewöhnliche 3-Vektoren vertraut. Die analoge Operation für Bras und Kets ist das **innere Produkt**. Das innere Produkt ist immer das Produkt eines Bras mit einem Ket und wird geschrieben als

$$\langle B|A \rangle \,.$$

Das Ergebnis dieser Operation ist eine komplexe Zahl. Die Axiome für innere Produkte sind leicht zu erraten:

1. Sie sind linear

$$\langle C| \left(|A\rangle + |B\rangle\right) = \langle C|A\rangle + \langle C|B\rangle \,.$$

2. Das Vertauschen von Bra und Ket entspricht der komplex konjugierten Zahl

$$\langle B|A\rangle = \langle A|B\rangle^* \,.$$

Aufgabe 1.1

a) Beweisen Sie mit Hilfe der Axiome für innere Produkte:

$$\left(\langle A| + \langle B|\right)|C\rangle = \langle A|C\rangle + \langle B|C\rangle \,.$$

b) Beweisen Sie: $\langle A|A\rangle$ ist eine reelle Zahl.

In der konkreten Darstellung von Bras und Kets durch Zeilen- und Spaltenvektoren wird das innere Produkt komponentenweise gebildet:

$$\langle B|A\rangle = \begin{pmatrix} \beta_1^* & \beta_2^* & \beta_3^* & \beta_4^* & \beta_5^* \end{pmatrix} \begin{pmatrix} \alpha_1 \\ \alpha_2 \\ \alpha_3 \\ \alpha_4 \\ \alpha_5 \end{pmatrix} \tag{1.2}$$

$$= \beta_1^*\alpha_1 + \beta_2^*\alpha_2 + \beta_3^*\alpha_3 + \beta_4^*\alpha_4 + \beta_5^*\alpha_5.$$

Die Regeln für innere Produkte sind im Wesentlichen dieselben wie für Punkt-Produkte: Addiere die Produkte der korrespondierenden Komponenten der Vektoren, deren inneres Produkt berechnet werden soll.

Aufgabe 1.2
Zeigen Sie, dass das in Gl. 1.2 definierte Produkt die Axiome für innere Produkte erfüllt.

Mit Hilfe des inneren Produkts können wir einige Konzepte definieren, die uns von den 3-Vektoren vertraut sind.

- **Normierter Vektor**: Ein Vektor heißt **normiert**, wenn sein inneres Produkt mit sich selbst 1 ist. Für normierte Vektoren gilt

$$\langle A|A \rangle = 1.$$

Bei gewöhnlichen 3-Vektoren ersetzt man die Bezeichnung *normierter Vektor* üblicherweise durch **Einheitsvektor**, also ein Vektor mit Länge einer Einheit.

- **Orthogonale Vektoren**: Zwei Vektoren werden **orthogonal** genannt, wenn ihr inneres Produkt 0 ergibt. $|A\rangle$ und $|B\rangle$ sind orthogonal, wenn gilt

$$\langle B|A \rangle = 0.$$

Dies entspricht der Aussage, dass zwei 3-Vektoren orthogonal sind, wenn ihr Punktprodukt 0 ist.

1.9.5 Orthonormalbasen

Wenn man mit gewöhnlichen 3-Vektoren arbeitet, ist es extrem hilfreich, einen Satz paarweise orthogonaler Einheitsvektoren einzuführen und sie als Basis zur Konstruktion der Vektoren zu verwenden. Ein einfaches Beispiel sind die Einheits-3-Vektoren längs der x-, y- und z-Achse. Sie werden gemeinhin mit $\hat{i}$, $\hat{j}$ und $\hat{k}$ bezeichnet. Jeder ist von Einheitslänge und steht orthogonal auf den anderen. Versucht man, einen vierten Vektor orthogonal zu diesen dreien zu finden, so gibt es keinen – jedenfalls nicht in drei Dimensionen. Gäbe es aber mehr Raumdimensionen, so gäbe es auch mehr Basisvektoren. Die Dimension des Raums kann definiert werden als die maximale Anzahl paarweise unabhängiger orthogonaler Vektoren in diesem Raum.

Offensichtlich ist nichts Besonderes an den speziellen Achsen x, y und z. Solange die Basisvektoren von Einheitslänge und paarweise orthogonal sind, bilden sie eine **Orthonormalbasis**.

Dasselbe Prinzip gilt für komplexe Vektorräume. Man beginnt mit einem normierten Vektor und sucht dann einen zweiten orthogonal dazu. Findet man einen, so ist der Raum mindestens zweidimensional. Dann sucht man einen dritten, vierten und so weiter. Irgendwann gehen einem dann vielleicht die Richtungen aus, und es gibt keine weiteren orthogonalen Kandidaten. Die maximale Anzahl paarweise orthogonaler Vektoren ist die Dimension des Raums. Für Spaltenvektoren ist die Dimension einfach die Anzahl der Einträge der Spalte.

Nehmen wir einen N-dimensionalen Raum und eine Orthogonalbasis von Ket-Vektoren, die wir mit $|i\rangle$ bezeichnen.[7] Das i läuft von 1 bis N. Betrachten wir einen Vektor $|A\rangle$, geschrieben als Summe von Basisvektoren

$$|A\rangle = \sum_i \alpha_i |i\rangle. \tag{1.3}$$

Die komplexen Zahlen α_i werden die **Komponenten** des Vektors genannt, und zu ihrer Berechnung nehmen wir das innere Produkt beider Seiten mit den Basis-Bras $\langle j|$

$$\langle j|A\rangle = \sum_i \alpha_i \langle j|i\rangle. \tag{1.4}$$

Dann verwenden wir die Tatsache, dass die Basisvektoren orthonormal sind. Daraus folgt $\langle j|i\rangle = 0$, falls j nicht gleich i ist, und $\langle j|i\rangle = 1$ für $j = i$. Mit anderen Worten ist $\langle j|i\rangle = \delta_{ij}$. Daher fällt die Summe in Gl. 1.4 zusammen zum Term

$$\langle j|A\rangle = \alpha_j. \tag{1.5}$$

Wir sehen also, dass die Komponenten eines Vektors einfach die inneren Produkte mit den Basisvektoren sind. Wir können Gleichung Gl. 1.3 eleganter schreiben als

$$|A\rangle = \sum_i |i\rangle \langle i|A\rangle.$$

---

[7]Mathematisch gesehen müssen Basisvektoren nicht orthonormal sein. In der Quantenmechanik sind sie es aber in der Regel. In diesem Buch meinen wir mit einer Basis immer eine Orthonormalbasis.

Vorlesung 2

Quantenzustände

Art: „Merkwürdigerweise hat mein Kopf nach dem Bier *aufgehört* zu spinnen. In welchem Zustand befinden wir uns?"

Lenny: „Wüsste ich gern. Ist das wichtig?"

Art: „Kann sein. Ich glaube, wir sind nicht mehr in Kalifornien."

2.1 Zustände und Vektoren

In der klassischen Physik folgt aus der Kenntnis des Zustands eines Systems, dass man alles Notwendige weiß, um die Zukunft dieses Systems vorherzusagen. Wie wir in der letzten Vorlesung gesehen haben, sind Quantensysteme nicht vollständig vorhersagbar. Offenbar bedeutet der Zustand eines Quantensystems etwas anderes als bei klassischen Zuständen. Grob gesagt bedeutet die Kenntnis eines Quantenzustands, dass man alles weiß, soweit es möglich ist, wie das System *präpariert* wurde. Im letzten Kapitel haben wir darüber gesprochen, dass wir eine Apparatur verwenden, um den Zustand eines Spins zu präparieren. Tatsächlich hatten wir angenommen, dass es kein weiteres Detail des Zustands des Spins gibt, dass man noch messen könnte.

© Springer-Verlag GmbH Deutschland, ein Teil von Springer Nature 2020
L. Susskind und A. Friedman, *Quantenmechanik: Das Theoretische Minimum*, https://doi.org/10.1007/978-3-662-60330-7_2

Die Frage liegt nun nahe, ob diese Unvorhersagbarkeit eine Folge einer Unvollständigkeit dessen ist, was wir Quantenzustand nennen. Darüber gibt es verschiedene Auffassungen. Hier eine Auswahl:

1. Ja, der übliche Begriff eines Quantenzustands ist unvollständig. Es gibt **verborgene Variablen**, die vollständige Vorhersagbarkeit erlauben würden, wenn wir sie nur kennen würden. Von dieser Ansicht gibt es zwei Versionen. In Version A sind die verborgenen Variablen schwer zu messen, uns aber im Prinzip experimentell zugänglich. In Version B sind die verborgenen Variablen prinzipiell nicht zugänglich, da wir selbst aus Quantenmaterie bestehen und daher den Einschränkungen der Quantenmechanik unterliegen.
2. Nein, das Konzept der verborgenen Variablen führt uns in keine fruchtbare Richtung. Quantenmechanik ist unvermeidlich unvorhersagbar. Die Quantenmechanik ist als Wahrscheinlichkeitskalkül so vollständig wie nur möglich. Es ist die Aufgabe des Physikers, diesen Kalkül zu erlernen und anzuwenden.

Ich weiß nicht, wie die endgültige Antwort auf diese Frage lauten wird, oder ob sie sich wirklich als nützliche Frage erweisen wird. Für unsere Zwecke ist es aber nicht entscheidend, was ein bestimmter Physiker über die endgültige Bedeutung des Quantenzustands denkt. Aus praktischen Erwägungen schließen wir uns der zweiten Meinung an.

In der Praxis bedeutet dies für den Quanten-Spin aus Vorlesung 1: Hat die Apparatur $\mathcal{A}$ das Ergebnis $\sigma_z = +1$ oder $\sigma_z = -1$ geliefert, so gibt es sonst nichts mehr zu erfahren, oder man kann nichts weiteres erfahren. Genauso gibt es nach Drehung von $\mathcal{A}$ und Messung $\sigma_x = +1$ oder $\sigma_x = -1$ nichts mehr zu erfahren. Dasselbe gilt für σ_y oder eine andere Spinkomponente.

2.2   Darstellung von Spin-Zuständen

Es ist an der Zeit, uns an der Darstellung von Spinzuständen durch Zustandsvektoren zu versuchen. Unser Ziel ist eine Darstellung, die alles umfasst, was wir vom Verhalten des Spins wissen. An diesem Punkt wird der Prozess mehr intuitiv als formal sein. Wir werden versuchen, die Dinge so gut wie möglich zusammenzufügen, basierend auf unseren bisherigen Kenntnissen. Lesen Sie diesen Abschnitt sorgfältig. Glauben Sie mir, es wird sich lohnen.

Fangen wir an, indem wir die möglichen Spinzustände längs der drei Koordinatenachsen beschriften. Ist $\mathcal{A}$ längs der z-Achse ausgerichtet, so entsprechen die beiden möglichen Zustände, die präpariert werden können, $\sigma_z = \pm 1$. Nennen wir sie **up** und **down**[*] und bezeichnen sie mit den Ket-Vektoren $|u\rangle$ und $|d\rangle$. Ist also die Apparatur längs der z-Achse orientiert und registriert $+1$, so ist der Zustand $|u\rangle$ präpariert.

Ist andererseits die Apparatur längs der x-Achse ausgerichtet und registriert -1, so ist der Zustand $|l\rangle$ präpariert. Wir nennen ihn **left**. Ist $\mathcal{A}$ längs der y-Achse orientiert, kann sie die Zustände $|i\rangle$ und $|o\rangle$ (**in** und **out**) präparieren. Sie verstehen das Prinzip.

Die Vorstellung, dass es keine verborgenen Variablen gibt, hat eine einfache mathematische Repräsentation: Der Zustandsraum für einen einzelnen Spin hat nur zwei Dimensionen. Dieser Punkt verdient hervorgehoben zu werden:

> Alle möglichen Spin-Zustände können in einem zweidimensionalen Vektorraum dargestellt werden.

Wir könnten etwas willkürlich[1] $|u\rangle$ und $|d\rangle$ als die beiden Basisvektoren wählen und jeden Zustand als lineare **Überlagerung** dieser beiden schreiben. Wir übernehmen zunächst einmal diese Wahl. Schreiben wir $|A\rangle$ für einen beliebigen Zustand. Wir können dies dann als Gleichung schreiben:

$$|A\rangle = \alpha_u |u\rangle + \alpha_d |d\rangle \, ,$$

wobei α_u und α_d die Komponenten von $|A\rangle$ längs der Basis-Richtungen $|u\rangle$ und $|d\rangle$ sind. Mathematisch können wir die Komponenten von $|A\rangle$ ermitteln durch

$$\begin{aligned} \alpha_u &= \langle u|A\rangle \\ \alpha_d &= \langle d|A\rangle \, . \end{aligned} \tag{2.1}$$

Diese Gleichungen sind extrem abstrakt, und es ist überhaupt nicht offensichtlich, was ihre physikalische Bedeutung ist. Ich erzähle Ihnen gleich einmal, was sie bedeuten: Zuerst einmal kann $|A\rangle$ jeden beliebigen Spin-Zustand bedeuten, der in irgendeiner Weise präpariert wurde. Die Komponenten α_u und α_d sind komplexe Zahlen, die selber keine experimentelle Bedeutung haben, sondern nur ihre Größen. Insbesondere haben $\alpha_u \alpha_u^*$ und $\alpha_d \alpha_d^*$ die folgende Bedeutung:

---

[*] Wir verwenden im Buch die englischen Bezeichnungen up und down etc. für die Richtungen des Spins, da ihre Anfangsbuchstaben eindeutig sind. (A.d.Ü.)

[1] Die Wahl ist nicht völlig willkürlich. Die Basisvektoren müssen zueinander orthogonal sein.

- Ist ein Spin im Zustand $|A\rangle$ präpariert worden, und ist die Apparatur längs z ausgerichtet, so ist die Größe $\alpha_u \alpha_u^*$ die Wahrscheinlichkeit, dass der Spin gemessen wird als $\sigma_z = +1$. Mit anderen Worten ist es die Wahrscheinlichkeit, dass der Spin längs der z-Ache nach oben gemessen wird.

- Analog gibt $\alpha_d \alpha_d^*$ die Wahrscheinlichkeit an, dass σ_z nach unten gemessen wird.

Die α-Werte, oder gleichbedeutend $\langle u|A\rangle$ und $\langle d|A\rangle$, werden **Wahrscheinlichkeitsamplituden** genannt. Sie selbst sind keine Wahrscheinlichkeiten. Um eine Wahrscheinlichkeit zu berechnen, müssen ihre Größen quadriert werden. Mit anderen Worten sind die Wahrscheinlichkeiten für Messungen von **up** und **down** gegeben durch

$$
\begin{aligned}
P_u &= \langle A|u\rangle \langle u|A\rangle \\
P_d &= \langle A|d\rangle \langle d|A\rangle .
\end{aligned}
\tag{2.2}
$$

Beachten Sie, dass ich nichts über σ_z vor der Messung gesagt habe. Vor der Messung haben wir einzig den Vektor $|A\rangle$, der die potentiellen Wahrscheinlichkeiten angibt, aber nicht die tatsächlichen Messwerte.

Zwei andere Punkte sind wichtig: Zuerst beachte man, dass $|u\rangle$ und $|d\rangle$ orthogonal sind, d.h.

$$
\langle u|d\rangle = 0, \quad \langle d|u\rangle = 0.
\tag{2.3}
$$

Das bedeutet physikalisch, dass bei einem als **up** präpariertem Spin die Wahrscheinlichkeit, **down** zu messen, gleich 0 ist, und umgekehrt. Dieser Punkt ist so wichtig, dass ich es noch einmal wiederhole:

Zwei orthogonale Zustände sind physikalisch verschieden und schließen sich gegenseitig aus. Wenn der Spin in einem der beiden Zustände ist, dann kann er nicht im anderen Zustand sein (d.h. die Wahrscheinlichkeit dafür ist 0). Dies gilt für alle Quantensysteme, nicht nur für Spins.

Verwechseln Sie nicht die Orthogonalität von Zustandsvektoren mit orthogonalen Richtungen im Raum. Tatsächlich sind die Richtungen **up** und **down** im Raum nicht orthogonal, obwohl ihre assoziierten Zustandsvektoren im Zustandsraum orthogonal sind.

Der zweite wichtige Punkt ist, dass die Gesamtwahrscheinlichkeit 1 ergeben muss, und somit gilt

$$
\alpha_u^* \alpha_u + \alpha_d^* \alpha_d = 1.
\tag{2.4}
$$

Dies ist äquivalent zu der Aussage, dass der Vektor $|A\rangle$ normiert ist:

$$
\langle A|A\rangle = 1.
$$

Dies ist ein sehr allgemeingültiges Prinzip der Quantenmechanik, das alle Quantensysteme betrifft: Der Zustand eines Systems wird durch einen normierten (Einheits-)Vektor im Vektorraum der Zustände repräsentiert. Weiterhin sind die quadrierten Größen der Komponenten der Zustandsvektoren längs bestimmter Basisvektoren die Wahrscheinlichkeiten für verschiedene Ergebnisse von Experimenten.

2.3 Längs der x-Achse

Wir sagten bereits, dass wir jeden Spin-Zustand als Linearkombination der Basisvektoren $|u\rangle$ und $|d\rangle$ darstellen können. Versuchen wir dies nun einmal für die Vektoren $|r\rangle$ und $|l\rangle$, die längs der x-Achse präparierte Spins beschreiben. Wir beginnen mit $|r\rangle$. Sie wissen aus Vorlesung 1: Hat $\mathcal{A}$ anfangs den Zustand $|r\rangle$ präpariert, und wurde dann $\mathcal{A}$ gedreht, um σ_z zu messen, so sind die Wahrscheinlichkeiten für **up** und **down** gleich groß. Daher müssen $\alpha_u^* \alpha_u$ und $\alpha_d^* \alpha_d$ beide gleich $\frac{1}{2}$ sein. Ein einfacher Vektor, der dies erfüllt, ist

$$|r\rangle = \frac{1}{\sqrt{2}} |u\rangle + \frac{1}{\sqrt{2}} |d\rangle. \tag{2.5}$$

Bei der Wahl gibt es eine gewisse Mehrdeutigkeit, aber wie wir sehen werden, liegt die Mehrdeutigkeit in der Wahl der genauen Richtungen der x- und y-Achsen.

Sehen wir uns nun den Vektor $|l\rangle$ an. Wir wissen: Ist der Spin in der Konfiguration **left** präpariert, so sind die Wahrscheinlichkeiten für σ_z wieder $\frac{1}{2}$. Dies reicht nicht aus, um die Werte $\alpha_u^* \alpha_u$ und $\alpha_d^* \alpha_d$ zu bestimmen, aber wir können noch auf eine andere Bedingung zugreifen. Zuvor habe ich gesagt, dass $|u\rangle$ und $|d\rangle$ orthogonal sind aus dem einfachen Grund, dass ein Spin, der **up** ist, nicht **down** sein kann. Aber an **up** und **down** ist nichts Besonderes, was nicht auch für **left** und **right** gelten kann. Insbesondere ist für einen Spin mit **left** die Wahrscheinlichkeit für **right** gleich 0. Daher gilt analog zu Gl. 2.3

$$\langle r|l \rangle = 0$$
$$\langle l|r \rangle = 0.$$

Dadurch muss $|l\rangle$ im Wesentlichen diese Form annehmen:

$$|l\rangle = \frac{1}{\sqrt{2}} |u\rangle - \frac{1}{\sqrt{2}} |d\rangle. \tag{2.6}$$

Aufgabe 2.1
Beweisen Sie, dass der Vektor $|r\rangle$ in Gl. 2.5 orthogonal auf dem Vektor $|l\rangle$ in Gl. 2.6 steht.

Wieder gibt es eine gewisse Mehrdeutigkeit bei der Wahl von $|l\rangle$. Sie wird **Phasen-Mehrdeutigkeit** genannt. Nehmen wir an, wir multiplizieren $|l\rangle$ mit einer beliebigen komplexen Zahl z. Dies hat keine Auswirkung auf die Orthogonalität bzgl. $|r\rangle$, obwohl das Ergebnis im Allgemeinen nicht länger normiert sein wird. Wählen wir aber $z = e^{i\theta}$ (wobei θ eine beliebige reelle Zahl sein kann), so hat dies keinen Effekt auf die Normiertheit, denn $e^{i\theta}$ ist von Einheitsgröße. Anders gesagt ist $\alpha_u^* \alpha_u + \alpha_d^* \alpha_d$ immer noch 1. Da eine Zahl der Form $e^{i\theta}$ **Phasenfaktor** genannt wird, nennt man diese Mehrdeutigkeit die Phasen-Mehrdeutigkeit. Wir werden später entdecken, dass keine messbare Größe von der Phasen-Mehrdeutigkeit abhängt, und daher können wir sie bei der Definition von Zuständen ignorieren.

2.4   Längs der y-Achse

Kommen wir schließlich zu $|i\rangle$ und $|o\rangle$, die die Spins längs der y-Achse bezeichnen. Schauen wir uns an, welche Bedingungen sie erfüllen müssen. Zuerst muss gelten

$$\langle i|o \rangle = 0. \tag{2.7}$$

Diese Bedingung sagt aus, dass **in** und **out** durch orthogonale Vektoren repräsentiert werden, ganz genauso wie **up** und **down**. Physikalisch bedeutet dies: Ist ein Spin **in**, dann ist er sicherlich nicht **out**.

Es gibt noch weitere Beschränkungen auf den Vektoren $|i\rangle$ und $|o\rangle$. Mit Hilfe der Beziehungen aus Gleichungen Gl. 2.1 und Gl. 2.2 und den statistischen Ergebnissen unserer Experimente können wir schreiben:

$$\begin{aligned}
\langle o|u \rangle \langle u|o \rangle &= \frac{1}{2}, \quad \langle o|d \rangle \langle d|o \rangle = \frac{1}{2} \\
\langle i|u \rangle \langle u|i \rangle &= \frac{1}{2}, \quad \langle i|d \rangle \langle d|i \rangle = \frac{1}{2}.
\end{aligned} \tag{2.8}$$

In den ersten beiden Gleichungen hat $|o\rangle$ die Rolle von $|A\rangle$ aus Gleichungen 2.1 und 2.2. In den nächsten zwei Gleichungen hat $|i\rangle$ diese Rolle. Diese Bedingungen besagen, dass ein in y-Richtung ausgerichteter Spin bei einer Messung längs z mit gleicher Wahrscheinlichkeit **up** oder **down** ist. Wir erwarten analog bei einer Messung längs der x-Achse, dass er mit gleicher Wahrscheinlichkeit **left** oder **right** ist. Dies führt zu den zusätzlichen Bedingungen

$$\begin{aligned}
\langle o|r \rangle \langle r|o \rangle &= \frac{1}{2}, \quad \langle o|l \rangle \langle l|o \rangle = \frac{1}{2} \\
\langle i|r \rangle \langle r|i \rangle &= \frac{1}{2}, \quad \langle i|l \rangle \langle l|i \rangle = \frac{1}{2}.
\end{aligned} \tag{2.9}$$

Diese Bedingungen reichen aus, um die Form der Vektoren $|i\rangle$ und $|o\rangle$ zu bestimmen, abgesehen von der Phasen-Mehrdeutigkeit. Hier ist das Ergebnis:

$$|i\rangle = \frac{1}{\sqrt{2}}\,|u\rangle + \frac{i}{\sqrt{2}}\,|d\rangle$$
$$|o\rangle = \frac{1}{\sqrt{2}}\,|u\rangle - \frac{i}{\sqrt{2}}\,|d\rangle\,. \tag{2.10}$$

Aufgabe 2.2
Beweisen Sie, dass $|i\rangle$ und $|o\rangle$ alle Bedingungen aus den Gleichungen 2.7, 2.8 und 2.9 erfüllen. Sind sie dadurch eindeutig bestimmt?

Es ist interessant, dass zwei der Komponenten aus Gl. 2.10 imaginär sind. Natürlich haben wir die ganze Zeit gesagt, dass der Zustandsraum ein komplexer Vektorraum ist, aber bislang haben wir in unseren Berechnungen keine komplexen Zahlen verwendet. Sind die komplexen Zahlen aus Gl. 2.10 nur bequem oder notwendig? Bei unserem Rahmen für die Spins führt kein Weg daran vorbei. Es ist etwas mühselig, dies zu zeigen, aber der Weg ist recht klar. Die folgende Übung zeigt ihnen den Weg auf. Die Notwendigkeit komplexer Zahlen ist ein wesentliches Merkmal der Quantenmechanik, und wir werden noch weitere Beispiele kennenlernen.

Aufgabe 2.3
Vergessen wir einmal, dass uns die Gleichungen 2.10 funktionierende Definitionen für $|i\rangle$ und $|o\rangle$ ausgedrückt in Termen von $|u\rangle$ und $|d\rangle$ geben, und nehmen wir an, die Komponenten α, β, γ und δ seien noch unbekannt:

$$|i\rangle = \alpha\,|u\rangle + \beta\,|d\rangle$$
$$|o\rangle = \gamma\,|u\rangle + \delta\,|d\rangle\,.$$

a) Zeigen Sie mit Hilfe der Gleichungen 2.8, dass gilt

$$\alpha^{*}\alpha = \beta^{*}\beta = \gamma^{*}\gamma = \delta^{*}\delta = \frac{1}{2}.$$

b) Zeigen Sie mit dem ersten Resultat und den Gleichungen 2.9, dass gilt

$$\alpha^{*}\beta + \alpha\beta^{*} = \gamma^{*}\delta + \gamma\delta^{*} = 0.$$

c) Zeigen Sie, dass $\alpha^{*}\beta$ und $\gamma^{*}\delta$ rein imaginär sein müssen.

Ist $\alpha^{*}\beta$ rein imaginär, so können α und β nicht beide reell sein. Dasselbe gilt für γ und δ.

2.5   Zählen der Parameter

Es ist immer wichtig zu wissen, wie viele unabhängige Parameter ein System bestimmen. So repräsentierten die generalisierten Koordinaten, die wir in **Band I** verwendeten (und mit q_i bezeichneten), jeweils einen unabhängigen Freiheitsgrad. Dieser Ansatz nahm uns die schwierige Aufgabe ab, explizite Gleichungen für die Nebenbedingungen aufzustellen. Ähnlich ist nun unsere nächste Aufgabe, nämlich die Anzahl der physikalisch unabhängigen Zustände für einen Spin zu zählen. Ich mache dies auf zwei Arten, um Ihnen zu zeigen, dass jeweils dasselbe dabei herauskommt.

Der erste Weg ist einfach. Richten Sie die Apparatur längs eines beliebigen 3-Vektors[2] $\hat{n}$ aus und präparieren Sie den Spin $\sigma = +1$ längs dieser Achse. Ist $\sigma = -1$, so kann man sich den Spin längs $-\hat{n}$ ausgerichtet denken. Es muss daher einen Zustand geben für jede Orientierung des Einheitsvektors $\hat{n}$. Wie viele Parameter braucht man, um so eine Orientierung anzugeben? Die Antwort ist natürlich zwei. Man braucht zwei Winkel, um eine Richtung im dreidimensionalen Raum zu definieren.[3]

Nun betrachten wir die Frage aus einer anderen Perspektive. Der allgemeine Spin wird durch zwei komplexe Zahlen α_u und α_d beschrieben. Dies scheint insgesamt vier reelle Parameter zu ergeben, da jeder komplexe Parameter für zwei reelle steht. Aber erinnern Sie sich, dass der Vektor wie in Gl. 2.4 normiert sein muss. Die Normierungsbedingung gibt uns eine Gleichung mit den reellen Variablen, und dadurch reduziert sich die Anzahl der Parameter auf drei.

Wie ich früher sagte, werden wir noch sehen, dass die physikalischen Eigenschaften des Zustandsvektors nicht vom Phasenfaktor abhängen. Das bedeutet, dass einer der drei verbliebenen Parameter redundant ist, und so bleiben nur noch zwei – genauso viele Parameter wie für die Bestimmung einer Richtung im dreidimensionalen Raum. Daher liefert der Ausdruck

$$\alpha_u \left| u \right\rangle + \alpha_d \left| d \right\rangle$$

genügend Freiheit, um alle möglichen Orientierungen des Spins darzustellen, obwohl es nur zwei mögliche Resultate bei einem Experiment längs einer beliebigen Achse gibt.

---

[2]Vergessen Sie nicht, dass 3-Vektoren keine Bras oder Kets sind.
[3]Erinnern Sie sich, dass sphärische Koordinaten zwei Winkel verwenden, um einen Punkt in Bezug auf den Ursprung darzustellen. Längengrade und Breitengrade liefern ein anderes Beispiel.

2.6   Darstellung von Spinzuständen als Spaltenvektoren

Bislang haben wir viel lernen können, indem wir die abstrakte Form der Zustandsvektoren $|u\rangle$ und $|d\rangle$ usw. verwendeten. Durch diese Abstraktion konnten wir uns auf die mathematischen Beziehungen konzentrieren, ohne uns durch überflüssige Details ablenken zu lassen. Wir werden allerdings bald detaillierte Berechnungen mit Spinzuständen anstellen, und daher müssen wir unsere Zustandsvektoren in Spaltenform schreiben. Wegen der Phasen-Mehrdeutigkeit sind die Spaltendarstellungen nicht eindeutig definiert, und wir werden versuchen, die einfachsten und komfortabelsten auszuwählen.

Wie üblich beginnen wir mit Zustandsvektoren $|u\rangle$ und $|d\rangle$. Sie müssen Einheitslänge haben und orthogonal zueinander sein. Ein solches Paar von Spaltenvektoren ist

$$|u\rangle = \begin{pmatrix} 1 \\ 0 \end{pmatrix} \tag{2.11}$$

$$|d\rangle = \begin{pmatrix} 0 \\ 1 \end{pmatrix}. \tag{2.12}$$

Ausgehend von diesen Spaltenvektoren ist es einfach, Spaltenvektoren für $|l\rangle$ und $|r\rangle$ mit Hilfe der Gleichungen 2.5 und 2.6, sowie für $|i\rangle$ und $|o\rangle$ mit Hilfe der Gleichungen 2.10 zu schreiben. Wir machen dies in der nächsten Vorlesung, wo wir diese Ergebnisse benötigen.

2.7   Alles zusammenfügen

In dieser Vorlesung haben wir viel Stoff behandelt. Bevor wir fortfahren, wollen wir einmal auflisten, was wir gemacht haben. Unser Ziel war zusammenzustellen, was wir über Spins und Vektorräume wissen. Wir fanden heraus, wie wir Spinzustände durch Vektoren darstellen können, und bekamen dabei einen kurzen Einblick über die Art der Informationen, die ein Spinzustand enthält (und welche er nicht enthält!). Hier eine kurze Zusammenfassung, was wir gemacht haben:

- Ausgehend von unserer Erfahrung mit Spin-Messungen haben wir drei Paare jeweils orthogonaler Basisvektoren gewählt. Wir haben diese Paare $|u\rangle$ und $|d\rangle$, $|r\rangle$ und $|l\rangle$ sowie $|i\rangle$ und $|o\rangle$ genannt. Da die Basisvektoren $|u\rangle$ und $|d\rangle$ physikalisch unterschiedliche Zustände repräsentieren, konnten wir uns versichern, dass sie orthogonal zueinander sind, mit anderen Worten $\langle u|d\rangle = 0$. Dasselbe gilt für $|r\rangle$ und $|l\rangle$ sowie $|i\rangle$ und $|o\rangle$.

■ Wir erkannten, dass zur Darstellung eines Spinzustands zwei unabhängige
Parameter benötigt werden, und wählten eines der orthogonalen Paare $|u\rangle$
und $|d\rangle$ als unsere Basisvektoren zur Darstellung aller Spinzustände aus,
obwohl die zwei komplexen Komponenten eines Spinzustands vier reellen
Zahlen entsprechen. Wie kamen wir damit durch? Wir waren schlau genug zu
bemerken, dass die vier Zahlen gar nicht unabhängig voneinander sind.[4] Die
Normierungsbedingung (die Gesamtwahrscheinlichkeit muss 1 ergeben) eliminiert einen unabhängigen Parameter, und die Unabhängigkeit von der Phase
(die Physik eines Zustandsvektors wird vom Phasenfaktor nicht beeinflusst)
eliminiert einen zweiten.

■ Nachdem wir $|u\rangle$ und $|d\rangle$ als unsere Haupt-Basisvektoren gewählt haben,
fanden wir heraus, wie wir die anderen Paare der Basisvektoren als Linear-
kombination von $|u\rangle$ und $|d\rangle$ darstellen können, indem wir die Orthogonalität
und wahrscheinlichkeitsbasierten Nebenbedingungen anwendeten.

■ Schließlich haben wir einen Weg gefunden, unsere Haupt-Basisvektoren als
Spalten zu schreiben. Diese Darstellung ist nicht eindeutig. In der nächsten
Vorlesung werden wir unsere Spaltenvektoren für $|u\rangle$ und $|d\rangle$ benutzen, um
die Spaltenvektoren für die anderen beiden Basen abzuleiten.

Während wir diese konkreten Resultate erarbeiteten, hatten wir die Möglichkeit,
die Mathematik der Zustandsvektoren anzuwenden und dabei zu erfahren, wie
diese mathematischen Objekte mit physikalischen Spins zusammenhängen. Obwohl wir uns auf den Spin beschränken werden, gelten dieselben Konzepte und
Techniken genauso für andere Quantensysteme. Bitte nehmen Sie sich etwas
Zeit, um den bisher behandelten Stoff in sich aufzunehmen, bevor Sie mit der
nächsten Vorlesung fortfahren. Wie ich am Anfang sagte, wird es sich lohnen.

---

[4]Hier können Sie gerne selbstzufrieden lächeln.

Vorlesung 3

Prinzipien der Quantenmechanik

Art: „Ich bin nicht wie du, Lenny. Mein Gehirn ist einfach nicht für die Quantenmechanik geschaffen."

Lenny: „Ach, meines auch nicht. Man kann sich das Zeug einfach nicht vorstellen. Aber ich sage dir, ich kannte mal jemanden, der wie ein Elektron dachte."

Art: „Was ist aus ihm geworden?"

Lenny: „Art, alles was ich dir sagen kann ist, dass es wirklich nicht schön war."

Art: „Hm... Das mit den Genen klappt dann wohl auch nicht."

Nein, wir sind nicht dafür geschaffen, um Quanten-Phänomene wahrzunehmen; nicht so wie wir etwa geschaffen wurden, um klassische Dinge wie Kraft und Temperatur wahrzunehmen. Aber wir können uns sehr gut anpassen und sind in der Lage, durch mathematische Abstraktionen die fehlenden Sinne zu ersetzen, mit denen wir die Quantenmechanik direkt erkennen könnten. Und nach und nach entwickeln wir neue Formen der Intuition. Diese Vorlesung führt in die Prinzipien der Quantenmechanik ein. Um diese Prinzipien zu beschreiben, brauchen wir einige neue mathematische Hilfsmittel. Fangen wir an.

© Springer-Verlag GmbH Deutschland, ein Teil von Springer Nature 2020
L. Susskind und A. Friedman, *Quantenmechanik: Das Theoretische Minimum*, https://doi.org/10.1007/978-3-662-60330-7_3

3.1 Mathematisches Intermezzo: Lineare Operatoren

3.1.1 Maschinen und Matrizen

Zustände werden in der Quantenmechanik mathematisch durch Vektoren in einem Vektorraum beschrieben. Physikalische **Observablen** – die Dinge, die man messen kann – werden durch **lineare Operatoren** beschrieben. Wir setzen dies als ein Axiom voraus und werden später sehen (in Abschnitt 3.1.5), dass zu physikalischen Observablen gehörende Operatoren nicht nur linear, sondern auch **hermitesch** sein müssen. Der Zusammenhang zwischen Operatoren und Observablen ist subtil, und ihn zu verstehen bereitet einigen Aufwand. Observablen sind die Dinge, die man misst. Zum Beispiel können wir die Koordinaten eines Teilchens direkt messen, auch die Energie, den Impuls oder den Drehimpuls eines Systems, oder das elektrische Feld in einem Punkt im Raum. Die Observablen haben auch mit einem Vektorraum zu tun, aber sie sind keine Zustandsvektoren. Es sind die Dinge, die man misst – σ_x ist ein Beispiel – und sie werden durch lineare Operatoren dargestellt. **John Wheeler** sprach bei solchen mathematischen Objekten gerne von *Maschinen*. Er stellte sich eine Maschine vor mit zwei Öffnungen: der Eingabe-Öffnung und der Ausgabe-Öffnung. In die Eingabe-Öffnung steckt man einen Vektor, etwa $|A\rangle$. Die Rädchen drehen sich, und die Maschine liefert ein Ergebnis in der Ausgabe-Öffnung. Das Ergebnis ist ein anderer Vektor, etwa $|B\rangle$.

Bezeichnen wir den Operator mit dem fettgedruckten Buchstaben $\mathbf{M}$ (für „Maschine"). Hier ist die Gleichung, die die Ausführung von $\mathbf{M}$ auf den Vektor $|A\rangle$ mit dem Ergebnis $|B\rangle$ beschreibt:

$$\mathbf{M}\,|A\rangle = |B\rangle\,.$$

Nicht jede Maschine ist ein *linearer* Operator. Linearität setzt einige einfache Eigenschaften voraus. Zuerst einmal muss ein linearer Operator ein eindeutiges Ergebnis für jeden Vektor in dem Raum erzeugen. Wir können uns eine Maschine vorstellen, die für einige Vektoren ein Ergebnis erzeugt, aber auf anderen herumarbeitet und nichts erzeugt. So eine Maschine wäre kein linearer Operator. Etwas muss für jede Eingabe herauskommen.

Die nächste Eigenschaft besagt, dass ein Operator $\mathbf{M}$, der auf das Vielfache eines Vektors wirkt, das Vielfache des einfachen Ausgabevektors erzeugt. Ist also $\mathbf{M}\,|A\rangle = |B\rangle$, und ist z eine beliebige komplexe Zahl, so ist

$$\mathbf{M}z\,|A\rangle = z\,|B\rangle\,.$$

Die einzige weitere Regel besagt, dass sich bei einer Operation von $\mathbf{M}$ auf einer Summe von Vektoren die Ergebnisse einfach aufaddieren:

$$\mathbf{M}(|A\rangle + |B\rangle) = \mathbf{M}\,|A\rangle + \mathbf{M}\,|B\rangle\,.$$

Für eine konkrete Darstellung linearer Operatoren kehren wir zu den Darstellungen von Bra- und Ket-Vektoren als Zeilen- und Spaltenvektoren aus Vorlesung 1 zurück. Die Zeilen-Darstellung basiert auf unserer Wahl der Basisvektoren. Ist der Vektorraum N-dimensional, so wählen wir eine Menge von N orthonormalen (orthogonalen und normierten) Ket-Vektoren. Nennen wir sie $|j\rangle$, und ihre dualen Bra-Vektoren $\langle j|$.

Wir nehmen nun die Gleichung

$$\mathbf{M}\,|A\rangle = |B\rangle\,.$$

und schreiben sie in Komponentenform. Wie in Gl. 1.3 schreiben wir einen beliebigen Ket $|A\rangle$ als eine Summe der Basisvektoren

$$|A\rangle = \sum_j \alpha_j\,|j\rangle\,.$$

Wir benutzen hier j statt i als Index, so dass Sie nicht Gefahr laufen, die Vektoren mit den **in**-Zuständen des Spins zu verwechseln. Jetzt schreiben wir $|B\rangle$ auf dieselbe Weise und stecken diese beiden Darstellungen in die Gleichung $\mathbf{M}\,|A\rangle = |B\rangle$. Dies ergibt

$$\sum_j \mathbf{M}\,|j\rangle\,\alpha_j = \sum_j \beta_j\,|j\rangle\,.$$

Im letzten Schritt nehmen wir das innere Produkt beider Seiten mit einem einzelnen Basisvektor $\langle k|$ und erhalten

$$\sum_j \langle k|\,\mathbf{M}\,|j\rangle\,\alpha_j = \sum_j \beta_j\,\langle k|j\rangle\,. \tag{3.1}$$

Um das Ergebnis zu verstehen, erinnern Sie sich, dass $\langle k|j\rangle$ gleich 0 ist für verschiedene k und j, und 1, wenn sie gleich sind. Das bedeutet, dass die Summe auf der rechten Seite zu einen einzigen Term β_k zusammenfällt.

Auf der linken Seite sehen wir eine Reihe von Größen $\langle k|\mathbf{M}|j\rangle\,\alpha_j$. Wir können $\langle k|\mathbf{M}|j\rangle$ mit dem Symbol m_{kj} abkürzen. Beachten Sie, dass m_{kj} einfach eine komplexe Zahl ist. Um das zu sehen, stellen Sie sich vor, dass $\mathbf{M}$ auf $|j\rangle$ operiert und einen neuen Ket-Vektor erzeugt. Das innere Produkt von $\langle k|$ mit diesem neuen Ket-Vektor muss eine komplexe Zahl sein. Diese Größen m_{kj} werden die **Matrixelemente** von $\mathbf{M}$ genannt und oft in einer $N \times N$-Matrix dargestellt. Ist etwa $N = 3$, so können wir symbolisch als Gleichung schreiben:

$$\mathbf{M} = \begin{pmatrix} m_{11} & m_{12} & m_{13} \\ m_{21} & m_{22} & m_{23} \\ m_{31} & m_{32} & m_{33} \end{pmatrix}\,. \tag{3.2}$$

In dieser Gleichung gibt es einen kleinen Missbrauch der Notation, der einem Puristen Bauchschmerzen bereiten würde. Die linke Seite ist ein abstrakter linearer Operator und die rechte Seite eine konkrete Darstellung in einer bestimmten Basis. Dies gleichzusetzen ist etwas nachlässig, aber es sollte keine Verwirrung verursachen.

Sehen wir uns nun Gl. 3.1 noch einmal an und ersetzen $\langle k|\mathbf{M}|j\rangle$ durch m_{kj}. Wir erhalten

$$\sum_j m_{kj}\alpha_j = \beta_k. \tag{3.3}$$

Dies können wir auch in Matrixform schreiben. Gl. 3.3 wird zu

$$\begin{pmatrix} m_{11} & m_{12} & m_{13} \\ m_{21} & m_{22} & m_{23} \\ m_{31} & m_{32} & m_{33} \end{pmatrix} \begin{pmatrix} \alpha_1 \\ \alpha_2 \\ \alpha_3 \end{pmatrix} = \begin{pmatrix} \beta_1 \\ \beta_2 \\ \beta_3 \end{pmatrix}. \tag{3.4}$$

Sie sind wahrscheinlich mit den Regeln für die Matrizenmultiplikation vertraut, aber für alle Fälle wiederhole ich sie noch einmal. Um den ersten Eintrag β_1 auf der rechten Seite zu berechnen, nimmt man die erste Zeile der Matrix und bildet das Punktprodukt mit der α-Spalte:

$$\beta_1 = m_{11}\alpha_1 + m_{12}\alpha_2 + m_{13}\alpha_3.$$

Für den zweiten Eintrag bildet man das Punktprodukt der zweiten Zeile der Matrix mit der α-Spalte:

$$\beta_2 = m_{21}\alpha_1 + m_{22}\alpha_2 + m_{23}\alpha_3.$$

Und so weiter. Wenn Sie mit der Matrizenmultiplikation nicht vertraut sind, gehen Sie zu Ihrem Computer und suchen Sie einmal danach. Sie ist ein wichtiger Teil Ihres Werkzeugkastens, und von nun an gehe ich davon aus, dass Sie sie beherrschen.

Es hat sowohl Vorteile als auch Nachteile, wenn man Vektoren und Operatoren konkret mit Spalten, Zeilen und Matrizen darstellt (dies wird die **Komponentendarstellung** genannt). Die Vorteile liegen auf der Hand. Komponenten bieten einen vollständigen Satz an Rechenregeln zur Arbeit mit der Maschine. Der Nachteil ist, dass sie von einer bestimmten Auswahl der Basisvektoren abhängen. Die zugrundeliegenden Zusammenhänge zwischen Vektoren und Operatoren sind unabhängig von der ausgewählten Basis, und die konkrete Darstellung verdeckt diese Tatsache.

3.1.2 Eigenwerte und Eigenvektoren

Wenn ein linearer Operator auf einen Vektor wirkt, so wird er im Allgemeinen die Richtung des Vektors ändern. Das bedeutet, dass die Ausgabe der Maschine nicht einfach der Vektor, multipliziert mit einer Zahl, sein wird. Aber für einen einzelnen linearen Operator wird es bestimmte Vektoren geben, deren Richtungen dieselben bei der Eingabe wie bei der Ausgabe sind. Diese besonderen Vektoren heißen **Eigenvektoren**. Die Definition eines Eigenvektors von $\mathbf{M}$ ist ein Vektor $|\lambda\rangle$ mit

$$\mathbf{M}\,|\lambda\rangle = \lambda\,|\lambda\rangle\,. \tag{3.5}$$

Die zweifache Verwendung von λ ist zugegeben etwas verwirrend. Zuerst einmal ist λ (im Gegensatz zu $|\lambda\rangle$) eine Zahl – im Allgemeinen komplex, aber eine Zahl. Dagegen ist $|\lambda\rangle$ ein Vektor mit einer sehr speziellen Beziehung zu $\mathbf{M}$. Wenn man $\mathbf{M}$ mit $|\lambda\rangle$ füttert, wird dieses einfach nur mit λ multipliziert. Ich gebe Ihnen einmal ein Beispiel. Ist $\mathbf{M}$ die 2×2-Matrix

$$\begin{pmatrix} 1 & 2 \\ 2 & 1 \end{pmatrix},$$

so sieht man leicht, dass der Vektor

$$\begin{pmatrix} 1 \\ 1 \end{pmatrix}$$

lediglich mit 3 multipliziert wird, wenn $\mathbf{M}$ auf ihn wirkt. Versuchen Sie es. $\mathbf{M}$ hat sogar noch einen anderen Eigenvektor:

$$\begin{pmatrix} 1 \\ -1 \end{pmatrix}.$$

Wirkt $\mathbf{M}$ auf diesen Eigenvektor, so multipliziert er den Vektor mit einer anderen Zahl, nämlich -1. Operiert $\mathbf{M}$ aber auf dem Vektor

$$\begin{pmatrix} 1 \\ 0 \end{pmatrix},$$

so wird der Vektor nicht einfach nur mit einer Zahl multipliziert. $\mathbf{M}$ ändert sowohl die Richtung des Vektors als auch seine Länge.

So wie die Vektoren, die bei einer Operation durch $\mathbf{M}$ mit Zahlen multipliziert werden, die Eigenvektoren von $\mathbf{M}$ genannt werden, so werden die konstanten Multiplikatoren die **Eigenwerte** genannt. Im Allgemeinen sind Eigenwerte komplexe Zahlen.

Hier ein Beispiel, das Sie selbst ausarbeiten können. Nehmen Sie die Matrix

$$\mathbf{M} = \begin{pmatrix} 0 & -1 \\ 1 & 0 \end{pmatrix}$$

und zeigen Sie, dass der Vektor

$$\begin{pmatrix} 1 \\ i \end{pmatrix}$$

ein Eigenvektor mit dem Eigenwert i ist.

Lineare Operatoren können auch auf Bra-Vektoren angewandt werden. Die Schreibweise für die Multiplikation von $\langle B|$ mit $\mathbf{M}$ ist

$$\langle B| \, \mathbf{M}.$$

Ich mache dies hier kurz und sage Ihnen einfach die Regel für diese Art der Multiplikation. Das geht am einfachsten in der Komponenten-Schreibweise. Erinnern Sie sich, dass Bra-Vektoren in der Komponentenform Zeilenvektoren sind. So könnte etwa der Bra $\langle B|$ dargestellt werden als

$$\langle B| = \begin{pmatrix} \beta_1^* & \beta_2^* & \beta_3^* \end{pmatrix}.$$

Die Regel ist wieder einfach die Matrizen-Multiplikation. In einer etwas schlampigen Schreibweise:

$$\langle B| \, \mathbf{M} = \begin{pmatrix} \beta_1^* & \beta_2^* & \beta_3^* \end{pmatrix} \begin{pmatrix} m_{11} & m_{12} & m_{13} \\ m_{21} & m_{22} & m_{23} \\ m_{31} & m_{32} & m_{33} \end{pmatrix}. \tag{3.6}$$

3.1.3 Hermitesche Konjugation

Sie könnten vermuten, dass aus $\mathbf{M}\,|A\rangle = |B\rangle$ einfach $\langle A|\,\mathbf{M} = \langle B|$ folgt, aber damit lägen Sie falsch. Das Problem ist die komplexe Konjugation. Selbst wenn z einfach eine komplexe Zahl ist, so folgt aus $z\,|A\rangle = |B\rangle$ in der Regel nicht, dass $\langle A|\,z = \langle B|$ ist. Man muss z komplex konjugieren beim Übergang von den Kets zu den Bras: $\langle A|\,z^* = \langle B|$. Ist natürlich z zufällig eine reelle Zahl, so hat die komplexe Konjugation keine Auswirkung – jede reelle Zahl stimmt mit ihrer komplex Kongugierten überein.

Wir brauchen nun ein Konzept für die komplexe Konjugation für Operatoren. Sehen wir uns die Gleichung $\mathbf{M}\,|A\rangle = |B\rangle$ in Komponenten-Schreibweise an:

$$\sum_i m_{ji}\alpha_i = \beta_j,$$

und bilden die komplex Konjugierte

$$\sum_i m_{ji}^* \alpha_i^* = \beta_j^*.$$

Wir würden diese Gleichung gern in Matrixform schreiben und dabei Bras statt Kets verwenden. Wir müssen uns dabei daran erinnern, dass Bra-Vektoren durch Zeilen und nicht durch Spalten dargestellt werden. Damit das richtige Ergebnis herauskommt, müssen wir auch die konjugiert komplexen Elemente der Matrix $\mathbf{M}$ neu anordnen. Die Bezeichnung für diese neue Anordnung ist $\mathbf{M}^\dagger$, wie unten beschrieben. Unsere neue Gleichung lautet

$$\langle A| \, \mathbf{M}^\dagger = \begin{pmatrix} \alpha_1^* & \alpha_2^* & \alpha_3^* \end{pmatrix} \begin{pmatrix} m_{11}^* & m_{21}^* & m_{31}^* \\ m_{12}^* & m_{22}^* & m_{32}^* \\ m_{13}^* & m_{23}^* & m_{33}^* \end{pmatrix}. \tag{3.7}$$

Sehen Sie sich den Unterschied zwischen der Matrix in dieser Gleichung und der Matrix in Gl. 3.6 an. Sie werden zwei Unterschiede erkennen: Der offensichtliche ist die komplexe Konjugation jedes Elements, aber sie erkennen auch einen Unterschied in den Indizes der Elemente. So finden Sie etwa anstelle von m_{23} in Gl. 3.6 m_{32}^* in Gl. 3.7. Mit anderen Worten: Die Zeilen und Spalten sind vertauscht worden.

Wenn wir bei einer Gleichung von der Ket-Form in die Bra-Form übergehen, müssen wir die Matrix in zwei Stufen verändern:

1. Vertausche die Zeilen und die Spalten.
2. Ersetze jedes Matrix-Element durch seine komplex Kongugierte.

In der Matrix-Schreibweise wird das Vertauschen von Spalten und Zeilen **Transponieren** genannt und durch ein hochgestelltes T angezeigt. Die Transponierte der Matrix M ist damit

$$\begin{pmatrix} m_{11} & m_{12} & m_{13} \\ m_{21} & m_{22} & m_{23} \\ m_{31} & m_{32} & m_{33} \end{pmatrix}^T = \begin{pmatrix} m_{11} & m_{21} & m_{31} \\ m_{12} & m_{22} & m_{32} \\ m_{13} & m_{23} & m_{33} \end{pmatrix}.$$

Beachten Sie, dass das Transponieren einer Matrix diese an der Hauptdiagonalen (die Diagonale von links oben nach rechts unten) spiegelt.

Die komplex Konjugierte einer transponierten Matrix wird die **hermitesch Konjugierte** genannt und durch einen Dolch gekennzeichnet. Man kann sich den Dolch als Zusammensetzung aus der Stern-Notation der komplexen Konjugation und dem T der Transposition denken, kurz

$$\mathbf{M}^\dagger = [\mathbf{M}^T]^*.$$

Fassen wir zusammen: Wenn $\mathbf{M}$ auf den Ket $|A\rangle$ wirkt und $|B\rangle$ erzeugt, so folgt, dass $\mathbf{M}^\dagger$ auf den Bra $\langle A|$ wirkt und $\langle B|$ ergibt. Kurz: Ist

$$\mathbf{M}\,|A\rangle = |B\rangle\,,$$

so ist

$$\langle A|\,\mathbf{M}^\dagger = \langle B|\,.$$

3.1.4 Hermitesche Operatoren

Reelle Zahlen spielen eine besondere Rolle in der Physik. Die Ergebnisse jeder Messung sind reelle Zahlen. Manchmal messen wir zwei Größen, fassen sie mit einem i zusammen (was eine komplexe Zahl ergibt), und nennen diese Zahl dann das Ergebnis einer Messung. Aber das ist eigentlich nur eine Form, zwei reelle Messungen zusammenzufassen. Wollten wir pedantisch sein, so könnten wir sagen, dass beobachtbare Größen mit ihrer komplex Konjugierten übereinstimmen müssen. Aber das ist natürlich nur eine extravagante Art zu sagen, dass sie reell sind. Wir werden bald herausfinden, dass quantenmechanische Observablen durch lineare Operatoren repräsentiert werden. Welche Art von linearen Operatoren? Die Art von Operatoren, die am nächsten an einem reellen Operator dran sind. Observable in der Quantenmechanik entsprechen linearen Operatoren, die gleich ihrer eigenen hermiteschen Konjugierten sind. Sie werden **hermitesche Operatoren** genannt, nach dem französischen Mathematiker **Charles Hermite**. Hermitesche Operatoren erfüllen die Bedingung

$$\mathbf{M} = \mathbf{M}^\dagger\,.$$

Mit Hilfe der Matrix-Elemente kann dies so geschrieben werden:

$$m_{ji} = m_{ij}^*\,.$$

Anders ausgedrückt: Wenn man eine hermitesche Matrix längs der Hauptdiagonale umklappt und die komplex Konjugierte bildet, ist das Ergebnis wieder die Ausgangsmatrix. Hermitesche Operatoren (und Matrizen) haben einige spezielle Eigenschaften. Die erste besteht darin, dass ihre Eigenwerte alle reell sind. Beweisen wir es.

Nehmen wir an, dass λ und $|\lambda\rangle$ einen Eigenwert und den korrespondierenden Eigenvektor der hermiteschen Operators $\mathbf{L}$ darstellen. In Symbolschreibweise

$$\mathbf{L}\,|\lambda\rangle = \lambda\,|\lambda\rangle\,.$$

Nach der Definition der hermiteschen Konjugation ist

$$\langle\lambda|\,\mathbf{L}^\dagger = \langle\lambda|\,\lambda^*\,.$$

Da jedoch **L** hermitesch ist, ist er gleich $\mathbf{L}^{\dagger}$. Daher können wir die beiden Gleichungen schreiben als

$$\mathbf{L}\,|\lambda\rangle = \lambda\,|\lambda\rangle \tag{3.8}$$

und

$$\langle\lambda|\,\mathbf{L} = \langle\lambda|\,\lambda^{*}. \tag{3.9}$$

Nun multiplizieren Sie Gl. 3.8 mit $\langle\lambda|$ und Gl. 3.9 mit $|\lambda\rangle$. Sie werden zu

$$\langle\lambda|\mathbf{L}|\lambda\rangle = \lambda\,\langle\lambda|\lambda\rangle$$

und

$$\langle\lambda|\mathbf{L}|\lambda\rangle = \lambda^{*}\,\langle\lambda|\lambda\rangle\,.$$

Offensichtlich muss, damit diese Gleichungen richtig sind, λ gleich λ^{*} sein. Mit anderen Worten muss λ (und damit jeder Eigenwert eines hermiteschen Operators) reell sein.

3.1.5 Hermitesche Operatoren und Orthonormalbasen

Wir kommen nun zum grundlegenden mathematischen Satz – ich werde ihn den **Fundamentalsatz** nennen – der als Fundament der Quantenmechanik dient. Die Idee ist, dass *beobachtbare Größen in der Quantenmechanik durch hermitesche Operatoren dargestellt werden.* Es ist ein sehr einfacher Satz, aber ein sehr wichtiger. Wir können ihn wie folgt noch präzisieren:

Der Fundamentalsatz

- Die Eigenvektoren eines hermiteschen Operators bilden ein **Erzeugenden-system.** Das bedeutet, dass *jeder Vektor, den der Operator erzeugen kann,* als Summe seiner Eigenvektoren entwickelt werden kann.
- Sind λ_1 und λ_2 zwei verschiedene Eigenwerte eines hermiteschen Operators, so sind die zugehörigen Eigenvektoren orthogonal.
- Selbst wenn zwei Eigenwerte gleich sind, so können die korrespondierenden Eigenvektoren orthogonal gewählt werden. Die Situation, in der zwei verschiedene Eigenvektoren denselben Eigenwert haben, hat einen Namen. Man nennt dies **Entartung.** Entartung kommt ins Spiel, wenn zwei Operatoren übereinstimmende Eigenvektoren besitzen, wie wir später in Abschnitt 5.1 sehen.

Man kann den Fundamentalsatz wie folgt zusammenfassen: Die Eigenvektoren eines hermiteschen Operators bilden eine Orthonormalbasis. Beweisen wir es, indem wir mit dem zweiten Punkt der Liste anfangen.

Nach der Definition von Eigenvektoren und Eigenwerten können wir schreiben

$$\mathbf{L}\,|\lambda_1\rangle = \lambda_1\,|\lambda_1\rangle$$
$$\mathbf{L}\,|\lambda_2\rangle = \lambda_2\,|\lambda_2\rangle\,.$$

Indem wir die Tatsache verwenden, dass $\mathbf{L}$ hermitesch ist (also seine eigene hermitesch Konjugierte), können wir die erste Gleichung in eine Bra-Gleichung umdrehen. Also

$$\langle\lambda_1|\,\mathbf{L} = \lambda_1\,\langle\lambda_1|$$
$$\mathbf{L}\,|\lambda_2\rangle = \lambda_2\,|\lambda_2\rangle\,.$$

Mittlerweile sollte der Trick offensichtlich sein, aber ich schreibe es ausführlich hin. Nehmen Sie die erste Gleichung und bilden Sie das innere Produkt mit $|\lambda_2\rangle$. Dann nehmen Sie die zweite Gleichung und bilden sie das innere Produkt mit $\langle\lambda_1|$. Das Ergebnis lautet

$$\langle\lambda_1|\mathbf{L}|\lambda_2\rangle = \lambda_1\,\langle\lambda_1|\lambda_2\rangle$$
$$\langle\lambda_1|\mathbf{L}|\lambda_2\rangle = \lambda_2\,\langle\lambda_1|\lambda_2\rangle\,.$$

Durch Subtraktion erhalten wir

$$(\lambda_1 - \lambda_2)\,\langle\lambda_1|\lambda_2\rangle = 0.$$

Wenn λ_1 und λ_2 verschieden sind, muss das innere Produkt $\langle\lambda_1|\lambda_2\rangle$ gleich 0 sein. Anders gesagt müssen die Eigenvektoren orthogonal sein.

Lassen Sie uns nun beweisen, dass selbst wenn $\lambda_1 = \lambda_2$ ist, die beiden Eigenvektoren orthogonal *gewählt* werden können. Nehmen wir an

$$\mathbf{L}\,|\lambda_1\rangle = \lambda\,|\lambda_1\rangle$$
$$\mathbf{L}\,|\lambda_2\rangle = \lambda\,|\lambda_2\rangle\,. \tag{3.10}$$

Mit anderen Worten: Es gibt zwei verschiedene Eigenvektoren zum selben Eigenwert. Es sollte klar sein, dass jede Linearkombination der beiden Eigenvektoren wieder einen Eigenvektor mit demselben Eigenwert ergibt. Mit soviel Freiheit ist es immer möglich, zwei orthogonale Linearkombinationen zu finden.

Und so geht es: Betrachten wir eine beliebige Linearkombination der beiden Eigenvektoren

$$|A\rangle = \alpha\,|\lambda_1\rangle + \beta\,|\lambda_2\rangle\,.$$

Wenden wir auf beiden Seiten $\mathbf{L}$ an, so erhalten wir

$$\mathbf{L}\,|A\rangle = \alpha\,\mathbf{L}\,|\lambda_1\rangle + \beta\,\mathbf{L}\,|\lambda_2\rangle\,,$$
$$\mathbf{L}\,|A\rangle = \alpha\,\lambda\,|\lambda_1\rangle + \beta\,\lambda\,|\lambda_2\rangle$$

und schließlich

$$\mathbf{L}\,|A\rangle = \lambda\,(\alpha\,|\lambda_1\rangle + \beta\,|\lambda_2\rangle) = \lambda\,|A\rangle\,.$$

Diese Gleichung zeigt, dass jede Linearkombination von $|\lambda_1\rangle$ und $|\lambda_2\rangle$ wieder ein Eigenvektor von **L** ist, mit demselben Eigenwert. Nach Voraussetzung sind diese zwei Vektoren linear unabhängig, sonst würden sie nicht verschiedene Zustände darstellen. Wir nehmen auch an, dass sie einen Unterraum von Eigenvektoren von **L** zum Eigenwert λ aufspannen. Es gibt ein sehr geradliniges Verfahren, genannt das **Gram-Schmidtsche Verfahren**, um eine Orthonormalbasis eines Unterraums zu finden, ausgehend von einer Menge unabhängiger Vektoren, die den Unterraum aufspannen. Auf Deutsch: Wir können zwei orthonormale Eigenvektoren finden, geschrieben als Linearkombination von $|\lambda_1\rangle$ und $|\lambda_2\rangle$. Wir zeigen das Gram-Schmidtsche Verfahren unten in Abschnitt 3.1.6.

Der letzte Teil des Satzes besagt, dass Eigenvektoren vollständig sind. Anders gesagt: Ist der Raum N-dimensional, so gibt es N orthonormale Eigenvektoren. Der Beweis ist einfach, und ich überlasse ihn Ihnen.

Aufgabe 3.1
Beweisen Sie: Ist ein Vektorraum N-dimensional, so kann man eine Orthonormalbasis aus N Vektoren finden, gebildet aus den Eigenvektoren eines hermiteschen Operators.

3.1.6 Das Gram-Schmidtsche Verfahren

Manchmal begegnen wir einer Menge linear unabhängiger Eigenvektoren, die keine orthonormale Menge bilden. Dies tritt typischerweise dann auf, wenn ein System **entartete Zustände** besitzt – verschiedene Zustände zum selben Eigenwert. In dieser Situation können wir die vorhandenen linear unabhängigen Vektoren verwenden, um eine orthonormale Menge zu erzeugen, die denselben Raum aufspannt. Diese Methode ist das von mir bereits erwähnte Gram-Schmidtsche Verfahren. Abb. 3.1 zeigt, wie dies im einfachen Fall zweier linear unabhängiger Vektoren funktioniert. Wir beginnen mit den beiden Vektoren $\vec{V}_1$ und $\vec{V}_2$ und konstruieren aus diesen zwei orthonormale Vektoren $\hat{v}_1$ und $\hat{v}_2$.

Im ersten Schritt teilen wir $\vec{V}_1$ durch seine eigene Länge $|\vec{V}_1|$, was uns einen Einheitsvektor parallel zu $\vec{V}_1$ liefert. Wir nennen den Einheitsvektor $\hat{v}_1$, und $\hat{v}_1$ wird der erste Vektor in unserer Orthonormalbasis. Danach projizieren wir $\vec{V}_2$ auf die Richtung von $\hat{v}_1$, indem wir das innere Produkt $\langle \vec{V}_2|\hat{v}_1\rangle$ bilden. Nun subtrahieren wir $\langle \vec{V}_2|\hat{v}_1\rangle$ von $\vec{V}_2$. Wir nennen das Ergebnis der Subtraktion $\vec{V}_{2\perp}$. Sie können in Abb. 3.1 sehen, dass $\vec{V}_{2\perp}$ orthogonal zu $\hat{v}_1$ ist. Schließlich teilen wir $\vec{V}_{2\perp}$ durch seine eigene Länge, um das zweite Mitglied unsere orthonormalen Menge zu erhalten. Es sollte klar sein, dass wir dieses Verfahren auf größere Mengen linear unabhängiger Vektoren in höheren Dimensionen übertragen können.

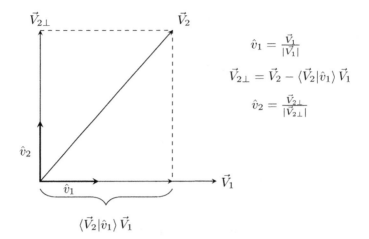

Abb. 3.1 Das Gram-Schmidtsche Verfahren. Zu zwei nicht notwendig orthogonal vorgegebenen linear unabhängigen Vektoren $\vec{V}_1$ und $\vec{V}_2$ können wir zwei orthonormale Vektoren $\hat{v}_1$ und $\hat{v}_2$ konstruieren. $\vec{V}_{2\perp}$ ist ein Zwischenergebnis im Konstruktionsverfahren. Wir können dieses Verfahren auf größere Mengen linear unabhängiger Vektoren ausdehnen.

Hätten wir etwa einen dritten linear unabhängigen Vektor $\vec{V}_3$, der aus der Seite herausragt, würden wir seine Projektionen auf jeden der beiden Einheitsvektoren $\hat{v}_1$ und $\hat{v}_2$ berechnen und von ihm subtrahieren, und das Ergebnis durch seine Länge teilen.[1]

3.2 Die Prinzipien

Wir haben jetzt alles beisammen, um die Prinzipien der Quantenmechanik zu formulieren. Fangen wir also an.

Alle Prinzipien enthalten die Vorstellung einer Observablen und setzen die Existenz eines zugrundeliegenden komplexen Vektorraums voraus, dessen Vektoren die Zustände des Systems darstellen. In dieser Vorlesung stellen wir die vier Prinzipien vor, die nicht die zeitliche Entwicklung der Zustandsvektoren berücksichtigen. In Vorlesung 4 fügen wir ein fünftes Prinzip hinzu, das die zeitliche Entwicklung von System-Zuständen betrifft.

Man könnte eine Observable auch eine „Messbare" nennen. Es ist etwas, was man mit einer geeigneten Apparatur messen kann. Vorhin haben wir über die

---

[1] In diesem Beispiel bedeutet *aus der Seite heraus* nicht notwendig, dass $\vec{V}_3$ orthogonal zur Seitenebene ist. Dass man nicht-orthogonale Vektoren als Ausgangspunkt verwenden kann, ist das Hauptmerkmal des Gram-Schmidtschen Verfahrens.

Messung der Komponenten σ_x, σ_y und σ_z eines Spins gesprochen. Dies sind Beispiele von Observablen. Wir kommen später auf sie zurück, aber sehen wir uns zunächst die Prinzipien an:

- **Prinzip 1**: Die Observablen oder messbaren Größen der Quantenmechanik werden durch lineare Operatoren **L** dargestellt.

  Es ist mir klar, dass dies genau die Art hoffnungslos abstrakter Aussagen ist, die Leute dazu bringt, Quantenmechanik aufzugeben und lieber Fußball zu spielen. Keine Sorge – die Bedeutung wird am Ende der Vorlesung klar sein. Wir werden bald einsehen, dass **L** auch hermitesch sein muss. Einige Autoren sehen dies als Postulat oder grundlegendes Prinzip. Wir ziehen es vor, dies stattdessen aus den anderen Prinzipien abzuleiten. Das Endresultat lautet in jedem Fall: Die den Observablen entsprechenden Operatoren sind hermitesch.

- **Prinzip 2**: Die möglichen Ergebnisse einer Messung sind die Eigenwerte des Operators, der der Observablen entspricht. Wir nennen diese Eigenwerte λ_i. Der Zustand, für den das Ergebnis dieser Messung unausweichlich λ_i ist, ist der korrespondierende Eigenvektor $|\lambda_i\rangle$. Lassen Sie den Fußball noch im Schrank.

  Hier ist eine andere Art, dies auszudrücken: Befindet sich das System im Eigenzustand $|\lambda_i\rangle$, so lautet das Ergebnis einer Messung garantiert λ_i.

- **Prinzip 3**: Eindeutig unterscheidbare Zustände entsprechen orthogonalen Vektoren.

- **Prinzip 4**: Ist $|A\rangle$ der Zustandsvektor eines Systems, und wird die Observable **L** gemessen, so beträgt die Wahrscheinlichkeit, den Eigenwert λ_i zu messen:

  $$P(\lambda_i) = \langle A|\lambda_i\rangle \langle\lambda_i|A\rangle . \tag{3.11}$$

  Ich erinnere kurz daran, dass die λ_i die Eigenwerte von **L** sind und die $|\lambda_i\rangle$ die zugehörenden Eigenvektoren.

Diese kurzen Aussagen sind nicht gerade selbsterklärend, und wir müssen sie mit Leben füllen. Fürs erste wollen wir den ersten Punkt akzeptieren, nämlich dass jede Observable mit einem linearen Operator identifiziert wird. Wir fangen an zu begreifen, dass ein Operator eine Methode ist, Zustände mit ihren Eigenwerten zusammenzubringen, die die möglichen Ergebnisse vom Messungen dieser Zustände sind. Diese Ideen sollten im Folgenden klarer werden.

Erinnern wir uns an einige wichtige Punkte unserer früheren Diskussion des Spins. Zuerst einmal ist das Ergebnis einer Messung im Allgemeinen statistisch unbestimmt. Jedoch existieren für jede gegebene Observable bestimmte Zustände, für die das Ergebnis absolut sicher ist. Ist zum Beispiel die den Spin messende Apparatur $\mathcal{A}$ längs der z-Achse orientiert, so führt der Zustand $|u\rangle$ immer zum Ergebnis $\sigma_z = +1$. Genauso erhält man bei $|d\rangle$ nichts als $\sigma_z = -1$. Mit dem Prinzip 1 erhalten wir einen neuen Blick auf diese Tatsachen. Es impliziert, dass jede Observable (σ_x, σ_y und σ_z) durch einen bestimmten linearen Operator im zweidimensionalen Raum der Zustände des Spins identifiziert wird.

Wird eine Observable gemessen, so ist das Ergebnis immer eine reelle Zahl aus einer Menge von möglichen Ergebnissen. Wird etwa die Energie eines Atoms gemessen, so ist das Ergebnis eines der möglichen Energieniveaus des Atoms. Im vertrauten Fall des Spins sind die möglichen Werte für jede der Komponenten ± 1. Die Apparatur liefert nie etwas anders. Prinzip 2 definiert die Beziehung zwischen dem Operator, der die Observable darstellt, und den möglichen numerischen Ergebnissen der Messung. Und zwar ist das Ergebnis einer Messung immer einer der Eigenwerte des korrespondierenden Operators. Daher muss jede Komponente des **Spinoperators** zwei Eigenwerte gleich ± 1 besitzen.[2]

Prinzip 3 ist das interessanteste. Finde ich jedenfalls. Es spricht von *eindeutig unterscheidbaren Zuständen*, einer grundlegenden Idee, der wir bereits begegnet sind. Zwei Zustände sind physikalisch verschieden, wenn es eine Messung gibt, durch die man sie eindeutig auseinanderhalten kann. So können zum Beispiel $|u\rangle$ und $|d\rangle$ durch Messung von σ_z unterschieden werden. Bekommt man einen Spin und die Aufgabe herauszufinden, ob er im Zustand $|u\rangle$ oder $|d\rangle$ ist, so muss man nur $\mathcal{A}$ längs der z-Achse ausrichten und σ_z messen. Es gibt keine Möglichkeit für einen Fehler. Dasselbe gilt für $|l\rangle$ und $|r\rangle$. Man kann sie unterscheiden, indem man σ_x misst.

Aber nehmen wir stattdessen an, dass uns gesagt wird, der Spin ist in einem der beiden Zustände $|u\rangle$ oder $|r\rangle$ (**up** oder **right**). Es gibt keine Messung, die einem eindeutig den wahren Zustand des Spins liefert. σ_z zu messen hilft nicht. Erhält man $\sigma_z = \pm 1$, so ist es möglich, dass der Anfangszustand $|r\rangle$ war, denn es gibt eine 50%ige Wahrscheinlichkeit für dieses Ergebnis im Zustand $|r\rangle$. Aus diesem Grund sagt man, dass $|u\rangle$ und $|d\rangle$ physikalisch unterscheidbar sind, $|u\rangle$ und $|r\rangle$ dagegen nicht. Man könnte sagen, dass das innere Produkt zweier Zustände ein Maß für die Unmöglichkeit ist, sie mit Bestimmtheit zu unterscheiden. Manchmal nennt man

---

[2] Wir haben noch nicht gesagt, was wir unter einer „Komponente" des Spinoperators verstehen. Wir holen dies bald nach.

dieses innere Produkt die **Überlappung**. Prinzip 3 fordert, dass physikalisch verschiedene Zustände durch orthogonale Zustandsvektoren dargestellt werden, d.h. durch sich nicht überlappende Vektoren. Für die Spinzustände gilt $\langle u|d \rangle = 0$, aber $\langle u|r \rangle = \frac{1}{\sqrt{2}}$.

Prinzip 4 schließlich quantifiziert diese Ideen in einer Regel, die die Wahrscheinlichkeiten für verschiedene Ergebnisse eines Experiments ausdrückt. Nehmen wir an, dass ein System im Zustand $|A\rangle$ präpariert wurde und danach die Observable **L** gemessen wird, so wird das Ergebnis einer der Eigenwerte λ_i von **L** sein. Aber in der Regel gibt es keinen Weg vorherzusagen, welcher Wert beobachtet wird. Es gibt nur eine Wahrscheinlichkeit – nennen wir sie $P(\lambda_i)$ – dass der Ausgang λ_i ist. Prinzip 4 sagt uns, wie wir diese Wahrscheinlichkeit berechnen, und sie wird mit Hilfe der Überlappung von $|A\rangle$ und $|\lambda_i\rangle$ ausgedrückt. Genauer gesagt ist die Wahrscheinlichkeit das Quadrat der Größe der Überlappung

$$P(\lambda_i) = |\langle A|\lambda_i \rangle|^2,$$

oder äquivalent

$$P(\lambda_i) = \langle A|\lambda_i \rangle \langle \lambda_i|A \rangle.$$

Sie fragen sich vielleicht, warum die Wahrscheinlichkeit nicht die Überlappung selbst ist. Warum das Quadrat der Überlappung? Bedenken Sie, dass das innere Produkt zweier Vektoren nicht immer positiv ist, oder auch nur reell. Wahrscheinlichkeiten andererseits sind immer positiv (oder null) und reell. Daher macht es keinen Sinn, $P(\lambda_i)$ mit $\langle A|\lambda_i \rangle$ zu identifizieren. Aber das Quadrat der Länge $\langle A|\lambda_i \rangle \langle \lambda_i|A \rangle$ ist immer positiv (oder null) und reell und kann daher mit der Wahrscheinlichkeit eines bestimmten Ergebnisses gleichgesetzt werden.

Eine wichtige Folgerung dieser Prinzipien lautet:

Die den Observablen entsprechenden Operatoren sind hermitesch.

Dafür gibt es zwei Gründe. Erstens muss das Ergebnis eines Experiments eine reelle Zahl sein, daher müssen die Eigenwerte eines Operators **L** ebenso reell sein. Zweitens müssen die Eigenvektoren zu eindeutig unterscheidbaren Zuständen verschiedene Eigenwerte besitzen und zudem noch orthogonal sein. Diese Bedingungen reichen aus um zu beweisen, dass **L** hermitesch sein muss.

3.3 Ein Beispiel: Spinoperatoren

Es ist vielleicht schwer zu glauben, aber einzelne Spins, so einfach sie sind, können uns noch viel mehr über Quantenmechanik zeigen, und wir werden sie dazu noch mehr „ausquetschen". Unser Ziel in diesem Abschnitt ist es, die Spinoperatoren in konkreter Form als 2×2-Matrizen zu schreiben. Dann sehen wir, wie sie in verschiedenen Situationen arbeiten. Wir werden gleich unsere Spinoperatoren und Zustandsvektoren bauen. Aber bevor wir in die Details gehen, möchte ich noch etwas hinzufügen, wie Operatoren mit physikalischen Messungen zusammenhängen. Die Beziehung ist subtil, und wir werden noch mehr davon sehen.

Wie Sie wissen, kennen Physiker verschiedene Arten von physikalischen Größen, wie Skalare und Vektoren. Es sollte daher nicht überraschen, dass ein Operator zur Messung eines Vektors (wie dem Spin) selbst einen eigenen Vektor-Charakter besitzt.

Auf unserer bisherigen Reise haben wir mehr als nur eine Sorte von Vektoren gesehen. Der 3-Vektor ist der naheliegendste und dient als Prototyp. Er ist die mathematische Darstellung eines Pfeils im dreidimensionalen Raum und wird oft durch drei reelle Zahlen in einer Spalten-Matrix geschrieben. Da die Komponenten reellwertig sind, sind 3-Vektoren nicht mächtig genug, um Quantenzustände darzustellen. Dafür brauchen wir Bras und Kets, die komplexwertige Komponenten haben.

Was für eine Sorte Vektor ist der Spinoperator σ? Er ist sicher kein Zustandsvektor (ein Bra oder ein Ket). Er ist auch nicht wirklich ein 3-Vektor, aber er hat eine starke Familienähnlichkeit, da er mit einer Richtung im Raum zu tun hat. Tatsächlich verwenden wir σ häufig, als wäre er ein gewöhnlicher 3-Vektor. Wir wollen aber die Dinge einfach halten, indem wir σ einen **3-Vektor-Operator** nennen.

Aber was meinen wir eigentlich damit? Physikalisch bedeutet es: So wie eine Spin-Messapparatur nur *Fragen beantwortet* zur Ausrichtung des Spins längs einer bestimmten Richtung, so kann ein Spinoperator nur *Informationen* über die Spinkomponente in einer bestimmten Richtung liefern. Um den Spin physikalisch in einer anderen Richtung zu messen, müssen wir die Apparatur in diese neue Richtung drehen. Dasselbe gilt für den Spinoperator: Soll er uns etwas über die Spinkomponente in einer neuen Richtung sagen, muss auch er „gedreht" werden, aber diese Art von Drehung erfolgt mathematisch. Es stellt sich heraus, dass es für jede mögliche Orientierung der Apparatur einen Spinoperator gibt.

3.4 Konstruktion der Spinoperatoren

Nun arbeiten wir einmal die Details der Spinoperatoren heraus. Das erste Ziel ist die Erzeugung der Operatoren für die Darstellung der Spinkomponenten σ_x, σ_y und σ_z. Daraus bilden wir dann einen Operator für die Spinkomponente in einer beliebigen Richtung. Wie üblich beginnen wir mit σ_z. Wir wissen, dass σ_z

bestimmte eindeutige Werte für die Zustände $|u\rangle$ und $|d\rangle$ besitzt, und dass die zugehörenden Messwerte $\sigma_z = +1$ und $\sigma_z = -1$ sind. Die ersten drei Prinzipien sagen uns:

- Prinzip 1: Jede Komponente von σ wird durch einen linearen Operator dargestellt.
- Prinzip 2: Die Eigenvektoren von σ_z sind $|u\rangle$ und $|d\rangle$. Die entsprechenden Eigenwerte sind $+1$ und -1. Wir können dies mit folgenden abstrakten Gleichungen ausdrücken:

$$\begin{aligned} \sigma_z |u\rangle &= + |u\rangle \\ \sigma_z |d\rangle &= - |d\rangle . \end{aligned} \tag{3.12}$$

- Prinzip 3: Die Zustände $|u\rangle$ und $|d\rangle$ sind orthogonal zueinander. Dies lässt sich schreiben als

$$\langle u|d\rangle = 0. \tag{3.13}$$

Mit Hilfe unserer Spaltendarstellungen von $|u\rangle$ und $|d\rangle$ aus Gl. 2.11 und Gl. 2.12 können wir die Gleichungen aus 3.12 in Matrix-Form schreiben als

$$\begin{pmatrix} (\sigma_z)_{11} & (\sigma_z)_{12} \\ (\sigma_z)_{21} & (\sigma_z)_{22} \end{pmatrix} \begin{pmatrix} 1 \\ 0 \end{pmatrix} = + \begin{pmatrix} 1 \\ 0 \end{pmatrix} \tag{3.14}$$

und

$$\begin{pmatrix} (\sigma_z)_{11} & (\sigma_z)_{12} \\ (\sigma_z)_{21} & (\sigma_z)_{22} \end{pmatrix} \begin{pmatrix} 0 \\ 1 \end{pmatrix} = - \begin{pmatrix} 0 \\ 1 \end{pmatrix} . \tag{3.15}$$

Es gibt nur eine Matrix, die diese Gleichungen erfüllt. Ich überlasse es Ihnen zu beweisen, dass gilt

$$\begin{pmatrix} (\sigma_z)_{11} & (\sigma_z)_{12} \\ (\sigma_z)_{21} & (\sigma_z)_{22} \end{pmatrix} = \begin{pmatrix} 1 & 0 \\ 0 & -1 \end{pmatrix} , \tag{3.16}$$

oder prägnanter

$$\sigma_z = \begin{pmatrix} 1 & 0 \\ 0 & -1 \end{pmatrix} . \tag{3.17}$$

Aufgabe 3.2
Zeigen Sie, dass Gl. 3.16 die eindeutige Lösung zu Gleichungen 3.14 und 3.15 ist.

Das ist unser allererstes Beispiel eines quantenmechanischen Operators. Schauen wir, wie wir auf ihn kamen. Zuerst einige experimentelle Daten: Es gibt gewisse Zustände, die wir $|u\rangle$ und $|d\rangle$ nannten, und für die Messungen von σ_z eindeutige Ergebnisse von ± 1 ergaben. Als nächstes sagten uns die Prinzipien, dass $|u\rangle$ und $|d\rangle$ orthogonal und Eigenvektoren eines linearen Operators σ_z sind. Schließlich erhielten wir aus den Prinzipien, dass die korrespondierenden Eigenwerte die beobachteten (oder gemessenen) Werte ± 1 sind. Das genügte, um Gl. 3.17 abzuleiten.

Können wir dasselbe machen für die beiden anderen Spinkomponenten σ_x und σ_y? Ja, können wir![3] Die Eigenvektoren von σ_x sind $|r\rangle$ und $|l\rangle$ mit den Eigenwerten $+1$ bzw. -1. Als Gleichungen geschrieben

$$\sigma_x |r\rangle = + |r\rangle$$
$$\sigma_x |l\rangle = - |l\rangle .$$

(3.18)

Erinnern Sie sich, dass $|r\rangle$ und $|l\rangle$ lineare Überlagerungen von $|u\rangle$ und $|d\rangle$ sind:

$$|r\rangle = \frac{1}{\sqrt{2}} |u\rangle + \frac{1}{\sqrt{2}} |d\rangle$$
$$|l\rangle = \frac{1}{\sqrt{2}} |u\rangle - \frac{1}{\sqrt{2}} |d\rangle .$$

(3.19)

Setzen wir die entsprechenden Spaltenvektoren für $|u\rangle$ und $|d\rangle$ ein, so erhalten wir

$$|r\rangle = \begin{pmatrix} \frac{1}{\sqrt{2}} \\ \frac{1}{\sqrt{2}} \end{pmatrix}$$

$$|l\rangle = \begin{pmatrix} \frac{1}{\sqrt{2}} \\ \frac{-1}{\sqrt{2}} \end{pmatrix}.$$

Konkret lautet daher Gl. 3.18 in Matrixform:

$$\begin{pmatrix} (\sigma_x)_{11} & (\sigma_x)_{12} \\ (\sigma_x)_{21} & (\sigma_x)_{22} \end{pmatrix} \begin{pmatrix} \frac{1}{\sqrt{2}} \\ \frac{1}{\sqrt{2}} \end{pmatrix} = + \begin{pmatrix} \frac{1}{\sqrt{2}} \\ \frac{1}{\sqrt{2}} \end{pmatrix}$$

$$\begin{pmatrix} (\sigma_x)_{11} & (\sigma_x)_{12} \\ (\sigma_x)_{21} & (\sigma_x)_{22} \end{pmatrix} \begin{pmatrix} \frac{1}{\sqrt{2}} \\ \frac{-1}{\sqrt{2}} \end{pmatrix} = - \begin{pmatrix} \frac{1}{\sqrt{2}} \\ \frac{-1}{\sqrt{2}} \end{pmatrix}.$$

---

[3]Wir wollen hier nicht in politische Slogans verfallen. Wirklich nicht. Sag Nein zu Slogans!

Wenn man diese Gleichungen ausschreibt, so erhält man vier Gleichungen für die Matrix-Elemente $(\sigma_x)_{11}$, $(\sigma_x)_{12}$, $(\sigma_x)_{21}$ und $(\sigma_x)_{22}$. Hier ist die Lösung:

$$\begin{pmatrix} (\sigma_x)_{11} & (\sigma_x)_{12} \\ (\sigma_x)_{21} & (\sigma_x)_{22} \end{pmatrix} = \begin{pmatrix} 0 & 1 \\ 1 & 0 \end{pmatrix},$$

oder

$$\sigma_x = \begin{pmatrix} 0 & 1 \\ 1 & 0 \end{pmatrix}.$$

Schließlich können wir dasselbe auch für σ_y machen. Die Eigenvektoren von σ_y sind die **in**- und **out**-Zustände $|i\rangle$ und $|o\rangle$

$$|i\rangle = \frac{1}{\sqrt{2}} |u\rangle + \frac{i}{\sqrt{2}} |d\rangle$$

$$|o\rangle = \frac{1}{\sqrt{2}} |u\rangle - \frac{i}{\sqrt{2}} |d\rangle.$$

In Komponentenschreibweise werden diese Gleichungen zu

$$|i\rangle = \begin{pmatrix} \frac{1}{\sqrt{2}} \\ \frac{i}{\sqrt{2}} \end{pmatrix}$$

$$|o\rangle = \begin{pmatrix} \frac{1}{\sqrt{2}} \\ \frac{-i}{\sqrt{2}} \end{pmatrix},$$

und eine einfache Rechnung ergibt

$$\sigma_y = \begin{pmatrix} 0 & -i \\ i & 0 \end{pmatrix}.$$

Zusammengefasst werden die drei Operatoren σ_x, σ_y und σ_z dargestellt durch die drei Matrizen

$$\sigma_z = \begin{pmatrix} 1 & 0 \\ 0 & -1 \end{pmatrix}, \quad \sigma_x = \begin{pmatrix} 0 & 1 \\ 1 & 0 \end{pmatrix}, \quad \sigma_y = \begin{pmatrix} 0 & -i \\ i & 0 \end{pmatrix}. \tag{3.20}$$

Diese drei Matrizen sind sehr berühmt und tragen den Namen ihres Entdeckers. Es sind die **Pauli-Matrizen**.[4]

---

[4]Zusammen mit der 2×2-Identitäts-Matrix bilden sie auch **Quaternionen**.

3.5   Ein häufiges Missverständnis

Das ist der passende Moment, um Sie vor einem möglichen Fallstrick zu warnen. Die Korrespondenz zwischen Messungen und Operatoren in der Quantenmechanik ist fundamental. Sie ist auch sehr leicht misszuverstehen. Folgendes gilt für Operatoren in der Quantenmechanik:

1. Mit Operatoren berechnen wir Eigenwerte und Eigenvektoren.
2. Operatoren wirken auf Zustandsvektoren (die abstrakte mathematische Objekte sind), nicht auf konkreten physikalischen Systemen.
3. Wirkt ein Operator auf einen Zustandsvektor, so erzeugt er einen neuen Zustandsvektor.

Nachdem wir dies gesagt haben, möchte ich Sie vor einem häufigen Missverständnis warnen. Es wird oft geglaubt, dass die Messung einer Observablen dasselbe ist wie die Ausführung des korrespondierenden Operators auf den Zustand. Nehmen wir zum Beispiel an, dass wir an der Messung einer Observablen **L** interessiert sind. Die Messung ist irgendeine Art von Operation, die die Apparatur am System vornimmt, aber diese Operation ist in keiner Weise dasselbe wie die Wirkung des Operators **L** auf das System. Ist etwa der Zustand des Systems vor der Messung $|A\rangle$, so stimmt es *nicht*, dass die Messung von **L** den Zustand zu **L** $|A\rangle$ ändert.

Um dies zu verstehen, betrachten wir ein Beispiel etwas genauer. Glücklicherweise ist das Spin-Beispiel aus dem letzten Abschnitt genau das, was wir brauchen. Hier noch einmal die Gleichungen 3.12:

$$\sigma_z |u\rangle = + |u\rangle$$
$$\sigma_z |d\rangle = - |d\rangle .$$

In diesen Fällen klappt alles, da $|u\rangle$ und $|d\rangle$ Eigenvektoren von σ_z sind. Ist das System etwa im Zustand $|d\rangle$ präpariert, so wird eine Messung mit Sicherheit das Ergebnis -1 liefern, und der Operator σ_z transformiert den Zustand in den korrespondierenden Zustand nach der Messung $- |d\rangle$. Der Zustand $- |d\rangle$ ist derselbe wie $|d\rangle$ bis auf eine multiplikative Konstante, und damit sind die Zustände in Wirklichkeit identisch. Kein Problem.

Betrachten wir nun aber die Wirkung von σ_z auf den präparierten Zustand $|r\rangle$, der *keiner* seiner Eigenvektoren ist. Aus Gl. 3.19 wissen wir

$$|r\rangle = \frac{1}{\sqrt{2}} |u\rangle + \frac{1}{\sqrt{2}} |d\rangle .$$

Die Operation von σ_z auf diesen Zustandsvektor ergibt

$$\sigma_z \left| r \right\rangle = \frac{1}{\sqrt{2}} \sigma_z \left| u \right\rangle + \frac{1}{\sqrt{2}} \sigma_z \left| d \right\rangle ,$$

oder

$$\sigma_z \left| r \right\rangle = \frac{1}{\sqrt{2}} \left| u \right\rangle - \frac{1}{\sqrt{2}} \left| d \right\rangle . \tag{3.21}$$

Okay, das ist die Falle! Was auch immer Sie denken, der Zustandsvektor auf der rechten Seite von Gl. 3.21 ist ganz sicher *nicht* der Zustand als Ergebnis der Messung von σ_z. Diese Messung ist entweder $+1$, was das System im Zustand $\left| u \right\rangle$ zurücklässt, oder -1, und zurück bleibt Zustand $\left| d \right\rangle$. Keines dieser Ergebnisse hinterlässt den Zustandsvektor des Systems in der durch Gl. 3.21 beschriebenen Superposition.

Aber dieser Zustandsvektor muss doch sicher *irgendetwas* mit dem Messergebnis zu tun haben. Das hat er auch. Wir werden die Antwort in Vorlesung 4 entdecken, wo wir sehen werden, wie uns der neue Zustandsvektor erlaubt, die Wahrscheinlichkeiten für mögliche Messergebnisse zu berechnen. Das Ergebnis einer Messung kann jedoch nicht korrekt beschrieben werden, ohne die Apparatur als Teil zu Systems mit einzubeziehen. Was wirklich während einer Messung geschieht, ist Thema von Abschnitt 7.8.

3.6 Noch einmal 3-Vektor-Operatoren

Wir beschäftigen uns nun noch einmal mit der Idee eines 3-Vektor-Operators. Ich habe σ_x, σ_y und σ_z die Komponenten des Spins längs der drei Achsen genannt, als ob sie die Komponenten einer Art von 3-Vektor wären. Jetzt ist es an der Zeit, noch einmal auf die beiden Begriffe von Vektoren zurückzukommen, die überall in der Physik auftauchen. Zuerst sind da die Allerwelts-Vektoren im üblichen dreidimensionalen Raum, für die wir uns den Namen 3-Vektoren ausgedacht haben. Wie wir sahen, hat ein 3-Vektor Komponenten längs der drei Raumrichtungen.

Der davon völlig verschiedene Begriff eines Vektors ist der des Zustandsvektors eines Systems. So sind $\left| u \right\rangle$ und $\left| d \right\rangle$, $\left| r \right\rangle$ und $\left| l \right\rangle$ sowie $\left| i \right\rangle$ und $\left| o \right\rangle$ Zustandsvektoren im zweidimensionalen Raum der Spinzustände. Was ist mit σ_x, σ_y und σ_z? Sind sie Vektoren, und wenn ja, was für welche?

Offensichtlich sind es keine Zustandsvektoren, es sind Operatoren (als Matrizen geschrieben), die mit den drei messbaren Komponenten des Spins korrespondieren. Tatsächlich entsprechen diese 3-Vektor-Operatoren einer neuen Art von Vektor. Sie sind anders als sowohl die Zustandsvektoren als auch die gewöhnlichen 3-Vektoren. Da sich allerdings die Spinoperatoren so sehr wie die 3-Vektoren verhalten, schadet es nicht, ähnlich von ihnen zu denken, was wir hier auch machen werden.

Wir messen Spinkomponenten, indem wir die Apparatur $\mathcal{A}$ längs einer der drei Achsen orientieren und sie dann aktivieren. Aber warum sollten wir $\mathcal{A}$ nicht längs *irgendeiner* Achse ausrichten und die Komponente von σ längs dieser Achse messen? Anders gesagt: Wählen Sie irgendeinen Einheitsvektor $\hat{n}$ mit den Komponenten n_x, n_y und n_z, und richten Sie die Apparatur $\mathcal{A}$ mit ihrem Pfeil längs $\hat{n}$ aus. Nach Aktivierung von $\mathcal{A}$ würde dann die Komponente von σ längs der Achse $\hat{n}$ gemessen werden. Es muss einen Operator geben, der zu dieser messbaren Größe gehört.

Wenn sich σ wirklich wie ein 3-Vektor verhält, so ist die Komponente von σ längs $\hat{n}$ nichts anderes als das übliche Punktprodukt von σ und $\hat{n}$.[5,6] Bezeichnen wir diese Komponente von $\vec{\sigma}$ mit σ_n, so folgt

$$\sigma_n = \vec{\sigma} \cdot \hat{n}$$

oder ausgeschrieben

$$\sigma_n = \sigma_x n_x + \sigma_y n_y + \sigma_z n_z. \tag{3.22}$$

Um die Bedeutung dieser Gleichung zu verstehen, denken Sie daran, dass die Komponenten von $\hat{n}$ einfach nur Zahlen sind. Sie sind für sich allein keine Operatoren. Gl. 3.22 beschreibt einen Vektor-Operator, konstruiert als Summe dreier Terme, die jeweils einen numerischen Koeffizienten n_x, n_y bzw. n_z enthalten. Etwas konkreter schreiben wir Gl. 3.22 in Matrix-Form als

$$\sigma_n = n_x \begin{pmatrix} 0 & 1 \\ 1 & 0 \end{pmatrix} + n_y \begin{pmatrix} 0 & -i \\ i & 0 \end{pmatrix} + n_z \begin{pmatrix} 1 & 0 \\ 0 & -1 \end{pmatrix}.$$

Noch ausführlicher können wir diese drei Terme in eine einzelne Matrix packen

$$\sigma_n = \begin{pmatrix} n_z & (n_x - i n_y) \\ (n_x + i n_y) & -n_z \end{pmatrix}. \tag{3.23}$$

Was bringt das? Nicht viel, solange wir nicht die Eigenvektoren und Eigenwerte von σ_n gefunden haben. Aber sobald wir das erledigt haben, kennen wir die möglichen Ergebnisse für eine Messung längs der Richtung von $\hat{n}$. Und wir

---

[5]Wir werden ab nun die Notation $\vec{\sigma}$ verwenden, außer wir beziehen uns auf Komponenten wie σ_z.

[6]Der aufmerksame Leser mag einwenden, dass es nicht *ganz* so üblich ist, da das Ergebnis eine 2×2-Matrix und kein Skalar ist. Vielleicht ist es ein kleiner Trost, dass der entstandene Matrix-Operator einer Vektorkomponente entspricht, die ein Skalar ist. Am Schluss geht alles richtig auf.

können dann auch die Wahrscheinlichkeiten für den jeweiligen Ausgang berechnen. Mit anderen Worten haben wir einen vollständigen Überblick über die Spin-Messungen im dreidimensionalen Raum. Das ist schon verdammt cool, wenn ich so sagen darf.

3.7 Einfahren der Ergebnisse

Wir sind jetzt in der Lage, einige echte Berechnungen durchzuführen, was Ihren inneren Physiker vor Freude hüpfen lassen sollte. Sehen wir uns den Spezialfall an, bei dem $\hat{n}$ in der x-z-Ebene liegt, also der Ebene dieser Buchseite. Da $\hat{n}$ ein Einheitsvektor ist, können wir schreiben

$$n_z = \cos\theta$$
$$n_x = \sin\theta$$
$$n_y = 0,$$

wobei θ der Winkel zwischen der z-Achse und der $\hat{n}$-Achse ist. Stecken wir diese Werte in Gl. 3.23, so können wir schreiben

$$\sigma_n = \begin{pmatrix} \cos\theta & \sin\theta \\ \sin\theta & -\cos\theta \end{pmatrix}.$$

Aufgabe 3.3
Berechnen Sie die Eigenvektoren und Eigenwerte von σ_n.

Hinweis: Nehmen Sie an, dass der Eigenvektor $|\lambda_1\rangle$ die Form

$$\begin{pmatrix} \cos\alpha \\ \sin\alpha \end{pmatrix}$$

hat, wobei α ein unbekannter Parameter ist. Stecken Sie diesen Vektor in die Eigenwertgleichung und drücken Sie α in Termen von θ aus. Wieso verwenden wir einen einzelnen Parameter α? Beachten Sie, dass unser Spaltenvektor Einheitslänge haben muss.

Hier sind die Ergebnisse:

$$\lambda_1 = 1$$

$$|\lambda_1\rangle = \begin{pmatrix} \cos\frac{\theta}{2} \\ \sin\frac{\theta}{2} \end{pmatrix}$$

und

$$\lambda_2 = -1$$

$$|\lambda_2\rangle = \begin{pmatrix} -\sin\frac{\theta}{2} \\ \cos\frac{\theta}{2} \end{pmatrix}.$$

Beachten Sie einige wichtige Tatsachen. Zuerst einmal sind die Eigenwerte wieder $+1$ und -1. Dies sollte keine Überraschung sein; die Apparatur $\mathcal{A}$ kann nur diese zwei Werte anzeigen, egal wohin sie zeigt. Aber es ist auch schön zu sehen, dass dies aus den Gleichungen folgt. Die zweite Tatsache ist die Orthogonalität der beiden Eigenvektoren.

Wir sind nun bereit, eine experimentelle Vorhersage zu treffen. Angenommen, $\mathcal{A}$ zeigt anfangs die z-Achse entlang, und wir präparieren einen Spin im **up**-Zustand $|u\rangle$. Danach drehen wir die Apparatur $\mathcal{A}$, so dass sie längs der $\hat{n}$-Achse liegt. Wie groß ist die Wahrscheinlichkeit für $\sigma_n = +1$? Nach Prinzip 4 und mit Hilfe der Zeilen- und Spalten-Darstellungen von $\langle u|$ und $|\lambda_1\rangle$ erhalten wir die Antwort

$$P(+1) = |\langle u|\lambda_1\rangle|^2 = \cos^2\frac{\theta}{2}. \tag{3.24}$$

Ähnlich folgt für denselben Versuch

$$P(-1) = |\langle u|\lambda_2\rangle|^2 = \sin^2\frac{\theta}{2}. \tag{3.25}$$

Mit diesem Ergebnis haben wir es fast geschafft. Als wir die Spins einführten, haben wir behauptet: Falls wir eine große Zahl von ihnen im Zustand **up** präparieren und dann ihre Komponente längs $\hat{n}$ messen, mit einem Winkel θ zur z-Achse, so wird der Durchschnittswert der Messergebnisse $\cos\theta$ sein – dasselbe Ergebnis wie für einen einfachen 3-Vektor in der klassischen Physik. Liefert unser mathematisches Gerüst dasselbe Resultat? *Na hoffentlich!* Wenn eine Theorie mit dem Experiment nicht übereinstimmt, ist es die Theorie, die gehen muss. Sehen wir doch einmal, wie unsere Theorie sich bislang macht.

Unglücklicherweise müssen wir etwas mogeln und eine Gleichung verwenden, die wir erst in der nächsten Vorlesung vollständig erklären können. Es ist die Gleichung, die uns sagt, wie man den Mittelwert einer Messung (auch **Erwartungswert** genannt) ausrechnet. Hier ist sie:

$$\langle \mathbf{L} \rangle = \sum_i \lambda_i P(\lambda_i). \tag{3.26}$$

Man sollte darauf hinweisen, dass Gl. 3.26 lediglich die Standardformel für einen Mittelwert ist. Nicht nur in der Quantenmechanik.

Um den Erwartungswert einer zum Operator **L** gehörenden Messung zu berechnen, multiplizieren wir jeden Eigenwert mit seiner Wahrscheinlichkeit und addieren dann die Ergebnisse. Natürlich ist der Operator, den wir hier betrachten, gerade σ_n, und wir haben bereits alle Werte, die wir brauchen. Setzen wir sie ein. Mit Gleichungen 3.24 und 3.25 und unseren bekannten Eigenwerten können wir schreiben

$$\langle \sigma_n \rangle = (+1)\cos^2 \frac{\theta}{2} + (-1)\sin^2 \frac{\theta}{2}$$

oder

$$\langle \sigma_n \rangle = \cos^2 \frac{\theta}{2} - \sin^2 \frac{\theta}{2}.$$

Wie Sie vielleicht aus Ihrem Trigonometrie-Unterricht wissen, erhält man daraus

$$\langle \sigma_n \rangle = \cos\theta,$$

was perfekt mit dem Experiment übereinstimmt. Ja! Wir haben es geschafft!

So weit gekommen, möchten Sie sich vielleicht an einem etwas allgemeinerem Problem versuchen. Wie zuvor starten wir mit der Apparatur $\mathcal{A}$ in der z-Richtung. Aber nun, mit dem Spin im Zustand **up** präpariert, können wir $\mathcal{A}$ in eine beliebige Richtung im Raum für die zweiten Messungen drehen. In dieser Situation ist $n_y \neq 0$. Versuchen Sie es einmal.

Aufgabe 3.4
Seien $n_z = \cos\theta$, $n_x = \sin\theta\cos\phi$ und $n_y = \sin\theta\sin\phi$. Die Winkel θ und ϕ sind nach den üblichen Konventionen der sphärischen Koordinaten definiert (Abb. 3.2). Berechnen Sie die Eigenwerte und Eigenvektoren für die Matrix in Gl. 3.23.

Vielleicht wollen Sie auch ein wesentlich ausführlicheres Beispiel mit zwei Richtungen $\hat{n}$ und $\hat{m}$ ausarbeiten. In diesem Beispiel liegt $\mathcal{A}$ nicht nur *am Ende* in einer beliebigen Richtung, sondern auch bereits *am Anfang* in einer (anderen) beliebigen Richtung.

Aufgabe 3.5
Nehmen Sie an, ein Spin ist so präpariert, dass $\sigma_m = +1$ ist. Die Apparatur wird dann in $\hat{n}$-Richtung gedreht und σ_n gemessen. Wie groß ist die Wahrscheinlichkeit, dass das Ergebnis $+1$ ist? Beachten Sie, dass $\sigma_m = \vec{\sigma} \cdot \hat{m}$ ist, mit derselben Konvention für σ_n.

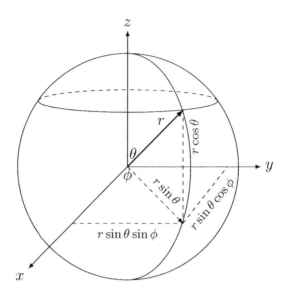

Abb. 3.2 Sphärische Koordinaten. Das Diagramm zeigt die üblichen sphärischen Koordinaten r, θ und ϕ. Es zeigt auch die Umrechnung in die kartesischen Koordinaten: $x = r\sin\theta\cos\phi$, $y = r\sin\theta s\sin\phi$ und $z = r\cos\theta$.

Die Antwort ist der Cosinus des halben Winkels zwischen $\hat{m}$ und $\hat{n}$. Können Sie es beweisen?

3.8   Das Spinpolarisations-Prinzip

Es gibt einen wichtigen Satz, den Sie versuchen können zu beweisen. Ich werde ihn so nennen:

Das Spinpolarisations-Prinzip:
Jeder Zustand eines einzelnen Spins ist ein Eigenvektor einer Komponente des Spins.

Mit anderen Worten: Zu einem gegebenen Zustand

$$|A\rangle = \alpha_u |u\rangle + \alpha_d |d\rangle$$

gibt es eine Richtung $\hat{n}$, so dass

$$\vec{\sigma} \cdot \vec{n} |A\rangle = |A\rangle .$$

Dies bedeutet, dass es zu jedem Spinzustand eine Orientierung der Apparatur $\mathcal{A}$ gibt, so dass $\mathcal{A}$ den Wert $+1$ misst. In der Sprache der Physik sagen wir, dass die Zustände eines Spins durch einen **Polarisationsvektor** charakterisiert sind, und entlang dieses Polarisationsvektors ist die Spinkomponente vorhersagbar $+1$, vorausgesetzt natürlich, man kennt den Zustandsvektor.

Eine interessante Folge dieses Satzes ist, dass es keinen Zustand gibt, in dem der *Erwartungswert* aller drei Spinkomponenten 0 ist. Man kann dies quantitativ ausdrücken. Betrachten Sie den Erwartungswert des Spins längs der Richtung $\hat{n}$. Da $|A\rangle$ ein Eigenvektor von $\vec{\sigma} \cdot \vec{n}$ (zum Eigenwert $+1$) ist, kann der Erwartungswert geschrieben werden als

$$\langle \vec{\sigma} \cdot \vec{n} \rangle = 1.$$

Andererseits sind die Erwartungswerte der senkrechten Komponenten von $\vec{\sigma}$ im Zustand $|A\rangle$ gleich null. Es folgt, dass sich die Erwartungswerte aller drei Komponenten von $\vec{\sigma}$ zu 1 addieren. Dies gilt sogar für jeden Zustand:

$$\langle \sigma_x \rangle^2 + \langle \sigma_y \rangle^2 + \langle \sigma_z \rangle^2 = 1. \tag{3.27}$$

Merken Sie sich diese Tatsache. Wir kommen in Vorlesung 6 darauf zurück.

Vorlesung 4

Zeit und Veränderung

Übersicht

Ein gewaltiger, ruhiger und einschüchternd aussehender Mann sitzt allein am Ende der Bar. Auf seinem T-Shirt steht „−1".

Art: „Wer ist dieser ‚Minus-Eins'-Mann da in der der Ecke? Der Rausschmeißer?"

Lenny: „Er ist mehr als ein Rausschmeißer. Er ist...

DAS GESETZ.

Ohne ihn würde hier alles zusammenbrechen."

© Springer-Verlag GmbH Deutschland, ein Teil von Springer Nature 2020
L. Susskind und A. Friedman, *Quantenmechanik: Das Theoretische Minimum*, https://doi.org/10.1007/978-3-662-60330-7_4

4.1   Eine klassische Erinnerung

In **Band I** brauchte es nur wenig mehr als eine Seite, um zu erklären, was in der klassischen Mechanik ein Zustand ist. Die Quanten-Version brauchte drei Vorlesungen, drei mathematische Intermezzi, und nach meiner Überschlagsrechnung etwa 17.000 Wörter, um so weit zu gelangen. Aber ich denke, das Schlimmste liegt hinter uns. Wir wissen nun, was ein Zustand ist. Aber genau wie in der klassischen Physik ist die Kenntnis des Zustands eines Systems nur die halbe Miete. Die andere Hälfte betrifft die Veränderungen der Zustände über die Zeit. Dies ist unsere nächste Aufgabe.

Lassen Sie mich nur kurz an die Natur der Veränderung in der klassischen Physik erinnern. In der klassischen Physik ist der Zustandsraum eine mathematische Menge. Die Logik ist boolesch, und die Entwicklung der Zustände über die Zeit ist deterministisch und reversibel. In den einfachsten betrachteten Beispielen bestand der Zustandsraum aus einigen wenigen Punkten: Kopf und Zahl für eine Münze, $\{1, 2, 3, 4, 5, 6\}$ für einen Würfel. Die Zustände wurden als Punkte auf der Buchseite dargestellt, und die Zeitentwicklung war nur eine Regel, wohin man als Nächstes gehen muss. Ein Bewegungsgesetz bestand aus einem Graphen mit Pfeilen, die die Punkte verbanden. Die Hauptregel – **Determinismus** – besagte, dass wo immer man im Zustandsraum war, der nächste Zustand vollständig durch die Bewegungsgleichung bestimmt ist. Aber es gab noch eine andere Regel namens **Reversibilität**. Reversibilität ist die Forderung, dass ein vollständig formuliertes Gesetz einem auch sagen muss, wo man zuletzt war. Ein gutes Gesetz entspricht einem Graphen mit genau einem einlaufenden und einem ausgehenden Pfeil an jedem Zustand.

Es gibt eine andere Weise, diese Forderungen zu formulieren. Ich nannte es das **Minus-Erste Gesetz**, da es jedem anderen zugrundeliegt. Es besagt, dass Information niemals verlorengeht. Wenn zwei identische isolierte Systeme in verschiedenen Zuständen starten, so bleiben sie in verschiedenen Zuständen. Sie waren sogar in der Vergangenheit in verschiedenen Zuständen. Wenn andererseits zwei identische Systeme zu einem Zeitpunkt im selben Zustand sind, so müssen ihre Geschichte und ihre zukünftige Entwicklung ebenfalls identisch sein. Unterschiede werden bewahrt. Die Quanten-Version des Minus-Ersten Gesetzes hat einen Namen: **Unitarität**.

4.2   Unitarität

Betrachten wir einmal ein abgeschlossenes System, das sich zur Zeit t im Quantenzustand $|\Psi\rangle$ befindet. (Der griechische Buchstabe Ψ [Psi] wird traditionell für Quantenzustände verwendet, wenn es um die Entwicklung von Systemen geht). Um anzuzeigen, dass der Zustand zur gegebenen Zeit t gleich $|\Psi\rangle$ war, machen wir die Notation etwas komplizierter und nennen den Zustand $|\Psi(t)\rangle$. Natürlich suggeriert diese Schreibweise etwas mehr als nur „Der Zustand war $|\Psi\rangle$ zur Zeit t". Sie suggeriert auch, dass der Zustand zu verschiedenen Zeiten unterschiedlich ist. Somit denken wir uns $|\Psi(t)\rangle$ als Darstellung der gesamten Geschichte des Systems.

Die grundlegende dynamische Vorstellung der Quantenmechanik besteht darin, dass einem bei Kenntnis des Zustands zu einer gegebenen Zeit die Quanten-Gleichungen der Bewegung sagen, wie er später sein wird. Ohne Verzicht auf Allgemeinheit können wir den Anfangszeitpunkt bei 0 setzen und den späteren Zeitpunkt als t. Der Zustand zur Zeit t wird durch eine Operation gegeben, die wir $\mathbf{U}(t)$ nennen wollen, und die auf den Zustand zur Zeit 0 wirkt. Ohne genauer die Eigenschaften von $\mathbf{U}$ beschrieben zu haben, sagt uns das wenig, außer dass $|\Psi(t)\rangle$ durch $|\Psi(0)\rangle$ bestimmt ist. Drücken wir diese Beziehung einmal in einer Gleichung aus:

$$|\Psi(t)\rangle = \mathbf{U}(t)\,|\Psi(0)\rangle\,. \tag{4.1}$$

Die Operation $\mathbf{U}$ wird der **Zeitentwicklungsoperator** des Systems genannt.

4.3   Determinismus in der Quantenmechanik

An dieser Stelle müssen wir sehr sorgfältig unterscheiden. Wir konstruieren $\mathbf{U}(t)$ derart, dass sich der Zustandsvektor in deterministischer Weise entwickelt. Ja, Sie haben richtig gehört: Die zeitliche Entwicklung des Zustandsvektors ist *deterministisch*. Das ist schön, denn es liefert uns etwas, das wir vorherzusagen versuchen können. Aber wie passt das mit dem statistischen Charakter unserer Messergebnisse zusammen?

Wie wir gesehen haben, bedeutet die Kenntnis des Quantenzustands nicht, dass man das Ergebnis einer Messung mit Sicherheit vorhersagen kann. Weiß man etwa, dass der Zustand eines Spins $|r\rangle$ ist, kann einem dies den Ausgang einer Messung von σ_x vorhersagen, aber nicht den einer Messung von σ_z oder σ_y. Aus diesem Grund bedeutet Gl. 4.1 nicht dasselbe wie klassischer Determinismus. Klassischer Determinismus erlaubt uns, die Resultate von Experimenten vorherzusagen. Die Quanten-Entwicklung von Zuständen erlaubt es uns, die Wahrscheinlichkeiten von Ergebnissen *späterer* Elemente zu berechnen.

Dies ist einer der wesentlichen Unterschiede zwischen klassischer und Quanten-mechanik. Es geht zurück auf die Beziehung zwischen Zuständen und Messungen, die wir ganz am Anfang dieses Buches erwähnten. In der klassischen Mechanik gibt es keinen wirklichen Unterschied zwischen Zuständen und Messungen. In der Quantenmechanik ist der Unterschied fundamental.

4.4   Ein genauerer Blick auf U(t)

Die konventionelle Quantenmechanik stellt einige Bedingungen an $\mathbf{U}(t)$. Zuerst einmal muss $\mathbf{U}(t)$ ein linearer Operator sein. Das ist nicht sonderlich überraschend. Die Beziehungen zwischen Zuständen in der Quantenmechanik sind immer linear. Das passt zur Vorstellung, dass der Zustandsraum ein Vektorraum ist. Aber Linearität ist nicht die einzige Bedingung an $\mathbf{U}(t)$ durch die Quantenmechanik. Es wird auch die Quantenversion des Minus-Ersten Gesetzes gefordert: **Die Erhaltung von Unterschieden.**

Aus der letzten Vorlesung wissen Sie, dass Zustände unterscheidbar sind, wenn sie orthogonal sind. Sind zwei verschiedene Basisvektoren orthogonal, so stellen Sie zwei unterschiedliche Zustände dar. Nehmen wir an, dass $|\Psi(0)\rangle$ und $|\Phi(0)\rangle$ zwei unterschiedliche Zustände sind; mit anderen Worten: Es gibt ein genaues Experiment, das sie unterscheiden kann, und daher sind sie orthogonal:

$$\langle\Psi(0)|\Phi(0)\rangle = 0.$$

Die Erhaltung der Unterschiede bedeutet, dass sie für alle Zeiten orthogonal bleiben. Wir können dies schreiben als

$$\langle\Psi(t)|\Phi(t)\rangle = 0 \qquad (4.2)$$

für alle Werte von t. Dieses Prinzip hat Folgen für den Zeitentwicklungsoperator $\mathbf{U}(t)$. Um sie zu erkennen, drehen wir den Ket-Vektor aus Gl. 4.1 um in sein Bra-Gegenstück:

$$\langle\Psi(t)| = \langle\Psi(0)|\,\mathbf{U}^{\dagger}(t). \qquad (4.3)$$

Der Dolch zeigt wieder die hermitesch Konjugierte an. Jetzt stecken wir Gleichungen 4.1 und 4.3 in Gl. 4.2:

$$\langle\Psi(0)|\mathbf{U}^{\dagger}(t)\mathbf{U}(t)|\Phi(0)\rangle = 0. \qquad (4.4)$$

Um die Folgen dieser Gleichung zu untersuchen, betrachten Sie einmal eine Orthonormalbasis von Vektoren $|i\rangle$. Jede Basis ist in Ordnung. Die Orthonormalität wird als Gleichung ausgedrückt als

$$\langle i|j\rangle = \delta_{ij},$$

wobei δ_{ij} das übliche Kronecker-Symbol ist.

Dann nehmen wir $|\Psi(0)\rangle$ und $|\Phi(0)\rangle$ als Elemente dieser Orthonormalbasis. Eingesetzt in Gl. 4.4 ergibt dies

$$\langle i|\mathbf{U}^{\dagger}(t)\mathbf{U}(t)|j\rangle = 0 \qquad (i \neq j),$$

sobald i und j verschieden sind. Sind andererseits i und j gleich, so auch die Ausgabe-Vektoren $\mathbf{U}(t)\,|i\rangle$ und $\mathbf{U}(t)\,|j\rangle$. In diesem Fall sollte das innere Produkt 1 ergeben. Daher hat die allgemeine Beziehung die Form

$$\langle i|\mathbf{U}^\dagger(t)\mathbf{U}(t)|j\rangle = \delta_{ij}.$$

Anders ausgedrückt verhält sich der Operator $\mathbf{U}^\dagger(t)\mathbf{U}(t)$ wie der Identitäts-Operator $\mathbf{I}$ auf jedem Element einer Basismenge. Von hier aus ist es leicht zu beweisen, dass $\mathbf{U}^\dagger(t)\mathbf{U}(t)$ genau wie der Identitäts-Operator $\mathbf{I}$ auf jeden Zustand wirkt. Ein Operator $\mathbf{U}$, der die Bedingung

$$\mathbf{U}^\dagger\mathbf{U} = \mathbf{I}$$

erfüllt, wird **unitär** genannt. In Physiker-Jargon: *Die Zeitentwicklung ist unitär.*

   Unitäre Operatoren spielen eine enorm wichtige Rolle in der Quantenmechanik und stellen alle Arten von Transformationen auf dem Zustandsraum dar. Die Zeitentwicklung ist nur ein Beispiel. Daher beenden wir diesen Abschnitt mit dem fünften Prinzip der Quantenmechanik:

Prinzip 5: Die Entwicklung der Zustandsvektoren mit der Zeit ist unitär.

Aufgabe 4.1
Beweisen Sie: Ist $\mathbf{U}$ unitär, und sind $|A\rangle$ und $|B\rangle$ zwei beliebige Zustandsvektoren, so ist das innere Produkt von $\mathbf{U}\,|A\rangle$ und $\mathbf{U}\,|B\rangle$ dasselbe wie das innere Produkt von $|A\rangle$ und $|B\rangle$. Man könnte dies die **Erhaltung der Überlappungen** nennen. Tatsächlich drückt es die Tatsache aus, dass die logische Beziehung zwischen Zuständen mit der Zeit erhalten bleibt.

4.5 Die Hamilton-Funktion

Während des Studiums der klassischen Mechanik wurden wir vertraut mit der Vorstellung einer schrittweisen Veränderung in der Zeit. Quantenmechanik ist hier nicht anders: Wir können endliche Zeitintervalle aus vielen infinitesimalen Intervallen aufbauen. Dies führt zu einer Differentialgleichung für die Entwicklung des Zustandsvektors. Dazu ersetzen wir das Zeitintervall t durch ein infinitesimales Zeitintervall ϵ und betrachten den Zeitentwicklungsoperator für dieses kleine Intervall.

Zwei Prinzipien gehen in das Studium der schrittweisen Veränderungen ein. Das erste Prinzip ist die Unitarität

$$\mathbf{U}^{\dagger}(\epsilon)\mathbf{U}(\epsilon) = \mathbf{I}. \tag{4.5}$$

Das zweite Prinzip ist die Stetigkeit. Das bedeutet, dass sich der Zustandsvektor ohne Sprünge entwickelt. Um dies zu präzisieren, betrachten Sie zunächst den Fall, in dem ϵ gleich 0 ist. Es sollte klar sein, dass in diesem Fall der Zeitentwicklungsoperator einfach der Identitäts-Operator $\mathbf{I}$ ist. Stetigkeit bedeutet, dass für sehr kleine ϵ $\mathbf{U}(\epsilon)$ nahe am Identitäts-Operator liegt und sich von ihm um etwas in der Größenordnung von ϵ unterscheidet. Daher schreiben wir

$$\mathbf{U}(\epsilon) = \mathbf{I} - i\epsilon\mathbf{H}. \tag{4.6}$$

Sie fragen sich vielleicht, warum ich ein Minuszeichen und ein i vor das $\mathbf{H}$ schreibe. Diese Faktoren sind zum jetzigen Zeitpunkt völlig willkürlich. D.h. sie sind eine Konvention ohne Inhalt. Ich habe sie im Hinblick auf die Zukunft verwendet, wo wir $\mathbf{H}$ als etwas aus der klassischen Mechanik Bekanntes erkennen werden.

Wir brauchen auch einen Ausdruck für $\mathbf{U}^{\dagger}$. Da wir wissen, dass die hermitesche Konjugation die komplexe Konjugation der Koeffizienten einschließt, sehen wir

$$\mathbf{U}^{\dagger}(\epsilon) = \mathbf{I} + i\epsilon\mathbf{H}^{\dagger}. \tag{4.7}$$

Nun stecken wir Gleichungen 4.6 und 4.7 in die Unitaritätsbedingung aus Gl. 4.5:

$$(\mathbf{I} + i\epsilon\mathbf{H}^{\dagger})(\mathbf{I} - i\epsilon\mathbf{H}) = \mathbf{I}.$$

Durch Entwicklung nach der ersten Ordnung von ϵ finden wir

$$\mathbf{H}^{\dagger} - \mathbf{H} = 0$$

oder etwas deutlicher geschrieben

$$\mathbf{H}^{\dagger} = \mathbf{H}. \tag{4.8}$$

Die letzte Gleichung drückt die Unitaritätsbedingung aus. Sie besagt aber auch, dass $\mathbf{H}$ ein hermitescher Operator ist. Das ist von großer Bedeutung. Wir können nun sagen, dass $\mathbf{H}$ eine Observable ist, mit einem vollständigen Satz orthonormaler Eigenvektoren und Eigenwerte. Im Folgenden wird uns $\mathbf{H}$ sehr vertraut werden; sie wird die **quantisierte Hamilton-Funktion** genannt. Ihre Eigenwerte sind die Werte, die man als Ergebnis der Messung der Energie eines Quantensystems erhalten würde. Warum wir $\mathbf{H}$ mit dem klassischen Konzept einer Hamilton-Funktion identifizieren, und seine Eigenwerte mit der Energie, wird bald klar werden.

Kehren wir nun zu Gl. 4.1 zurück und betrachten den speziellen infinitesimalen Fall $t = \epsilon$. Mit Gl. 4.6 sehen wir

$$|\Psi(\epsilon)\rangle = |\Psi(0)\rangle - i\epsilon \mathbf{H} |\Psi(0)\rangle .$$

Dies ist genau die Art einer Gleichung, die wir leicht in eine Differentialgleichung umwandeln können. Zuerst bringen wir den ersten Term der rechten Seite auf die linke Seite, und teilen danach durch ϵ:

$$\frac{|\Psi(\epsilon)\rangle - |\Psi(0)\rangle}{\epsilon} = -i\mathbf{H} |\Psi(0)\rangle .$$

Falls Sie sich an Ihre Analysis erinnern (s. **Band I** für eine schnelle Auffrischung), erkennen Sie, dass die linke Seite dieser Gleichung genau wie die Definition einer Ableitung aussieht. Nehmen wir den Grenzwert $\epsilon \to 0$, so wird sie zur Zeitableitung des Zustandsvektors:

$$\frac{\partial |\Psi\rangle}{\partial t} = -i\mathbf{H} |\Psi\rangle . \tag{4.9}$$

Wir sind zunächst davon ausgegangen, dass die Zeitvariable 0 war, aber es ist nichts Besonderes an $t = 0$. Hätten wir einen anderen Zeitpunkt gewählt, hätten wir mit dem Verfahren dasselbe Ergebnis erhalten, nämlich Gl. 4.9. Diese Gleichung sagt uns, wie sich der Zustandsvektor verändert; kennen wir den Zustandsvektor in einem Moment, sagt uns die Gleichung, wie er kurz danach aussehen wird. Gl. 4.9 ist wichtig genug, um einen Namen zu haben. Sie wird die **verallgemeinerte Schrödingergleichung** genannt, oder häufiger die **zeitabhängige Schrödingergleichung**. Kennen wir die Hamilton-Funktion, so beschreibt sie die zeitliche Entwicklung eines ungestörten Systems. Art nennt diesen Zustandsvektor gerne „Schrödingers Ketzchen"[*]. Er wollte sogar den griechischen Buchstaben mit Schnurrhaaren versehen[1], aber irgendwann musste ich eine Grenze setzen.

4.6 Was ist eigentlich aus $\hbar$ geworden?

Sicher haben Sie alle von der **Planckschen Konstanten** oder dem **Planckschen Wirkungsquantum** gehört. Planck selbst nannte diese Größe h und gab ihr einen Wert von etwa $6{,}6 \times 10^{-34}$ kg m²/s. Spätere Generationen haben

---

[*]Man beachte die Lautgleichheit von „Ket" und dem englischen Wort „Cat" für Katze (A.d.Ü.)
[1]Na gut, stimmt nicht ganz.

sie umdefiniert, indem sie die Konstante durch den Faktor 2π teilten und das Ergebnis $\hbar$ nannten:

$$\hbar = \frac{h}{2\pi} \approx 1{,}054\,571\,726 \times 10^{-34}\,\mathrm{kg}\,\mathrm{m}^2/\mathrm{s}.$$

Warum wird durch 2π geteilt? Weil uns das erspart, ständig 2π hinschreiben zu müssen. Wenn man die Bedeutung der Planckschen Konstante in der Quanten-mechanik bedenkt, scheint es merkwürdig, dass sie bislang nicht aufgetaucht ist. Wir bringen das nun in Ordnung.

In der Quantenmechanik wie in der klassischen Physik ist die Hamilton-Funktion das mathematische Objekt, das die Energie eines Systems darstellt. Das wirft eine Frage auf, die Ursache für Verwirrung sein könnte. Sehen Sie sich einmal Gl. 4.9 gut an. Von den Dimensionen her macht sie keinen Sinn. Wenn man $|\Psi\rangle$ auf beiden Seiten ignoriert, ergeben die Einheiten auf der linken Seite den Kehrwert der Zeit. Sollte die quantisierte Hamilton-Funktion wirklich mit der Energie gleichzusetzen sein, sind die Einheiten auf der rechten Seite die Energie. Energie wird in Einheiten von Joules gemessen oder $\mathrm{kg}\,\mathrm{m}^2/\mathrm{s}^2$. Offensichtlich habe ich etwas gemogelt. Die Lösung dieses Problems umfasst $\hbar$, eine universelle Naturkonstante, die gerade die Einheit $\mathrm{kg}\,\mathrm{m}^2/\mathrm{s}$ hat. Eine Konstante mit dieser Einheit ist genau dass, was wir brauchen, um Gl. 4.9 konsistent zu machen. Schreiben wir sie mit der Planckschen Konstante so eingesetzt, dass die Dimensionen Sinn machen:

$$\hbar\frac{\partial\,|\Psi\rangle}{\partial t} = -i\mathbf{H}\,|\Psi\rangle. \tag{4.10}$$

Warum ist $\hbar$ eine derart lächerlich kleine Zahl? Die Antwort hat sehr viel mehr mit Biologie als mit Physik zu tun. Die wirkliche Frage lautet nicht, warum $\hbar$ so klein ist, sondern warum Sie so groß sind. Die Einheiten, die wir verwenden, spiegeln unsere eigene Größe wider. Der Ursprung des Meters liegt in seiner Verwendung zur Messung von Seilen und Tüchern, es ist etwa die Entfernung von der Nase eines Menschen zu seinen ausgestreckten Fingern. Eine Sekunde dauert etwa so lang wie ein Herzschlag. Und ein Gewicht von einem Kilogramm kann man leicht mit sich herumtragen. Wir verwenden diese Einheiten, weil sie so bequem zu verwenden sind, aber fundamentale Physik kümmert sich nicht um uns. Die Größe eines Atoms liegt bei etwa 10^{-10} Metern. Warum so klein? Das ist die falsche Frage. Die richtige Frage lautet: Warum sind in einem Arm so viele Atome? Der Grund ist einfach: Um ein funktionierendes, denkendes, einheiten-verwendendes Geschöpf zu erhalten, benötigt man sehr viele Atome. Genauso ist ein Kilogramm so viel größer als die Atommasse, denn Leute tragen keine einzelnen Atome mit sich herum; sie gehen zu leicht verloren. Dasselbe gilt für die Zeit und unsere lange, dahinkriechende Sekunde. Es stellt sich heraus, dass Plancks Konstante so klein ist, weil wir so groß und so schwer und so langsam sind.

Physiker, die sich für die mikroskopische Welt interessieren, verwenden eher Einheiten, die mehr zu den von ihnen untersuchten Phänomenen passen. Verwendeten wir atomare Längen-, Zeit- und Massen-Skalen, wäre Plancks Konstante keine so unhandliche Zahl. Sie läge nahe bei 1. Tatsächlich sind Einheiten, für die Plancks Konstante 1 ergibt, eine natürliche Wahl für die Quantenmechanik, und diese werden auch üblicherweise verwendet. In unserem Buch jedoch werden wir $\hbar$ in unseren Gleichungen mitführen.

4.7 Erwartungswerte

Machen wir kurz einmal Pause, um einen wichtigen Begriff der Statistik zu klären, nämlich die Idee des Durchschnittswerts oder Mittelwerts. Wir haben den Begriff schon kurz in der vorherigen Vorlesung erwähnt, aber es wird Zeit, ihn genauer zu betrachten.

Mittelwerte werden in der Quantenmechanik **Erwartungswerte** genannt. (In gewisser Weise ist dies eine schlechte Wortwahl, wie ich Ihnen später zeigen werde.) Nehmen wir an, wir haben eine Wahrscheinlichkeitsfunktion für den Ausgang eines Experiments, das eine Observable **L** misst. Das Ergebnis muss einer der Eigenwerte λ_i von **L** sein, und die Wahrscheinlichkeitsfunktion ist $P(\lambda_i)$. In der Statistik wird dieser Mittelwert mit einem horizontalen Strich über der gemessenen Größe bezeichnet. Der Mittelwert der Observablen **L** wäre also $\overline{\mathbf{L}}$. In der Quantenmechanik ist die Standardnotation anders und stammt aus **Paul Diracs** geschickter Bra-Ket-Notation. Wir bezeichnen den Mittelwert von **L** mit $\langle \mathbf{L} \rangle$. Wir werden bald sehen, dass die Bra-Ket-Notation sehr natürlich ist, aber zuerst wollen wir einmal die Bedeutung des Begriffs **Mittelwert** klären.

Aus der Sicht der Mathematik ist ein Mittelwert definiert durch

$$\langle \mathbf{L} \rangle = \sum_i \lambda_i P(\lambda_i). \tag{4.11}$$

Mit anderen Worten: Es ist eine gewichtete Summe, gewichtet mit der Wahrscheinlichkeitsfunktion P.

Alternativ kann der Mittelwert auch experimentell definiert werden. Stellen Sie sich vor, dass man eine sehr große Anzahl identischer Experimente durchführt und die Ergebnisse aufgezeichnet werden. Definieren wir die Wahrscheinlichkeitsfunktion in einer direkt beobachteten Weise. Wir identifizieren $P(\lambda_i)$ als den Bruchteil der Beobachtungen mit dem Resultat λ_i. Die Definition Gl. 4.11 wird dann mit dem experimentellen Durchschnitt der Beobachtungen gleichgesetzt. Die grundlegende Annahme jeder statistischen Theorie ist, dass bei einer genügend hohen Anzahl von Versuchen die mathematischen und experimentellen Begriffe von Wahrscheinlichkeit und Durchschnitt übereinstimmen. Wir werden diese Hypothese nicht anzweifeln.

Ich werde nun einen eleganten kleinen Satz beweisen, der die Bra-Ket-Notation für Mittelwerte erklärt. Nehmen wir an, der normierte Zustand eines Quantensystems sei $|A\rangle$. Wir entwickeln $|A\rangle$ in der Orthonormalbasis der Eigenvektoren von $\mathbf{L}$:

$$|A\rangle = \sum_i \alpha_i |\lambda_i\rangle. \qquad (4.12)$$

Berechnen wir einmal aus Spaß, ohne besondere Intention, die Größe $\langle A|\mathbf{L}|A\rangle$. Die Bedeutung dieses Ausdrucks sollte klar sein: Zuerst wirkt der lineare Operator $\mathbf{L}$ auf $|A\rangle$.[2] Danach nehmen wir das innere Produkt des Resultats mit dem Bra $\langle A|$. Führen wir den ersten Schritt durch, indem wir $\mathbf{L}$ auf beide Seiten der Gl. 4.12 anwenden:

$$\mathbf{L}|A\rangle = \sum_i \alpha_i \mathbf{L}|\lambda_i\rangle.$$

Erinnern wir uns, dass die Vektoren $|\lambda_i\rangle$ Eigenvektoren von $\mathbf{L}$ sind. Indem wir $\mathbf{L}|\lambda_i\rangle = \lambda_i |\lambda_i\rangle$ verwenden, können wir schreiben

$$\mathbf{L}|A\rangle = \sum_i \alpha_i \lambda_i |\lambda_i\rangle.$$

Der letzte Schritt ist die Bildung des inneren Produkts mit $\langle A|$. Dazu entwickeln wir den Bra $\langle A|$ nach den Eigenvektoren auf der rechten Seite und verwenden dann die Orthonormalität der Eigenvektoren. Das Ergebnis lautet

$$\langle A|\mathbf{L}|A\rangle = \sum_i (\alpha_i^* \alpha_i)\lambda_i. \qquad (4.13)$$

Indem wir nach dem Wahrscheinlichkeitsprinzip (Prinzip 4) die $(\alpha_i^* \alpha_i)$ mit den Wahrscheinlichkeiten $P(\lambda_i)$ identifizieren, sehen wir sofort, dass der Ausdruck auf der rechten Seite von Gl. 4.13 derselbe wie der Ausdruck auf der rechten Seite von Gl. 4.11 ist. Das bedeutet also

$$\langle \mathbf{L} \rangle = \langle A|\mathbf{L}|A\rangle. \qquad (4.14)$$

Wir haben damit eine Regel zur schnellen Berechnung von Durchschnitten. Wir packen einfach die Observable zwischen die Bra- und Ket-Darstellung des Zustandsvektors.

In der letzten Vorlesung (Abschnitt 3.5) hatten wir versprochen zu erklären, wie die Wirkung eines hermiteschen Operators auf einen Zustandsvektor mit dem Ergebnis physikalischer Messungen zusammenhängt. Mit unserem Wissen über Erwartungswerte ausgerüstet, können wir nun dieses Versprechen einlösen. Sehen wir uns noch einmal Gl. 3.21 an, so sehen wir an einem Beispiel, wie ein Operator

---

[2]Wir erhalten dasselbe Resultat, wenn wir zuerst $\mathbf{L}$ auf $\langle A|$ wirken lassen.

σ_z auf einen Zustandsvektor $|r\rangle$ wirkt und einen neuen Zustandsvektor erzeugt. Wir können diese Gleichung als eine Hälfte der Berechnung des Erwartungswertes der Messung σ_z betrachten – die rechte Hälfte des Pakets, wenn Sie so wollen. Der Rest der Berechnung besteht aus der Bildung des inneren Produkts des Zustandsvektors mit dem dualen Vektor $\langle r|$. Wirkt also σ_z auf $|r\rangle$ in Gl. 3.21, so erzeugt er einen Zustandsvektor, aus dem man die Wahrscheinlichkeit jedes Ergebnisses einer Messung mit σ_z berechnen kann.

4.8   Ignorieren des Phasenfaktors

In früheren Vorlesungen haben wir behauptet, dass wir den Phasenfaktor eines Zustandsvektors ignorieren können, und versprachen dies später zu erklären. Nachdem wir die Regel für Durchschnitte herausgearbeitet haben, machen wir einen kleinen Abstecher, um das Versprechen einzulösen.

Was bedeutet es, „den Phasenfaktor zu ignorieren"? Es bedeutet, dass wir jeden Zustandsvektor mit einem konstanten Faktor $e^{i\theta}$ multiplizieren können, wobei θ eine reelle Zahl ist, ohne die physikalische Bedeutung des Zustandsvektors zu ändern. Um dies zu sehen, multiplizieren wir einmal Gl. 4.12 mit $e^{i\theta}$ und nennen das Ergebnis $|B\rangle$:

$$|B\rangle = e^{i\theta}\,|A\rangle = e^{i\theta} \sum_j \alpha_j\,|\lambda_j\rangle. \tag{4.15}$$

Wir haben hier den Summenindex mit j statt mit i bezeichnet, um Verwirrungen zu vermeiden. Man sieht leicht, dass $|B\rangle$ dieselbe Länge wie $|A\rangle$ hat, da $e^{i\theta}$ die Länge 1 besitzt:

$$\langle B|B\rangle = \langle Ae^{-i\theta}|e^{i\theta}A\rangle = \langle A|A\rangle.$$

Dasselbe Muster des Weghebens erhält auch andere Größen. Zum Beispiel werden die Wahrscheinlichkeitsamplituden α_j von $|A\rangle$ zu $e^{i\theta}\alpha_j$, so dass die Wahrscheinlichkeits*amplituden* verschieden sind. Aber es ist die Wahrscheinlichkeit, nicht die Amplitude, die eine physikalische Bedeutung hat. Ist ein System im Zustand $|B\rangle$, und führen wir eine Messung durch, so wird das Ergebnis ein Eigenwert von $|\lambda_j\rangle$ mit der Wahrscheinlichkeit

$$\alpha_j^* e^{-i\theta} e^{i\theta} \alpha_j = \alpha_j^* \alpha_j$$

sein, was dasselbe Resultat wie für den Zustand $|A\rangle$ ist. Verwenden wir schließlich denselben Trick für den Erwartungswert eines hermiteschen Operators $\mathbf{L}$. Wenden wir Gl. 4.14 auf den Zustand $|B\rangle$ an, so können wir schreiben

$$\langle \mathbf{L} \rangle = \langle B|\mathbf{L}|B\rangle.$$

Verwenden wir Gl. 4.15 für $|B\rangle$, so erhalten wir

$$\langle \mathbf{L} \rangle = \langle Ae^{-i\theta} | \mathbf{L} | e^{i\theta} A \rangle$$

oder

$$\langle \mathbf{L} \rangle = \langle A | \mathbf{L} | A \rangle .$$

Mit anderen Worten hat $\mathbf{L}$ denselben Erwartungswert im Zustand $|B\rangle$ wie im Zustand $|A\rangle$. Versprechen gehalten!

4.9 Verbindung zur klassischen Mechanik

Der Durchschnitt oder Erwartungswert einer Observablen ist das Ding in der Quantenmechanik, das einem klassischen Wert am nächsten kommt. Ist die Wahrscheinlichkeitsverteilung einer Observablen eine schöne glockenförmige Kurve und nicht zu breit, dann ist der Erwartungswert der Wert, den man bei einer Messung erwarten kann. Ist ein System so groß und schwer, dass die Quantenmechanik nicht zu wichtig ist, so verhält sich der Erwartungswert einer Observablen fast genau gemäß der klassischen Bewegungsgleichungen. Aus diesem Grund ist es interessant und wichtig herauszufinden, wie sich Erwartungswerte mit der Zeit verändern.

Zuerst einmal: *Warum* ändern sie sich mit der Zeit? Sie ändern sich mit der Zeit, da sich der Zustand des Systems mit der Zeit verändert. Nehmen wir an, dass der Zustand zur Zeit t durch den Ket $|\Psi(t)\rangle$ und den Bra $\langle\Psi(t)|$ dargestellt wird. Der Erwartungswert der Observablen $\mathbf{L}$ zur Zeit t ist

$$\langle \Psi(t) | \mathbf{L} | \Psi(t) \rangle .$$

Sehen wir einmal, wie sich dies ändert, indem wir nach t differenzieren und die Schrödingergleichung für die Zeitableitung von $|\Psi(t)\rangle$ und $\langle\Psi(t)|$ verwenden. Mit Hilfe der Produktregel für Ableitungen sehen wir

$$\frac{d}{dt} \langle \Psi(t) | \mathbf{L} | \Psi(t) \rangle = \langle \dot{\Psi}(t) | \mathbf{L} | \Psi(t) \rangle + \langle \Psi(t) | \mathbf{L} | \dot{\Psi}(t) \rangle ,$$

wobei der Punkt wie üblich die Zeitableitung bedeutet. $\mathbf{L}$ selbst hat keine explizite Zeitabhängigkeit, daher wird es einfach so mitgezogen. Jetzt setzen wir die Bra- und Ket-Versionen der Schrödingergleichung Gl. 4.10 ein und erhalten

$$\frac{d}{dt} \langle \Psi(t) | \mathbf{L} | \Psi(t) \rangle = \frac{i}{\hbar} \langle \Psi(t) | \mathbf{H} \mathbf{L} | \Psi(t) \rangle - \frac{i}{\hbar} \langle \Psi(t) | \mathbf{L} \mathbf{H} | \Psi(t) \rangle ,$$

oder kürzer

$$\frac{d}{dt} \langle \Psi(t) | \mathbf{L} | \Psi(t) \rangle = \frac{i}{\hbar} \langle \Psi(t) | (\mathbf{H} \mathbf{L} - \mathbf{L} \mathbf{H}) | \Psi(t) \rangle . \qquad (4.16)$$

Wenn Sie an gewöhnliche Algebra gewöhnt sind, so hat Gl. 4.16 eine merkwürdige Form. Die rechte Seite enthält die Kombination $\mathbf{HL} - \mathbf{LH}$, die normalerweise 0 wäre. Aber lineare Operatoren sind keine normalen Zahlen: Wenn man sie multipliziert (oder hintereinander ausführt), kommt es auf die Reihenfolge an. Im Allgemeinen ist das Ergebnis der Wirkung von $\mathbf{H}$ auf $\mathbf{L}\,|\Psi\rangle$ nicht dasselbe wie bei der Wirkung von $\mathbf{L}$ auf $\mathbf{H}\,|\Psi\rangle$. Anders gesagt gilt bis auf Spezialfälle $\mathbf{HL} \neq \mathbf{LH}$. Für zwei Operatoren oder Matrizen wird die Kombination

$$\mathbf{LM} - \mathbf{ML}$$

der **Kommutator** von $\mathbf{L}$ mit $\mathbf{M}$ genannt und mit einem speziellen Symbol bezeichnet:

$$\mathbf{LM} - \mathbf{ML} = [\mathbf{L}, \mathbf{M}].$$

Es ist wichtig zu bemerken, dass $[\mathbf{L}, \mathbf{M}] = -[\mathbf{M}, \mathbf{L}]$ für jedes Paar von Operatoren ist. Mit dieser Schreibweise für Kommutatoren ausgerüstet können wir Gl. 4.16 in einfacher Form schreiben als

$$\frac{d}{dt}\langle \mathbf{L}\rangle = \frac{i}{\hbar}\langle[\mathbf{H}, \mathbf{L}]\rangle, \qquad (4.17)$$

oder gleichbedeutend

$$\frac{d}{dt}\langle \mathbf{L}\rangle = -\frac{i}{\hbar}\langle[\mathbf{L}, \mathbf{H}]\rangle. \qquad (4.18)$$

Dies ist eine sehr interessante und wichtige Gleichung. Sie stellt eine Verbindung zwischen der Zeitableitung des Erwartungswertes einer Observablen zum Erwartungswert einer anderen Observablen her, nämlich $-\frac{i}{\hbar}\langle[\mathbf{L}, \mathbf{H}]\rangle$.

Aufgabe 4.2
Beweisen Sie, dass für hermitesche $\mathbf{M}$ und $\mathbf{L}$ auch $i[\mathbf{M}, \mathbf{L}]$ hermitesch ist. Beachten Sie, dass das i wichtig ist. Der Kommutator für sich allein ist nicht hermitesch.

Falls wir voraussetzen, dass die Wahrscheinlichkeiten schöne schmale und glockenförmige Kurven sind, dann sagt uns Gl. 4.18, wie sich die Scheitel der Kurven mit der Zeit bewegen. Gleichungen wie diese sind die Dinge in der Quantenmechanik, die den Gleichungen der klassischen Mechanik am nächsten kommen. Manchmal lassen wir sogar die spitzen Klammern in solchen Gleichungen fort und schreiben sie kurz als

$$\frac{d\mathbf{L}}{dt} = -\frac{i}{\hbar}[\mathbf{L}, \mathbf{H}]. \qquad (4.19)$$

Aber vergessen Sie nicht, dass eine Quantengleichung dieses Typs in ein Paket gesteckt werden muss, mit einem $\langle\Psi|$ auf einer Seite und einem $|\Psi\rangle$ auf der anderen. Alternativ können wir uns vorstellen, dass diese Gleichung uns mitteilt, wie sich die Mittelpunkte der Wahrscheinlichkeitsverteilungen bewegen.

Kommt Ihnen Gl. 4.19 bekannt vor? Falls nicht, sehen Sie sich noch einmal die Vorlesungen 9 und 10 im **Band I** an, wo wir die Poisson-Klammer-Darstellung der klassischen Mechanik kennenlernten. Dort[3] kann man folgende Gleichung finden:

$$\dot{F} = \{F, H\}. \tag{4.20}$$

In dieser Gleichung ist $\{F, H\}$ kein Kommutator; es ist eine **Poisson-Klammer**. Aber trotzdem sieht Gl. 4.20 der Gl. 4.19 verdächtig ähnlich. Tatsächlich gibt es eine starke Parallele zwischen Kommutatoren und Poisson-Klammern, und ihre algebraischen Eigenschaften sind sehr ähnlich. Stellen zum Beispiel F und G Operatoren dar, so wechseln sowohl die Kommutatoren als auch die Poisson-Klammern das Vorzeichen, wenn F und G vertauscht werden. Dirac erkannte dies, und ihm wurde klar, dass dies eine wichtige strukturelle Verbindung zwischen der Mathematik der klassischen Mechanik und derjenigen der Quantenmechanik darstellt. Die formale Identifizierung zwischen Kommutatoren und Poisson-Klammern ist

$$[\mathbf{F}, \mathbf{G}] \iff i\hbar\{F, G\}. \tag{4.21}$$

Um dies mit Gl. 4.19 zu vergleichen, können wir die Symbole $\mathbf{L}$ und $\mathbf{H}$ aus diesem Abschnitt einsetzen:

$$[\mathbf{L}, \mathbf{H}] \iff i\hbar\{L, H\}. \tag{4.22}$$

Versuchen wir es einmal und verdeutlichen wir die Identifikation so gut wie möglich. Wenn wir mit Gl. 4.19 beginnen:

$$\frac{d\mathbf{L}}{dt} = -\frac{i}{\hbar}[\mathbf{L}, \mathbf{H}],$$

und dann die Identifikation aus Gl. 4.22 verwenden, um das klassische Analogon hinzuschreiben, so lautet das Ergebnis

$$\frac{d\mathbf{L}}{dt} = -\frac{i}{\hbar}(i\hbar\{\mathbf{L}, \mathbf{H}\})$$

oder

$$\frac{d\mathbf{L}}{dt} = \{\mathbf{L}, \mathbf{H}\},$$

was genau mit dem Muster aus Gl. 4.20 übereinstimmt.

Aufgabe 4.3
Gehen Sie zurück zu den Poisson-Klammern aus **Band I** und überprüfen Sie, ob die Identifikation in Gl. 4.21 von der Dimension her konsistent ist. Zeigen Sie, dass dies ohne den Faktor $\hbar$ nicht der Fall wäre.

---

[3]**Band I**, In Vorlesung 9, Gl 9.10. Eine weitere dieser eleganten französischen Erfindungen.

Gl. 4.21 löst ein Rätsel auf. In der klassischen Physik gibt es keinen Unterschied zwischen FG und GF. Mit anderen Worten: Klassisch sind Kommutatoren gewöhnlicher Observablen gleich 0. Gl. 4.21 entnehmen wir, dass Kommutatoren in der Quantenmechanik nicht 0 sind, aber sehr klein. Die klassische Grenze (die Grenze, ab der die klassische Mechanik exakt ist), ist auch die Grenze, bei der $\hbar$ vernachlässigbar klein wird. Daher ist dies auch die Grenze, bei der Kommutatoren in menschlichen Maßstäben klein sind.

4.10 Erhaltung der Energie

Wie können wir sagen, ob etwas in der Quantenmechanik erhalten bleibt? Was meinen wir überhaupt damit, wenn wir sagen, dass eine Observable – nennen wir sie Q – erhalten bleibt? Wir können zumindest sagen, dass ihr Erwartungswert $\langle Q \rangle$ sich mit der Zeit nicht ändert (es sei denn natürlich, das System wird gestört). Eine noch stärkere Gegebenheit ist, dass $\langle Q^2 \rangle$ (oder der Erwartungswert *jeder beliebigen* Potenz von Q) sich mit der Zeit nicht ändert.

Bei Betrachtung von Gl. 4.19 sehen wir, dass die Bedingung für ein konstantes $\langle Q \rangle$

$$[\mathbf{Q}, \mathbf{H}] = 0$$

lautet. Mit anderen Worten: Kommutiert eine Größe mit der Hamilton-Funktion, so bleibt ihr Erwartungswert erhalten. Aus den Eigenschaften des Kommutators folgert man leicht, dass aus $[\mathbf{Q}, \mathbf{H}] = 0$ folgt $[\mathbf{Q}^2, \mathbf{H}] = 0$, oder noch allgemeiner $[\mathbf{Q}^n, \mathbf{H}] = 0$ für jedes n. Es stellt sich sogar die stärkere Behauptung heraus: Kommutiert $\mathbf{Q}$ mit der Hamilton-Funktion, so bleiben die Erwartungswerte *aller* Funktionen von $\mathbf{Q}$ erhalten. Das ist die Bedeutung von Erhaltung in der Quantenmechanik.

Die offensichtlichste Erhaltungsgröße ist die Hamilton-Funktion selbst. Da jeder Operator mit sich selbst kommutiert, kann man schreiben

$$[\mathbf{H}, \mathbf{H}] = 0,$$

was genau besagt, dass $\mathbf{H}$ erhalten bleibt. Wie in der klassischen Mechanik ist die Hamilton-Funktion ein anderes Wort für die Energie eines Systems – sie ist eine Definition der Energie. Wir sehen, dass unter sehr allgemeinen Bedingungen die Energie in der Quantenmechanik erhalten bleibt.

4.11   Der Spin im Magnetfeld

Probieren wir die Hamiltonschen Bewegungsgleichungen für einen einzelnen Spin aus. Wir müssen zuerst eine Hamilton-Funktion angeben. Wo bekommen wir die her? Im Allgemeinen ist die Antwort dieselbe wie in der klassischen Physik: Leite sie aus Experimenten ab, borge sie aus einer Theorie, die man mag, oder suche irgendeine aus und schau nach, was sie macht. Allerdings haben wir im Fall des einzelnen Spins nicht viel Auswahl. Beginnen wir mit dem Identitätsoperator $\mathbf{I}$. Da $\mathbf{I}$ mit allen Operatoren kommutiert, würde sich mit der Zeit nichts ändern, wenn sie die Hamilton-Funktion wäre. Erinnern wir uns: Die Zeitabhängigkeit einer Observablen ist durch den Kommutator der Observablen mit der Hamilton-Funktion gegeben.

Die einzige andere Möglichkeit ist eine Summe der Spinkomponenten. Tatsächlich erhalten wir genau dies aus der experimentellen Beobachtung des echten Spins – etwa des Spins eines Elektrons – in einem Magnetfeld. Ein magnetisches Feld $\vec{B}$ ist ein 3-Vektor – ein gewöhnlicher Vektor im Raum – und durch seine drei kartesischen Komponenten B_x, B_y und B_z gegeben. Wenn ein klassischer Spin (ein geladener Kreisel) in ein Magnetfeld gesteckt wird, hat er eine Energie, die von seiner Orientierung abhängt. Die Energie ist proportional zum Punktprodukt des Spins und des magnetischen Feldes. Die Quanten-Version lautet

$$\mathbf{H} \sim \vec{\sigma} \cdot \vec{B} = \sigma_x B_x + \sigma_y B_y + \sigma_z B_z,$$

wobei das Symbol $\sim$ „proportional" bedeutet. Erinnern Sie sich, dass σ_x, σ_y und σ_z die Komponenten des Spin*operators* in der obigen Quanten-Version darstellen.

Nehmen wir das einfache Beispiel, in dem das Magnetfeld längs der z-Achse liegt. In diesem Fall ist die Hamilton-Funktion proportional zu σ_z. Der Einfachheit halber fassen wir alle numerischen Konstanten, eingeschlossen der Größe des Feldes (aber nicht $\hbar$), in einer einzelnen Konstante ω zusammen und schreiben

$$\mathbf{H} = \frac{\hbar\omega}{2}\sigma_z. \tag{4.23}$$

Der Grund für die 2 im Nenner wird später klar werden.

Unser Ziel ist es herauszufinden, wie sich der Erwartungswert des Spins mit der Zeit ändert – mit anderen Worten, $\langle\sigma_x(t)\rangle$, $\langle\sigma_y(t)\rangle$ und $\langle\sigma_z(t)\rangle$ zu bestimmen. Dazu gehen wir zurück zu Gl. 4.19 und stecken diese als Komponenten von $\mathbf{L}$ hinein. Wir erhalten:

$$\langle\dot{\sigma_x}\rangle = -\frac{i}{\hbar}\langle[\sigma_x, \mathbf{H}]\rangle$$

$$\langle\dot{\sigma_y}\rangle = -\frac{i}{\hbar}\langle[\sigma_y, \mathbf{H}]\rangle \tag{4.24}$$

$$\langle\dot{\sigma_z}\rangle = -\frac{i}{\hbar}\langle[\sigma_z, \mathbf{H}]\rangle.$$

Setzen wir $\mathbf{H} = \frac{\hbar\omega}{2}\sigma_z$ aus Gl. 4.23 ein, so erhalten wir

$$\langle \dot{\sigma}_x \rangle = \frac{-i\omega}{2} \langle [\sigma_x, \sigma_z] \rangle$$
$$\langle \dot{\sigma}_y \rangle = \frac{-i\omega}{2} \langle [\sigma_y, \sigma_z] \rangle \qquad (4.25)$$
$$\langle \dot{\sigma}_z \rangle = \frac{-i\omega}{2} \langle [\sigma_z, \sigma_z] \rangle.$$

Die Dinger, die wir auf der linken Seite der Gleichungen ausrechnen, sollten reelle Größen sein. Der Faktor i in diesen Gleichungen scheint Schwierigkeiten zu verheißen. Glücklicherweise retten die Kommutatoren zwischen σ_x, σ_y und σ_z den Tag. Mit Hilfe der Pauli-Matrizen aus Gl. 3.20 sieht man leicht:

$$[\sigma_x, \sigma_y] = 2i\sigma_z$$
$$[\sigma_y, \sigma_z] = 2i\sigma_x \qquad (4.26)$$
$$[\sigma_z, \sigma_x] = 2i\sigma_y.$$

Jede dieser Gleichungen enthält ebenfalls ein i, was sich mit den i in Gl. 4.25 aufhebt. Beachten Sie, dass sich auch die Faktoren „2" aufheben, so dass sich folgende sehr einfache Gleichungen ergeben:

$$\langle \dot{\sigma}_x \rangle = -\omega \langle \sigma_y \rangle$$
$$\langle \dot{\sigma}_y \rangle = +\omega \langle \sigma_x \rangle \qquad (4.27)$$
$$\langle \dot{\sigma}_z \rangle = 0.$$

Sieht das bekannt aus? Falls nicht, gehen Sie zurück zu **Band I**, Vorlesung 10. Dort untersuchten wir den klassischen Kreisel im Magnetfeld. Die Gleichungen waren genau die gleichen, nur dass wir anstelle der Erwartungswerte die tatsächliche Bewegung eines deterministischen Systems betrachteten. Hier wie dort besagt die Lösung, dass der 3-Vektor-Operator (oder der 3-Vektor $\vec{L}$ in **Band I**) wie ein Kreisel um die Richtung des Magnetfeldes präzediert. Die Präzession ist gleichmäßig mit Winkelgeschwindigkeit ω.

Diese Ähnlichkeit mit der klassischen Mechanik ist sehr angenehm, aber es ist wichtig, den Unterschied zu beachten. *Was genau* präzediert denn? In der klassischen Mechanik sind es nur die x- und y-Komponenten des Drehimpulses. In der Quantenmechanik ist es ein Erwartungswert. Der Erwartungswert einer Messung von σ_z ändert sich nicht mit der Zeit, aber wohl die beiden anderen Erwartungswerte. Unabhängig davon ist das Ergebnis jeder Messung einer Spinkomponente weiterhin entweder $+1$ oder -1.

Aufgabe 4.4
Überprüfen Sie die Kommutator-Beziehungen der Gleichungen 4.26.

4.12   Lösung der Schrödingergleichung

Die ikonische Schrödingergleichung, die man auf vielen T-Shirts sieht, hat die
folgende Form:

$$i\hbar\frac{\partial \Psi(x,t)}{\partial t} = -\frac{\hbar^2}{2m}\frac{\partial^2 \Psi(x,t)}{\partial x^2} + U(x)\Psi(x,t).$$

An dieser Stelle kümmern wir uns noch nicht um die Bedeutung der Symbole, bis
auf die Tatsache, dass es eine Gleichung ist, die zeigt, wie sich etwas mit der Zeit
ändert. (Das „Etwas" ist die Darstellung des Zustandsvektors eines Teilchens.)

Die ikonische Schrödingergleichung ist ein Spezialfall einer allgemeineren Gleichung, die uns schon in Gl. 4.9 begegnet ist. Sie ist teils Definition und teils
Prinzip der Quantenmechanik. Als Prinzip besagt sie, dass sich der Zustandsvektor stetig mit der Zeit auf unitäre Weise ändert. Als Definition erklärt sie die
Hamilton-Funktion und damit die Observable namens Energie. Gl. 4.10

$$\hbar\frac{\partial \left|\Psi\right\rangle}{\partial t} = -i\mathbf{H}\left|\Psi\right\rangle$$

wird manchmal die **zeitabhängige Schrödingergleichung** genannt. Da der
Hamilton-Operator **H** die Energie repräsentiert, sind die beobachtbaren Werte
der Energie gerade die Eigenwerte von **H**. Nennen wir die Eigenwerte E_j und die
zugehörigen Eigenvektoren $\left|E_j\right\rangle$. Gemäß Definition ist die Beziehung zwischen
H, E_j und $\left|E_j\right\rangle$ gegeben durch die Eigenwertgleichung

$$\mathbf{H}\left|E_j\right\rangle = E_j\left|E_j\right\rangle. \tag{4.28}$$

Dies ist die **zeitunabhängige Schrödingergleichung**, und sie wird auf zwei
Weisen verwendet.

Arbeiten wir mit einer speziellen Matrix-Basis, so bestimmen die Gleichungen
die Eigenvektoren von **H**. Man steckt einen bestimmten Wert der Energie E_j
hinein und sucht den Ket-Vektor $\left|E_j\right\rangle$, der die Gleichung löst.

Es ist auch eine Gleichung, die die Eigenwerte E_j bestimmt. Setzt man
einen beliebigen Wert für E_j ein, so gibt es im Allgemeinen keine Lösung
für den Eigenvektor. Nehmen wir ein ganz einfaches Beispiel: Die Hamilton-
Funktion sei die Matrix $\frac{\hbar\omega}{2}\sigma_z$. Da σ_z nur die zwei Eigenwerte ± 1 besitzt, hat
auch die Hamilton-Funktion nur zwei Eigenwerte, nämlich $\pm\frac{\hbar\omega}{2}$. Setzt man
irgendeinen anderen Wert auf der rechten Seite von Gl. 4.28 ein, so gibt es keine
Lösung. Da der Operator **H** für die Energie steht, nennen wir die E_j häufig die
Energieeigenwerte und die $\left|E_j\right\rangle$ die **Energieeigenvektoren** des Systems.

Aufgabe 4.5

Nehmen Sie einen beliebigen 3-Vektor $\vec{n}$ und bilden Sie den Operator

$$\mathbf{H} = \frac{\hbar\omega}{2}\vec{\sigma}\cdot\vec{n}.$$

Finden Sie die Energieeigenwerte und Energieeigenvektoren, indem Sie die zeitunabhängige Schrödingergleichung lösen. Erinnern Sie sich, dass Gl. 3.23 $\vec{\sigma}\cdot\vec{n}$ in Komponentenform angibt.

Nehmen wir an, wir haben alle Energieeigenwerte E_j und die dazugehörigen Eigenvektoren $|E_j\rangle$ gefunden. Wir können dann diese Informationen verwenden, um die zeitabhängige Schrödingergleichung zu lösen. Der Trick besteht darin, dass die Eigenvektoren eine Orthonormalbasis bilden, so dass man den Zustandsvektor in dieser Basis entwickeln kann. Ist $|\Psi\rangle$ der Zustandsvektor, so schreiben wir

$$|\Psi\rangle = \sum_j \alpha_j |E_j\rangle.$$

Da sich der Zustandsvektor $|\Psi\rangle$ mit der Zeit ändert, aber nicht die Basisvektoren $|E_j\rangle$, müssen auch die Koeffizienten α_j von der Zeit abhängen:

$$|\Psi(t)\rangle = \sum_j \alpha_j(t) |E_j\rangle. \qquad (4.29)$$

Nun stecken wir Gl. 4.29 in die zeitabhängige Gleichung. Das Ergebnis lautet

$$\sum_j \dot{\alpha}_j(t) |E_j\rangle = -\frac{i}{\hbar}\mathbf{H}\sum_j \alpha_j(t) |E_j\rangle.$$

Nun benutzen wir die Tatsache, dass $\mathbf{H}|E_j\rangle = E_j |E_j\rangle$ ist, und erhalten

$$\sum_j \dot{\alpha}_j(t) |E_j\rangle = -\frac{i}{\hbar}\sum_j E_j \alpha_j(t) |E_j\rangle,$$

oder nach Umstellen

$$\sum_j \left\{\dot{\alpha}_j(t) + \frac{i}{\hbar}E_j \alpha_j(t)\right\} |E_j\rangle = 0.$$

Der letzte Schritt sollte leicht zu sehen sein. Wenn eine Summe aus Basisvektoren 0 ist, so muss jeder Koeffizient 0 sein. Daher muss für jeden Eigenwert E_j $\alpha_j(t)$ die einfache Differentialgleichung

$$\frac{d\,\alpha_j(t)}{dt} = -\frac{i}{\hbar}E_j \alpha_j(t)$$

erfüllen.

Dies ist natürlich die bekannte Differentialgleichung für eine Exponentialfunktion der Zeit, in diesem Fall mit einem imaginären Exponenten. Die Lösung ist

$$\alpha_j(t) = \alpha_j(0) \, e^{-\frac{i}{\hbar} E_j t}. \tag{4.30}$$

Diese Gleichung sagt uns, wie α_j sich mit der Zeit ändert. Sie gilt ganz allgemein und ist nicht auf Spins beschränkt, solange die Hamilton-Funktion nicht explizit von der Zeit abhängt. Das ist unser erstes Beispiel für den engen Zusammenhang zwischen Energie und Frequenz, der immer wieder in der Quantenmechanik und Quantenfeldtheorie auftaucht. Wir werden oft darauf zurückkommen.

In Gl. 4.30 sind die Faktoren $\alpha_j(0)$ die Werte der Koeffizienten zur Zeit 0. Kennen wir den Zustandsvektor $|\Psi\rangle$ zum Zeitpunkt 0, so sind die Koeffizienten durch die Projektion von $|\Psi\rangle$ auf die Basis-Eigenvektoren gegeben. Wir können dies schreiben als

$$\alpha_j(0) = \langle E_j | \Psi(0) \rangle. \tag{4.31}$$

Jetzt bauen wir alles zusammen und schreiben die vollständige Lösung der zeitabhängigen Schrödingergleichung:

$$|\Psi(t)\rangle = \sum_j \alpha_j(0) \, e^{-\frac{i}{\hbar} E_j t} \, |E_j\rangle.$$

Verwenden wir Gl. 4.31, um die $\alpha_j(0)$ zu ersetzen, so wird aus der Gleichung

$$|\Psi(t)\rangle = \sum_j \langle E_j | \Psi(0) \rangle \, e^{-\frac{i}{\hbar} E_j t} \, |E_j\rangle. \tag{4.32}$$

Gl. 4.32 kann man in etwas eleganterer Form schreiben als

$$|\Psi(t)\rangle = \sum_j |E_j\rangle \, \langle E_j | \Psi(0) \rangle \, e^{-\frac{i}{\hbar} E_j t}, \tag{4.33}$$

was andeutet, dass wir über die Basisvektoren summieren. Sie fragen sich vielleicht, woher wir $\Psi(0)$ „kennen". Die Antwort hängt von den Umständen ab, aber üblicherweise können wir irgendeine Apparatur verwenden, um das System in einen bekannten Zustand zu präparieren.

Bevor wir die größere Bedeutung dieser Gleichungen diskutieren, möchte ich sie noch einmal als ein Rezept formulieren. Ich setze voraus, dass Sie bereits genug über das System und seinen Zustandsraum kennen, um zu beginnen.

4.13 Rezept für ein Schrödinger-Ketzchen

1. Leiten Sie ihn her, schlagen Sie ihn nach, erraten Sie ihn, borgen oder stehlen Sie ihn: den Hamilton-Operator $\mathbf{H}$.

2. Präparieren Sie einen Anfangszustand $|\Psi(0)\rangle$.

3. Finden Sie die Eigenwerte und Eigenvektoren von $\mathbf{H}$ durch Lösen der zeitunabhängigen Schrödingergleichung

$$\mathbf{H}|E_j\rangle = E_j|E_j\rangle.$$

4. Verwenden Sie den anfänglichen Zustandsvektor $|\Psi(0)\rangle$, zusammen mit den Eigenvektoren $|E_j\rangle$ aus Schritt 3, um die Koeffizienten $\alpha_j(0)$ zu berechnen:

$$\alpha_j(0) = \langle E_j|\Psi(0)\rangle.$$

5. Drücken Sie $|\Psi(0)\rangle$ in Termen der Eigenvektoren $|E_j\rangle$ und der Start-Koeffizienten $\alpha_j(0)$ aus:

$$|\Psi(0)\rangle = \sum_j \alpha_j(0)|E_j\rangle.$$

(Bis hierhin haben wir den anfänglichen Zustandsvektor $\Psi(0)$ in Termen der Eigenvektoren $|E_j\rangle$ von $\mathbf{H}$ entwickelt. Warum ist diese Basis besser als alle anderen? Weil $\mathbf{H}$ *uns sagt, wie sich die Dinge mit der Zeit entwickeln.* Wir werden dieses Wissen später nutzen.)

6. In der obigen Gleichung ersetzen Sie jedes $\alpha_j(0)$ durch $\alpha_j(t)$, um die Zeitabhängigkeit einzuführen. Dadurch wird $\Psi(0)$ zu $\Psi(t)$:

$$|\Psi(t)\rangle = \sum_j \alpha_j(t)|E_j\rangle.$$

7. Gemäß Gl. 4.30 ersetzen Sie jedes $\alpha_j(t)$ durch $\alpha_j(0)\,e^{-\frac{i}{\hbar}E_j t}$:

$$|\Psi(t)\rangle = \sum_j \alpha_j(0)\,e^{-\frac{i}{\hbar}E_j t}|E_j\rangle. \tag{4.34}$$

8. Würzen nach Geschmack.

Wir können nun die Wahrscheinlichkeiten für jeden möglichen Ausgang eines Experiments als Funktion der Zeit vorhersagen, und dabei sind wir nicht auf Messungen der Energie beschränkt. Nehmen wir an, $\mathbf{L}$ besitzt die Eigenwerte λ_j und Eigenvektoren $|E_j\rangle$. Die Wahrscheinlichkeit für das Resultat λ ist

$$P_\lambda(t) = |\langle\lambda|\Psi(t)\rangle|^2.$$

Aufgabe 4.6
Bereiten Sie gemäß Rezept ein Schrödinger-Ketzchen für einen einzelnen Spin zu. Die Hamilton-Funktion ist $\mathbf{H} = \frac{\omega\hbar}{2}\sigma_z$, die Observable σ_x. Der Anfangszustand ist gegeben als $|u\rangle$ (der Zustand mit $\sigma_z = +1$).
Nach der Zeit t wird ein Experiment durchgeführt, um σ_y zu messen. Was sind die möglichen Ergebnisse, und wie lauten ihre Wahrscheinlichkeiten?

Herzlichen Glückwunsch! Sie haben nun ein echtes quantenmechanisches Problem für ein Experiment gelöst, das tatsächlich im Labor durchgeführt werden kann. Sie dürfen sich gerne auf die Schulter klopfen.

4.14   Kollaps

Wir haben gesehen, wie sich der Zustandsvektor entwickelt zwischen dem Zeitpunkt der Präparation eines Systems in einen bestimmten Zustand und dem Zeitpunkt, in dem es Kontakt mit der Apparatur hat und gemessen wird. Wäre der Zustand das Hauptziel der beobachtenden Physik, so könnten wir sagen, dass die Quantenmechanik deterministisch ist. Aber in der Experimentalphysik geht es nicht um die Messung des Zustandsvektors. Es geht um die Messung von Observablen. Selbst wenn wir den Zustandsvektor genau kennen, so kennen wir nicht das Ergebnis einer bestimmten Messung. Trotzdem kann man behaupten, dass sich der Zustand eines Systems zwischen Beobachtungen in vollständig definierter Weise entwickelt, gemäß der zeitabhängigen Schrödingergleichung.

Aber bei einer Beobachtung geschieht etwas anderes. Ein Experiment zur Messung von $\mathbf{L}$ hat einen unvorhersagbaren Ausgang, doch die Messung hinterlässt das System in einem Eigenzustand von $\mathbf{L}$. In welchem Eigenzustand? Der zum Ausgang der Messung gehörende. Aber dieser Ausgang ist nicht vorhersagbar. Es folgt, dass der Zustand während eines Experiments unvorhersagbar in

einen Eigenzustand der gemessenen Observable springt. Dieses Phänomen wird
Kollaps der Wellenfunktion genannt.[4]

Eine andere Formulierung: Der Zustandsvektor vor der Messung von **L** sei
gegeben durch

$$\sum_j \alpha_j \left|\lambda_j\right\rangle .$$

Die Apparatur misst zufällig, mit Wahrscheinlichkeit $\left|\alpha_j\right|^2$, einen Wert λ_j und
hinterlässt das System in einem einzelnen Eigenzustand von **L**, nämlich $\left|\lambda_j\right\rangle$. Die
gesamte **Superposition** von Zuständen kollabiert zu einem einzigen Term.

Diese merkwürdige Tatsache – dass sich das System zwischen Messungen auf
die eine Weise entwickelt und bei Messungen auf eine andere Weise – ist seit
Jahrzehnten Quelle von Auseinandersetzungen und Verwirrung. Sie wirft die
Frage auf: Sollte nicht die Messung selbst durch die Gesetze der Quantenmechanik
beschrieben werden?

Die Antwort lautet ja. Die Gesetze der Quantenmechanik sind während
der Messung nicht ausgesetzt. Um jedoch den Messprozess selbst als quantenmechanischen Vorgang zu untersuchen, müssen wir den gesamten experimentellen
Aufbau, die Apparatur eingeschlossen, als Teil eines einzelnen Quantensystems
betrachten. Wir werden dieses Thema – wie Systeme zu zusammengesetzten
Systemen kombiniert werden – in Vorlesung 6 diskutieren. Aber zuerst ein paar
Worte zur Unbestimmtheit.

---

[4]Wir haben noch nicht gesagt, was eine Wellenfunktion ist, holen dies aber bald in Abschnitt
5.1.2 nach.

Vorlesung 5

Unbestimmtheit und Zeitabhängigkeit

Übersicht

Lenny: „Art, ich möchte dir jemand Unbestimmten vorstellen."

Art: „Wie bitte? Du meinst wohl jemand *Bestimmten*, Lenny"

A.U.: „Lenny, das ist ja schon eine Ewigkeit her, dass wir uns gesehen haben. Oder zumindest eine ganze Weile. Wer ist dein Freund?"

Lenny: „Sein Name ist Art. Art, darf ich dir die Allgemeine Unbestimmtheit[*] vorstellen?"

---

[*]Hier versagt die deutsche Übersetzung. Im englischen Original treffen Art und Lenny *General Uncertainty*. (A.d.Ü.)

© Springer-Verlag GmbH Deutschland, ein Teil von Springer Nature 2020

L. Susskind und A. Friedman, *Quantenmechanik: Das Theoretische Minimum*, https://doi.org/10.1007/978-3-662-60330-7_5

5.1   Mathematisches Intermezzo: Vollständige Sätze kommutierender Variabler

5.1.1   Zustände, die von mehr als einer messbaren Größe abhängen

Die Physik eines einzelnen Spins ist extrem einfach, und das macht ihn als erhellendes Beispiel so attraktiv. Aber es bedeutet auch, dass man vieles damit nicht zeigen kann. Eine Eigenschaft des einzelnen Spins besteht darin, dass sein Zustand vollständig durch den Eigenwert eines einzelnen Operators wie etwa σ_z gegeben ist. Ist der Wert von σ_z bekannt, so kann keine andere Observable, z.B. σ_x, bestimmt werden. Wie wir gesehen haben, zerstört jede Messung einer dieser Größen jede Information, die wir über die anderen haben.

Aber in komplizierteren Systemen könnte es mehrere Observablen geben, die kompatibel sind; d.h. ihre Werte können gleichzeitig bekannt sein. Hier zwei Beispiele:

- Ein Teilchen, das sich im dreidimensionalen Raum bewegt. Eine Basis für die Zustände dieses Systems ist durch die Position des Teilchen gegeben, aber dazu werden drei Positionskoordinaten benötigt. Daher haben wir Zustände, die durch drei Zahlen $\{x, y, z\}$ gegeben sind. Wir werden später sehen, dass alle drei Raumkoordinaten eines Teilchens gleichzeitig angegeben werden können.

- Ein System, zusammengesetzt aus zwei physikalisch unabhängigen Spins, mit anderen Worten ein System aus zwei Qubits. Später werden wir sehen, wie man Systeme kombiniert, um größere Systeme zu erhalten. Fürs erste können wir nur sagen, dass ein Zwei-Spin-System durch zwei Observablen beschrieben werden kann. Es kann einen Zustand geben, in dem beide Spins **up** sind, ein anderes, in dem beide **down** sind, eines, in dem der erste Spin **up** ist und der zweite **down**, und ein weiteres, in dem diese Spins umgedreht sind. Kürzer ausgedrückt können wir das Zwei-Spin-System durch zwei Observablen beschreiben: Die z-Komponente des ersten Spins und die z-Komponente des zweiten Spins. Die Quantenmechanik verbietet nicht die gleichzeitige Kenntnis dieser zwei Observablen. Tatsächlich kann man jede Komponente eines Spins wählen und jede beliebige Komponente des anderen Spins. Die Quantenmechanik erlaubt die gleichzeitige Kenntnis von beiden.

Eine Messung hinterlässt das System in einem Eigenzustand (bestehend aus einem einzelnen Eigenvektor), der mit dem Wert (einem Eigenwert) der Messung korrespondiert. Messen wir beide Spins in einem Zwei-Spin-System, landet das System in einem Zustand, der gleichzeitig ein Eigenvektor von **L** und ein

Eigenvektor von **M** ist. Wir nennen dies einen **simultanen Eigenvektor** der Operatoren **L** und **M**.

Das Zwei-Spin-Beispiel gibt uns etwas Konkretes zum Nachdenken, aber beachten Sie, dass unsere Ergebnisse wesentlich allgemeiner sein werden – sie sind auf jedes System anwendbar, das durch zwei verschiedene Operatoren charakterisiert ist. Und wie sie vielleicht vermuten, ist an der Zahl Zwei nichts Magisches. Die hier präsentierten Ideen gelten auch für größere Systeme, die viele Operatoren zu ihrer Beschreibung benötigen.

Um mit zwei verschiedenen kompatiblen Operatoren zu arbeiten, benötigen wir zwei Sätze von Bezeichnungen ihrer Basisvektoren. Wir verwenden die Bezeichnungen λ_i und μ_a. Die Symbole λ_i und μ_a sind die Eigenwerte von **L** und **M**. Die Indizes i und a laufen über alle möglichen Messergebnisse von **L** und **M**. Wir nehmen an, dass es eine Basis von Zustandsvektoren $|\lambda_i, \mu_a\rangle$ gibt, die simultane Eigenvektoren beider Observablen sind. Anders gesagt:

$$\mathbf{L} |\lambda_i, \mu_a\rangle = \lambda_i |\lambda_i, \mu_a\rangle$$
$$\mathbf{M} |\lambda_i, \mu_a\rangle = \mu_a |\lambda_i, \mu_a\rangle .$$

Um diese Gleichungen etwas weniger präzise, aber etwas leichter lesbar zu machen, werde ich manchmal die Indizes weglassen:

$$\mathbf{L} |\lambda, \mu\rangle = \lambda |\lambda, \mu\rangle$$
$$\mathbf{M} |\lambda, \mu\rangle = \mu |\lambda, \mu\rangle .$$

Damit es eine Basis simultaner Eigenvektoren gibt, müssen die Operatoren **L** und **M** kommutieren. Das ist leicht einzusehen. Wir beginnen, indem wir das Produkt **LM** auf einen der Basisvektoren anwenden und dann benutzen, dass der Basisvektor Eigenvektor von beiden ist:

$$\mathbf{LM} |\lambda, \mu\rangle = \mathbf{L}\mu |\lambda, \mu\rangle ,$$

oder

$$\mathbf{LM} |\lambda, \mu\rangle = \lambda\mu |\lambda, \mu\rangle .$$

Die Eigenwerte λ und μ sind natürlich nur Zahlen, und es spielt keine Rolle, welche bei der Multiplikation zuerst kommt. Drehen wir also die Reihenfolge dieser Operatoren um und lassen den Operator **ML** auf denselben Basisvektor wirken, so erhalten wir dasselbe Ergebnis:

$$\mathbf{LM} |\lambda, \mu\rangle = \mathbf{ML} |\lambda, \mu\rangle ,$$

oder noch knapper

$$[\mathbf{L}, \mathbf{M}] |\lambda, \mu\rangle = 0, \qquad\qquad (5.1)$$

wobei die rechte Seite für den 0-Vektor steht. Dieses Ergebnis wäre nicht besonders hilfreich, wenn es nur für einen bestimmten Basisvektor gelten würde. Aber die Überlegung, die uns auf Gl. 5.1 führte, gilt für *jeden* Basisvektor. Das genügt, um zu zeigen, dass der Operator [**LM**] = 0 ist. **Vernichtet** ein Operator jedes Element einer Basis, so muss er auch jeden anderen Vektor im Vektorraum vernichten.[1] Ein Operator, der jeden Vektor vernichtet, ist genau das, was wir unter dem **Nulloperator** verstehen. So haben wir gezeigt, dass für eine vollständige Basis von simultanen Eigenvektoren zweier Observabler die beiden Observablen kommutieren müssen. Es stellt sich heraus, dass auch die Umkehrung dieses Satzes gilt: Wenn zwei Observablen kommutieren, so gibt es eine vollständige Basis simultaner Eigenvektoren der beiden Observablen. Einfach gesagt ist die Bedingung dafür, dass zwei Observablen gleichzeitig messbar sind, dass sie kommutieren.

Wie wir früher bemerkten, ist dieser Satz viel allgemeiner. Man muss möglicherweise eine größere Menge von Observablen angeben, um eine Basis vollständig zu beschreiben. Unabhängig von der benötigten Zahl der Observablen müssen sie alle untereinander kommutieren. Wir nennen diese Menge einen **vollständigen Satz kommutierender Observabler**.

5.1.2 Wellenfunktionen

Wir werden nun ein Konzept namens **Wellenfunktion** einführen. Ignorieren Sie zunächst den Namen; im Allgemeinen hat die Wellenfunktion nichts mit Wellen zu tun. Später, wenn wir die Quantenmechanik von Teilchen untersuchen (Vorlesungen 8–10), werden wir den Zusammenhang zwischen Wellenfunktionen und Wellen herausfinden.

Nehmen wir an, wir haben eine Basis aus Zuständen für ein Quantensystem. Die Vektoren der Orthonormalbasis sollen $|a, b, c, \ldots\rangle$ heißen, wobei $a, b, c, \ldots$ die Eigenwerte eines vollständigen Satzes kommutierender Observabler **A**, **B**, **C**, $\ldots$ seien. Betrachten Sie nun einen beliebigen Zustandsvektor $|\Psi\rangle$. Da die Vektoren $|a, b, c, \ldots\rangle$ eine Orthonormalbasis bilden, kann $|\Psi\rangle$ danach entwickelt werden:

$$|\Psi\rangle = \sum_{a,b,c,\ldots} \psi(a, b, c, \ldots) \, |a, b, c, \ldots\rangle .$$

Die Größen $\psi(a, b, c, \ldots)$ sind die Koeffizienten dieser Entwicklung. Jede ist auch gleich dem inneren Produkt von $|\Psi\rangle$ mit einem der Basisvektoren

$$\psi(a, b, c, \ldots) = \langle a, b, c, \ldots | \Psi\rangle . \tag{5.2}$$

---

[1] Sehen Sie, warum?

Der Satz der Koeffizienten $\psi(a,b,c,\ldots)$ wird die **Wellenfunktion des Systems in der Basis der Observablen A, B, C,** ... genannt. Die mathematische Definition einer Wellenfunktion ist durch Gl. 5.2 gegeben. Sie mag formal und abstrakt aussehen; die physikalische Bedeutung der Wellenfunktion ist jedoch zutiefst wichtig. Gemäß des grundlegenden Wahrscheinlichkeitsprinzips der Quantenmechanik ist die quadrierte Größe der Wellenfunktion die Wahrscheinlichkeit dafür, dass kommutierende Observablen die Werte $a, b, c, \ldots$ annehmen:

$$P(a,b,c,\ldots) = \psi^*(a,b,c,\ldots)\psi(a,b,c,\ldots).$$

Die Form der Wellenfunktion hängt von den von uns betrachteten Observablen ab. Dies liegt daran, dass Berechnungen für zwei verschiedene Observable von verschiedenen Sätzen von Basisvektoren abhängen. So definieren im Fall des einzelnen Spins die inneren Produkte

$$\psi(u) = \langle u|\Psi\rangle$$

und

$$\psi(d) = \langle d|\Psi\rangle$$

die Wellenfunktion in der σ_z-Basis, während

$$\psi(r) = \langle r|\Psi\rangle$$

und

$$\psi(l) = \langle l|\Psi\rangle$$

die Wellenfunktion in der σ_x-Basis definieren.

Eine wichtige Eigenschaft der Wellenfunktion folgt aus der Tatsache, dass sich die Gesamtwahrscheinlichkeit zu 1 summiert:

$$\sum_{a,b,c,\ldots} \psi^*(a,b,c,\ldots)\psi(a,b,c,\ldots) = 1.$$

5.1.3 Eine Anmerkung zur Terminologie

Der Begriff *Wellenfunktion*, wie er in diesem Buch verwendet wird, bezieht sich auf eine Sammlung von Koeffizienten (auch Komponenten genannt), die die Faktoren der Basisvektoren in der Entwicklung einer Eigenfunktion sind. Entwickeln wir zum Beispiel einen Zustandsvektor $|\Psi\rangle$ wie folgt:

$$|\Psi\rangle = \sum_j \alpha_j |\psi_j\rangle,$$

wobei die $|\psi_j\rangle$ die orthonormalen Eigenvektoren eines hermiteschen Operators sind, so ist die Menge der Koeffizienten α_j – die Dinger, die wir oben $\psi(a,b,c,\ldots)$ genannt haben – das, was wir Wellenfunktion nennen. In Situationen, in denen der Zustand als Integral und nicht als Summe geschrieben wird, ist die Wellenfunktion stetig und nicht diskret.

Bislang haben wir die Wellenfunktion sorgfältig von den Zustandsvektoren $|\Psi_j\rangle$ unterschieden, und das ist eine übliche Vereinbarung. Einige Autoren jedoch sprechen von Wellenfunktionen, als wären *sie* die Zustandsvektoren. Diese Mehrdeutigkeit der Terminologie kann verwirrend sein. Es wird weniger verwirrend, wenn man bemerkt, dass eine Wellenfunktion tatsächlich einen Zustandsvektor darstellen kann. Man kann sich die Koeffizienten α_j als Koordinaten des Zustandsvektors in einer bestimmten Basis von Eigenvektoren vorstellen. Dies ist ähnlich wie die Aussage, dass eine Menge kartesischer Koordinaten einen bestimmten Punkt im 3-Vektorraum in einem bestimmten Koordinatensystem darstellt. Um Verwirrung zu vermeiden, versuchen Sie einfach darauf zu achten, welcher Konvention gefolgt wird. In diesem Buch verwenden wir im Allgemeinen Großbuchstaben wie Ψ, um Zustandsvektoren darzustellen, und Kleinbuchstaben wie ψ, um Wellenfunktionen darzustellen.

5.2 Messung

Kehren wir zurück zum Konzept der Messung. Nehmen wir an, wir messen zwei Observable **L** und **M** in einem einzelnen Experiment, und das System bleibt im simultanen Eigenvektor dieser beiden Observablen. Wie wir in Abschnitt 5.1.1 gesehen haben, bedeutet dies, dass **L** und **M** kommutieren.

Aber was ist, wenn sie nicht kommutieren? Dann ist es im Allgemeinen nicht möglich, eindeutiges Wissen über beide zu besitzen. Später werden wir dies quantitativ in Form des Unbestimmtheitsprinzips formulieren, mit Heisenbergs Prinzip als Spezialfall.

Kehren wir zurück zu unserem Prüfstein, dem Problem des einzelnen Spins. Jede Observable eines Spins wird durch eine hermitesche 2×2-Matrix beschrieben, und jede solche Matrix hat die Form

$$\begin{pmatrix} r & w \\ w^* & r' \end{pmatrix},$$

wobei die Diagonalelemente reell und die anderen beiden komplex konjugiert sind. Es folgt, dass man genau vier reelle Parameter zur Beschreibung der Observablen braucht. Tatsächlich gibt es einen geschickten Weg, um jede Spin-Observable in Termen der Pauli-Matrizen σ_x, σ_y und σ_z und einer weiteren Matrix, der Einheitsmatrix **I**, zu schreiben. Sie erinnern sich:

$$\sigma_x = \begin{pmatrix} 0 & 1 \\ 1 & 0 \end{pmatrix}, \ \sigma_y = \begin{pmatrix} 0 & -i \\ i & 0 \end{pmatrix}, \ \sigma_z = \begin{pmatrix} 1 & 0 \\ 0 & -1 \end{pmatrix}, \ \mathbf{I} = \begin{pmatrix} 1 & 0 \\ 0 & 1 \end{pmatrix}.$$

Jede hermitesche 2×2-Matrix $\mathbf{L}$ kann als Summe von vier Termen

$$\mathbf{L} = a\,\sigma_x + b\,\sigma_y + c\,\sigma_z + d\,\mathbf{I}$$

geschrieben werden, wobei a, b, c und d reelle Zahlen sind.

Aufgabe 5.1
Beweisen Sie diese Behauptung.

Der Identitätsoperator $\mathbf{I}$ ist offiziell eine Observable, da er hermitesch ist, aber er ist sehr langweilig. Es gibt nur einen Wert, den diese triviale Observable annehmen kann, nämlich 1, und jeder Zustandsvektor ist ein Eigenvektor. Ignorieren wir $\mathbf{I}$, so ist die allgemeinste Observable eine Superposition der drei Spinkomponenten σ_x, σ_y und σ_z. Kann ein Paar von Spinkomponenten gleichzeitig gemessen werden? Nur wenn sie kommutieren. Aber die Kommutatoren dieser Spinkomponenten lassen sich leicht berechnen. Man benutzt einfach die Matrixdarstellung, um sie zu multiplizieren, und bildet dann die Differenz.

Die Kommutatoren aus Gl. 4.26

$$[\sigma_x, \sigma_y] = 2i\sigma_z$$
$$[\sigma_y, \sigma_z] = 2i\sigma_x$$
$$[\sigma_z, \sigma_x] = 2i\sigma_y$$

sagen uns direkt, dass keine zwei Spinkomponenten gleichzeitig gemessen werden können, denn die rechten Seiten sind nicht 0. Tatsächlich können keine zwei Komponenten des Spins längs einer Achse gleichzeitig gemessen werden.

5.3   Das Unbestimmtheitsprinzip

Die Unbestimmtheit ist eines der Markenzeichen der Quantenmechanik, aber es ist nicht immer der Fall, dass das Ergebnis eines Experiments unsicher ist. Ist das System im Eigenzustand einer Observablen, dann gibt es keine Unsicherheit über das Ergebnis der Messung dieser Observablen. Aber in jedem Zustand gibt es eine Unbestimmtheit bezüglich irgendeiner Observablen. Ist der Zustand ein Eigenvektor eines hermiteschen Operators – nennen wir ihn $\mathbf{A}$ – dann wird er kein Eigenvektor anderer Operatoren sein, die nicht mit $\mathbf{A}$ kommutieren. Es folgt als Regel: Wenn $\mathbf{A}$ und $\mathbf{B}$ nicht kommutieren, so muss es eine Unbestimmtheit beim einen oder beim anderen Wert geben, wenn nicht sogar bei beiden.

Das berühmteste Beispiel dieser gegenseitigen Unbestimmtheit ist das Heisenbergsche Unbestimmtheitsprinzip, welches in seiner ursprünglichen Form mit dem Ort und dem Impuls eines Teilchens zu tun hat. Aber Heisenbergs Ideen können zu einem wesentlich allgemeineren Prinzip erweitert werden, das sich auf alle Paare von Observablen anwenden lässt, die nicht kommutieren. Ein Beispiel wären zwei Komponenten eines Spins. Wir haben nun alle Zutaten, um die allgemeine Form des Unbestimmtheitsprinzips herzuleiten.

5.4 Die Bedeutung der Unbestimmtheit

Wir müssen ganz genau sein bei dem, was wir mit *Unbestimmtheit* meinen, wenn wir den Begriff quantisieren wollen. Nehmen wir an, die Eigenwerte der Observablen $\mathbf{A}$ heißen a. Dann gibt es zu einem gegebenen Zustand $|\Psi\rangle$ eine Wahrscheinlichkeitsverteilung $P(a)$ mit den üblichen Eigenschaften. Der Erwartungswert von $\mathbf{A}$ ist der normale Durchschnitt

$$\langle\Psi|\mathbf{A}|\Psi\rangle = \sum_a a P(a).$$

Grob gesagt bedeutet dies, dass $P(a)$ mittig um den Erwartungswert liegt. Was wir mit der „Unbestimmtheit in $\mathbf{A}$" meinen, ist die sogenannte **Standardabweichung**. Um die Standardabweichung zu berechnen, ziehen wir zunächst den Erwartungswert von $\mathbf{A}$ von $\mathbf{A}$ selbst ab. Wir definieren den Operator $\bar{\mathbf{A}}$ als

$$\bar{\mathbf{A}} = \mathbf{A} - \langle\mathbf{A}\rangle.$$

Auf diese Weise haben wir durch die Definition von $\bar{\mathbf{A}}$ einen Erwartungswert von einem Operator abgezogen, und es ist nicht ganz klar, was dies bedeutet. Schauen wir genauer hin. Der Erwartungswert selbst ist eine reelle Zahl. Jede reelle Zahl ist auch ein Operator, nämlich ein zum Identitätsoperator $\mathbf{I}$ proportionaler Operator. Um diese Bedeutung klarzumachen, schreiben wir $\bar{\mathbf{A}}$ etwas ausführlicher hin:

$$\bar{\mathbf{A}} = \mathbf{A} - \langle\mathbf{A}\rangle\,\mathbf{I}.$$

Die Wahrscheinlichkeitsverteilung von $\bar{\mathbf{A}}$ ist genau dieselbe wie die Verteilung von $\mathbf{A}$, nur dass sie so verschoben ist, dass der Mittelwert von $\bar{\mathbf{A}}$ gleich 0 ist. Die Eigenvektoren von $\bar{\mathbf{A}}$ sind dieselben wie die von $\mathbf{A}$, und die Eigenwerte sind so verschoben, dass ihr Mittelwert ebenfalls 0 ist. Mit anderen Worten: Die Eigenwerte von $\bar{\mathbf{A}}$ sind

$$\bar{a} = a - \langle\mathbf{A}\rangle.$$

Der Quadrat der Unbestimmtheit (oder Standardabweichung) von $\mathbf{A}$, das wir $(\Delta\mathbf{A})^2$ nennen, ist gegeben durch

$$(\Delta\mathbf{A})^2 = \sum_a \bar{a}^2 P(a) \tag{5.3}$$

oder

$$(\Delta \mathbf{A})^2 = \sum_a (a - \langle \mathbf{A} \rangle)^2 P(a). \tag{5.4}$$

Dies lässt sich auch schreiben als

$$(\Delta \mathbf{A})^2 = \langle \Psi | \bar{\mathbf{A}}^2 | \Psi \rangle.$$

Ist der Erwartungswert von $\mathbf{A}$ gleich 0, so nimmt die Unbestimmtheit $\Delta \mathbf{A}$ die einfachere Form

$$(\Delta \mathbf{A})^2 = \langle \Psi | \mathbf{A}^2 | \Psi \rangle$$

an. Anders gesagt ist das Quadrat der Unbestimmtheit der Durchschnittswert des Operators $\mathbf{A}^2$.

5.5   Die Cauchy-Schwarzsche Ungleichung

Das Unbestimmtheitsprinzip ist eine Ungleichung, die besagt, dass das Produkt der Unsicherheiten von $\mathbf{A}$ und $\mathbf{B}$ größer ist als etwas, das mit ihrem Kommutator zu tun hat. Die zugrunde liegende mathematische Ungleichung ist die bekannte **Dreiecksungleichung**. Sie besagt, dass in jedem Vektorraum die Länge einer Seite eines Dreiecks kleiner ist als die Summe der Längen der beiden anderen Seiten. Für reelle Vektorräume leiten wir

$$|X||Y| \geq |X \cdot Y| \tag{5.5}$$

her aus der Dreiecksungleichung

$$|X| + |Y| \geq |X + Y|.$$

5.6   Die Dreiecksungleichung und die Cauchy-Schwarzsche Ungleichung

Die Dreiecksungleichung ist natürlich durch die Eigenschaft gewöhnlicher Dreiecke motiviert, aber sie ist eigentlich viel allgemeiner und lässt sich auf eine große Zahl von Vektorräumen anwenden. Die Grundidee wird klar, wenn man sich Abb. 5.1 ansieht, wo die Seiten des Dreiecks als gewöhnliche geometrische Vektoren in der Ebene betrachtet werden. Die Dreiecksungleichung ist einfach die Feststellung, dass die Summe zweier Seiten größer ist als die dritte Seite, und die zugrunde liegende Idee ist, dass der kürzeste Weg zwischen zwei Punkten eine gerade Linie ist. Der kürzeste Weg zwischen Punkt 1 und Punkt 3 ist die Seite Z, und die Summe der beiden anderen Seiten ist sicherlich größer.

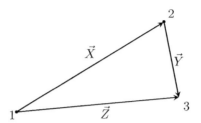

Abb. 5.1 Die Dreiecksungleichung. Die Summe der Längen der Vektoren $\vec{X}$ und $\vec{Y}$ ist größer oder gleich der Länge des Vektors $\vec{Z}$. (Die kürzeste Verbindung zwischen zwei Punkten ist eine gerade Linie.)

Die Dreiecksungleichung kann auf mehrere Weisen ausgedrückt werden. Wir beginnen mit der grundlegenden Definition und kneten sie dann in die geeignete Form. Wir wissen:

$$|X| + |Y| \geq |Z|.$$

Wenn wir uns X und Y als Vektoren denken, die addiert werden können, so können wir dies schreiben als

$$|\vec{X}| + |\vec{Y}| \geq |\vec{X} + \vec{Y}|.$$

Wenn wir diese Gleichung quadrieren, wird daraus

$$|\vec{X}|^2 + |\vec{Y}|^2 + 2|\vec{X}||\vec{Y}| \geq |\vec{X} + \vec{Y}|^2.$$

Die rechte Seite kann geschrieben werden als

$$|\vec{X} + \vec{Y}|^2 = |\vec{X}|^2 + |\vec{Y}|^2 + 2(\vec{X} \cdot \vec{Y}).$$

Warum? Weil $|\vec{X} + \vec{Y}|^2$ einfach $(\vec{X} + \vec{Y}) \cdot (\vec{X} + \vec{Y})$ ist. Zusammen erhalten wir

$$|\vec{X}^2| + |\vec{Y}|^2 + 2|\vec{X}||\vec{Y}| \geq |\vec{X}|^2 + |\vec{Y}|^2 + 2(\vec{X} \cdot \vec{Y}).$$

Jetzt subtrahieren wir einfach $|\vec{X}|^2 + |\vec{Y}|^2$ auf beiden Seiten, teilen durch 2, und erhalten

$$|\vec{X}||\vec{Y}| \geq \vec{X} \cdot \vec{Y}. \tag{5.6}$$

Dies ist eine andere Form der Dreiecksungleichung. Sie besagt, dass für zwei beliebige Vektoren $\vec{X}$ und $\vec{Y}$ das Produkt ihrer Längen größer ist als das Punktprodukt. Das ist keine Überraschung: Das Punktprodukt wird oft definiert als

$$\vec{X} \cdot \vec{Y} = |\vec{X}||\vec{Y}| \cos\theta,$$

wobei θ der Winkel zwischen den zwei Vektoren ist. Aber wir wissen, dass der Cosinus eines Winkels immer zwischen -1 und $+1$ liegt, so dass die rechte Seite immer kleiner oder gleich $|\vec{X}||\vec{Y}|$ ist. Diese Beziehung stimmt für Vektoren in zwei Dimensionen, drei Dimensionen oder einer beliebigen Anzahl von Dimensionen. Sie gilt sogar für Vektoren in komplexen Vektorräumen. Sie gilt allgemein für Vektoren in *jedem* Vektorraum, vorausgesetzt, die Länge des Vektors ist definiert als Quadratwurzel des inneren Produkts des Vektors mit sich selbst. Im Folgenden planen wir, Ungleichung Gl. 5.6 in der quadrierten Form zu verwenden, d.h.

$$|\vec{X}|^2|\vec{Y}|^2 \geq (\vec{X} \cdot \vec{Y})^2$$

oder

$$|\vec{X}|^2|\vec{Y}|^2 \geq |\vec{X} \cdot \vec{Y}|^2. \tag{5.7}$$

In dieser Form wird sie die **Cauchy-Schwarzsche Ungleichung** genannt.

Für komplexe Vektorräume nimmt die Dreiecksungleichung eine etwas komplizertere Form an. Seien $|X\rangle$ und $|Y\rangle$ zwei beliebige Vektoren in einem komplexen Vektorraum. Die Längen der drei Vektoren $|X\rangle$, $|Y\rangle$ und $|X\rangle + |Y\rangle$ sind

$$\begin{aligned}
|X| &= \sqrt{\langle X|X\rangle} \\
|Y| &= \sqrt{\langle Y|Y\rangle} \\
|X + Y| &= \sqrt{(\langle X| + \langle Y|)(|X\rangle + |Y\rangle)}.
\end{aligned} \tag{5.8}$$

Wir folgen jetzt denselben Schritten wie im reellen Fall: Schreibe zunächst

$$|X| + |Y| \geq |X + Y|.$$

Dann quadriere und vereinfache

$$2|X||Y| \geq |\langle X|Y\rangle + \langle Y|X\rangle|. \tag{5.9}$$

Dies ist die Form der Cauchy-Schwarzschen Ungleichung, die uns zum Unbestimmtheitsprinzip führen wird. Aber was hat sie mit den Observablen **A** und **B** zu tun? Das finden wir durch schlaue Definition von $|X\rangle$ und $|Y\rangle$ heraus.

5.7 Das allgemeine Unbestimmtheitsprinzip

Sei $|\Psi\rangle$ ein beliebiger Ket, und seien **A** und **B** zwei beliebige Observablen. Wir definieren nun $|X\rangle$ und $|Y\rangle$ wie folgt:

$$\begin{aligned}
|X\rangle &= \mathbf{A}|\Psi\rangle \\
|Y\rangle &= i\mathbf{B}|\Psi\rangle
\end{aligned} \tag{5.10}$$

Man beachte das i in der zweiten Definition. Nun setzen Sie Gl. 5.10 in Gl. 5.9 ein und erhalten

$$2\sqrt{\langle \mathbf{A}^2 \rangle \langle \mathbf{B}^2 \rangle} \geq |\langle \Psi | \mathbf{AB} | \Psi \rangle - \langle \Psi | \mathbf{BA} | \Psi \rangle|. \tag{5.11}$$

Das Minuszeichen stammt vom i in der zweiten Definition in Gl. 5.10. Mit Hilfe der Definition des Kommutators sehen wir

$$2\sqrt{\langle \mathbf{A}^2 \rangle \langle \mathbf{B}^2 \rangle} \geq |\langle \Psi | [\mathbf{A}, \mathbf{B}] | \Psi \rangle|. \tag{5.12}$$

Nehmen wir im Moment einmal an, dass $\mathbf{A}$ und $\mathbf{B}$ Erwartungswerte von 0 haben. In diesem Fall ist $\langle \mathbf{A}^2 \rangle$ einfach das Quadrat der Unbestimmtheit von $\mathbf{A}$, d.h. $(\Delta \mathbf{A})^2$, und $\langle \mathbf{B}^2 \rangle$ ist einfach $(\Delta \mathbf{B})^2$. Daher können wir Gl. 5.12 auch schreiben als

$$\Delta \mathbf{A} \, \Delta \mathbf{B} \geq \frac{1}{2} |\langle \Psi | [\mathbf{A}, \mathbf{B}] | \Psi \rangle|. \tag{5.13}$$

Schauen Sie sich diese mathematische Ungleichung eine Weile an. Auf der linken Seite sehen wir das Produkt der Unsicherheiten der beiden Observablen $\mathbf{A}$ und $\mathbf{B}$ im Zustand Ψ. Die Ungleichung besagt, dass dieses Produkt nicht kleiner sein kann als die rechte Seite, die den Kommutator von $\mathbf{A}$ und $\mathbf{B}$ enthält. Insbesondere sagt sie, dass das Produkt der Unbestimmtheiten nicht kleiner sein kann als *die halbe Größe des Erwartungswertes des Kommutators*.

Das allgemeine Unbestimmtheitsprinzip ist ein quantitativer Ausdruck von etwas, das wir schon vermuteten: Ist der Kommutator von $\mathbf{A}$ und $\mathbf{B}$ nicht 0, so können die beiden Observablen nicht gleichzeitig sicher bestimmt sein.

Aber was ist, wenn der Erwartungswert von $\mathbf{A}$ oder $\mathbf{B}$ nicht 0 ist? In diesem Fall besteht der Trick in der Definition zweier neuer Operatoren, bei denen man die Erwartungswerte abgezogen hat:

$$\bar{\mathbf{A}} = \mathbf{A} - \langle \mathbf{A} \rangle$$
$$\bar{\mathbf{B}} = \mathbf{B} - \langle \mathbf{B} \rangle.$$

Dann wiederholen Sie den ganzen Vorgang, wobei $\mathbf{A}$ und $\mathbf{B}$ durch $\bar{\mathbf{A}}$ und $\bar{\mathbf{B}}$ ersetzt werden. Die folgende Übung dient als Anleitung.

Aufgabe 5.2
1) Zeigen Sie, dass $\Delta \mathbf{A}^2 = \langle \bar{\mathbf{A}}^2 \rangle$ und $\Delta \mathbf{B}^2 = \langle \bar{\mathbf{B}}^2 \rangle$ gilt.
2) Zeigen Sie, dass $[\bar{\mathbf{A}}, \bar{\mathbf{B}}] = [\mathbf{A}, \mathbf{B}]$ gilt.
3) Zeigen Sie mit diesen Relationen, dass gilt:

$$\Delta \mathbf{A} \, \Delta \mathbf{B} \geq \frac{1}{2} |\langle \Psi | [\mathbf{A}, \mathbf{B}] | \Psi \rangle|.$$

Später, in Vorlesung 8, werden wir diese sehr allgemeine Version des Unbestimmtheitsprinzips benutzen, um die Originalform des Heisenbergschen Unbestimmtheitsprinzip zu beweisen:

Das Produkt der Unsicherheiten des Ortes und des Impulses eines Teilchens kann nicht kleiner sein als die Hälfte der Planckschen Konstanten.

Vorlesung 6

Kombinierte Systeme: Verschränkung

Übersicht

Art: „Das ist eigentlich doch ein ganz netter Ort hier. Bis auf Minus-1 sehe ich hier niemanden allein."

Lenny: „Sich untereinander zu mischen ist an einem solchen Ort ganz natürlich. Und nicht nur, weil es so voll ist. Pass nur auf deine Brieftasche auf und verschränke dich nicht zu sehr".

© Springer-Verlag GmbH Deutschland, ein Teil von Springer Nature 2020
L. Susskind und A. Friedman, *Quantenmechanik: Das Theoretische Minimum*, https://doi.org/10.1007/978-3-662-60330-7_6

6.1   Mathematisches Intermezzo: Tensorprodukt

6.1.1   Hier kommen Alice und Bob

Herauszufinden, wie sich Systeme zusammensetzen, um größere Systeme zu bilden, umfasst einen großen Teil der Tätigkeit in der Physik. Ich brauche Ihnen kaum zu sagen, dass ein Atom eine Sammlung von Nukleonen und Elektronen ist, wobei jedes für sich als Quantensystem gelten kann.

Wenn man über zusammengesetzte Systeme redet, gerät man leicht in sich ständig wiederholende formale Ausdrücke wie *System A* und *System B*. Die meisten Physiker ziehen eine leichtere, informelle Sprache vor, und **Alice** und **Bob** sind zu einem beinahe universellen Ersatz für A und B geworden. Wir können uns Alice und Bob als Lieferanten von zusammengesetzten Systemen und Labor-Aufbauten jeder Art denken. Ihr Vorrat und ihr Expertentum sind nur durch unsere Vorstellungskraft begrenzt, und sie stellen sich gerne jeder noch so schwierigen und gefährlichen Herausforderung wie Sprünge in Schwarze Löcher. Es sind superheldenhafte Geeks!

Sagen wir einmal, Alice und Bob hätten uns mit zwei Systemen versorgt – Alices System und Bobs System. Alices System – was auch immer es ist – ist durch einen Raum von Zuständen namens S_A beschrieben, und genauso wird Bobs System durch einen Zustandsraum namens S_B beschrieben.

Sagen wir nun, dass wir die beiden Systeme zu einem einzigen System zusammenfügen wollen. Bevor wir weitermachen, sollten wir die Startsysteme etwas genauer spezifizieren. Alices System etwa könnte eine quantenmechanische Münze mit zwei Basiszuständen K und Z sein. Natürlich muss sich eine klassische Münze entweder in dem einen oder in dem anderen Zustand befinden, aber eine Quantenmünze kann als Superposition existieren:

$$\alpha_K |K\} + \alpha_Z |Z\}.$$

Sie bemerken, dass ich eine unübliche Schreibweise für Alices Ket-Vektoren verwendet habe. Damit wollen wir sie von Bobs Ket-Vektoren unterscheiden. Die neue Notation soll uns davon abhalten, Vektoren aus Alices Raum S_A zu Vektoren aus Bobs Raum S_B zu addieren. Alices S_A ist ein zweidimensionaler Vektorraum – er ist definiert durch die zwei Basisvektoren $|K\}$ und $|Z\}$.

Bobs System könnte ebenfalls eine Münze sein, aber auch etwas anderes. Nehmen wir mal an, es ist ein Quantenwürfel. Bobs Zustandsraum wäre dann sechsdimensional, mit der Basis

$$|1\rangle, |2\rangle, |3\rangle, |4\rangle, |5\rangle, |6\rangle$$

für die sechs Seiten des Würfels. Genau wie Alices Münze ist Bobs Würfel quantenmechanisch, und die sechs Seiten können auf ähnliche Weise überlagert werden.

6.1.2   Darstellung des zusammengesetzten Systems

Nun stellen wir uns vor, dass Bobs und Alices Systeme beide existieren und ein einzelnes zusammengesetztes System bilden. Die erste Frage lautet: Wie können wir den Zustandsraum – sagen wir S_{AB} – für das zusammengesetzte System bilden? Die Antwort ist die Bildung des **Tensorprodukts** von S_A und S_B. Die Bezeichnung für diese Operation ist

$$S_{AB} = S_A \otimes S_B.$$

Zur Definition von S_{AB} genügt die Angabe der Basisvektoren. Die Basisvektoren sind genau das, was Sie vielleicht vermuten. Die obere Hälfte von Abb. 6.1 zeigt eine Tabelle, deren Spalten zu Bobs sechs Basisvektoren und deren Zeilen zu Alices zwei Basisvektoren gehören. Jedes Kästchen der Tabelle zeigt einen Basisvektor des S_{AB}-Systems. Zum Beispiel steht das Kästchen $K4$ für den Zustand in S_{AB}, in dem die Münze K zeigt und der Würfel die Zahl 4. Im zusammengesetzten System gibt es insgesamt zwölf Basisvektoren.

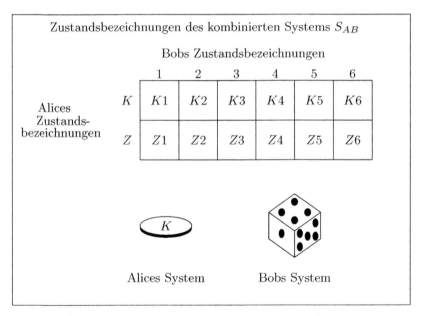

Abb. 6.1 Die Basiszustände des zusammengesetzten Systems S_{AB} als Tabelle. Oben von links nach rechts die Zustandsbezeichnungen für Bobs Würfel. Die Zustandsbezeichnungen für Alices Münze stehen auf der linken Seite. Die Zustandsbezeichnungen für das zusammengesetzte System sind die Tabelleneinträge. Jede zusammengesetzte Zustandsbezeichnung zeigt den Zustand der beiden Teilsysteme. Zum Beispiel steht die Zustandsbezeichnung $K4$ für den Zustand, in dem Alices Münze K zeigt und Bobs Würfel 4.

Es gibt verschiedene Wege, diese Zustände symbolisch darzustellen. Wir könnten den Zustand $K4$ explizit beschreiben als $|K\} \otimes |4\rangle$ oder $|K\}|4\rangle$. Es ist aber meist bequemer, die zusammengesetzte Schreibweise $|K4\rangle$ zu verwenden. Dies unterstreicht, dass wir über einen einzelnen Zustand mit einer zweiteiligen Bezeichnung sprechen. Die linke Seite beschreibt Alices Teilsystem und die rechte Seite Bobs. Die explizite und die zusammengesetzte Bezeichnung haben dieselbe Bedeutung – sie beziehen sich auf denselben Zustand.

Sind die Basisvektoren einmal aufgelistet – in diesem Beispiel zwölf davon – können wir sie kombinieren zu beliebigen Superpositionen. Damit ist der Tensorproduktraum in diesem Fall zwölfdimensional. Eine Superposition zweier dieser Basisvektoren könnte wie folgt aussehen:

$$\alpha_{k3} |K3\rangle + \alpha_{z4} |Z4\rangle \,.$$

In jedem Fall beschreibt die erste Hälfte der Zustandsbezeichnung den Zustand von Alices Münze und die zweite Hälfte den Zustand von Bobs Würfel.

Manchmal müssen wir uns auf einen beliebigen Basisvektor in S_{AB} beziehen. Dazu benutzen wir Ket-Vektoren, die so aussehen:

$$|ab\rangle$$

oder so:

$$|a'b'\rangle \,.$$

Bei dieser Schreibweise steht das a oder a' (oder was immer der linke Buchstabe in der Bezeichnung sein mag) für einen von Alices Zuständen und das b oder b' für einen von Bobs Zuständen.

Ein Aspekt dieser Schreibweise ist etwas trickreich. Selbst wenn unsere Zustandsbeschreibungen von S_{AB} zweifach indiziert sind, stehen Ket-Vektoren wie $|ab\rangle$ oder $|K3\rangle$ für einen *einzelnen Zustand* des zusammengesetzten Systems. Wir verwenden also einen doppelten Index, um einen einzelnen Zustand zu bezeichnen. Daran muss man sich erst einmal gewöhnen. Alices Teil der Zustandsbezeichnung ist immer links und Bobs Anteil ist immer rechts – die alphabetische Reihenfolge von Alice und Bob ist eine leicht zu merkende Konvention.

Die Regeln sind dieselben für allgemeinere Systeme. Der einzige Unterschied ist, dass die beiden A-Zustände und die sechs B-Zustände durch N_A bzw. N_B Zustände ersetzt werden; das Tensorprodukt hat dann die Dimension

$$N_{AB} = N_A N_B \,.$$

Systeme mit drei oder mehr Komponenten können durch Tensorprodukte aus drei oder mehr Zustandsräumen beschrieben werden, aber das führen wir hier nicht vor.

Nun, da wir Alices und Bobs getrennte Räume S_A und S_B und auch den zusammengesetzten Raum S_{AB} beschrieben haben, gibt es immer noch etwas mehr an Schreibweisen einzuführen. Alice hat eine Menge von Operatoren namens σ, die auf ihrem System wirken. Bob hat eine ähnliche Menge für sein System, die wir mit τ bezeichnen, um sie nicht mit Alices Operatoren zu verwechseln. Alice könnte mehrere σ-Operatoren haben, und Bob mehrere τ-Operatoren. Mit dieser Ausrüstung sind wir bereit, zusammengesetzte Systeme im Detail zu erforschen. Später in Vorlesung 7 werden wir erklären, wie man mit Tensorprodukten von Operatoren in Komponentenform arbeitet – ausgedrückt als Matrizen und Spaltenvektoren.

Mittlerweile sollten Sie nicht mehr daran zweifeln, dass Quantenphysik anders ist als die klassische Physik, bis hinunter zu den logischen Wurzeln. In dieser und der nächsten Vorlesung werde ich Sie mit noch ungewöhnlicheren Ideen konfrontieren. Wir werden einen Aspekt der Quantenphysik diskutieren, der sich so sehr von der klassischen Physik unterscheidet, und der zum Zeitpunkt, an dem dies hier geschrieben wird, Physiker und Philosophen seit nahezu 80 Jahren verblüfft – und verärgert – hat. Er trieb seinen Entdecker Einstein zu dem Schluss, dass etwas sehr Tiefliegendes in der Quantenmechanik fehlt, und Physiker haben seitdem immer wieder darüber diskutiert. Wie Einstein feststellte, haben wir durch die Akzeptanz der Quantenmechanik eine Ansicht auf die Realität, die sich radikal von der klassischen Ansicht unterscheidet.

6.2   Klassische Korrelation

Bevor wir zur Quantenverschränkung kommen, sollten wir ein paar Minuten überlegen, was eine klassische Verschränkung bedeuten könnte. Im folgenden Experiment bekommen Alice (A) und Bob (B) etwas Hilfe von Charlie (C). Charlie hat zwei Münzen in der Hand – einen Penny und einen Dime. Er mischt sie, streckt sie Alice und Bob in je einer Hand entgegen und gibt ihnen jeweils eine Münze. Niemand sieht sich die Münzen an, und niemand weiß, wer welche hat. Dann besteigt Alice das Shuttle nach Alpha Centauri, während Bob in Palo Alto bleibt. Charlie hat seinen Job erledigt und interessiert nicht mehr (tut uns leid, Charlie).

Vor Alices großer Reise haben Alice und Bob ihre Uhren synchronisiert – sie haben ihre Hausaufgaben in Relativität gemacht und berechnen die Dilatation und alles andere ein. Sie vereinbaren, dass Alice ein bis zwei Sekunden bevor Bob auf seine Münze schaut, auf die ihre blickt.

Alles läuft reibungslos ab, und als Alice Alpha Centauri erreicht, sieht sie sich tatsächlich die Münze an. Erstaunlicherweise weiß sie im selben Moment genau, was Bob sehen wird, sogar bevor er noch nachgeschaut hat. Haben Alice und

Bob wirklich die fundamentale Regel der Relativitätstheorie überwunden, die besagt, dass Information nicht schneller als das Licht reisen kann?

Natürlich nicht. Die Relativität wäre verletzt, wenn Alices Beobachtung *instantan Bob mitteilen würde*, was er zu erwarten hat. Alice weiß vielleicht, welche Münze Bob sehen wird, aber sie hat keine Möglichkeit, es ihm zu sagen – nicht ohne ihm eine echte Nachricht von Alpha Centauri aus zu senden, und das würde mindestens die vier Jahre dauern, die das Licht für die Reise benötigt.

Machen wir dieses Experiment viele Male, entweder mit vielen Alice-Bob-Paaren, oder wiederholt mit demselben Paar. Um es zu quantifizieren, schreibt Charlie (er ist wieder zurück und hat unsere Entschuldigung angenommen) ein „$\sigma = +1$" auf jeden Penny und ein „$\sigma = -1$" auf jeden Dime. Gehen wir davon aus, dass Charlie beim Mischen der Münzen wirklich ganz zufällig handelt, so wird sich folgendes ergeben:

- Im Schnitt werden Alice und Bob genauso viele Pennies wie Dimes bekommen. Bezeichnen wir die Werte der Beobachtungen von Alice mit σ_A und der Beobachtungen von Bob mit σ_B, so können wir das mathematisch so ausdrücken:

$$\langle\sigma_A\rangle = 0$$
$$\langle\sigma_B\rangle = 0. \tag{6.1}$$

- Wenn Alice und Bob ihre Beobachtungen aufzeichnen und sich dann in Palo Alto treffen, um sie zu vergleichen, finden sie eine starke Korrelation.[1] In jedem Versuch, in dem Alice $\sigma_A = +1$ beobachtete, hat Bob $\sigma_B = -1$ beobachtet, und umgekehrt. Mit anderen Worten ist $\sigma_A\sigma_B$ immer gleich -1:

$$\langle\sigma_A\sigma_B\rangle = -1$$

Man beachte, dass der Durchschnitt von Produkten (von σ_A und σ_B) nicht gleich dem Produkt der Durchschnitte ist: Gl. 6.1 sagt uns, dass $\langle\sigma_A\rangle\,\langle\sigma_B\rangle$ gleich 0 ist. In Formelschreibweise

$$\langle\sigma_A\rangle\,\langle\sigma_B\rangle \neq \langle\sigma_A\sigma_B\rangle,$$

oder

$$\langle\sigma_A\sigma_B\rangle - \langle\sigma_A\rangle\,\langle\sigma_B\rangle \neq 0. \tag{6.2}$$

Das zeigt, dass Alices und Bobs Beobachtungen **korreliert** sind. Tatsächlich wird die Größe

$$\langle\sigma_A\sigma_B\rangle - \langle\sigma_A\rangle\,\langle\sigma_B\rangle$$

---

[1] In diesem Fall tatsächlich eine vollkommene Korrelation.

die **statistische Korrelation** zwischen Alices und Bobs Beobachtungen genannt. Sie heißt auch dann statistische Korrelation, wenn sie 0 beträgt. Ist die statistische Korrelation von 0 verschieden, so sagen wir, dass die Beobachtungen korreliert sind. Die Ursache dieser Korrelation ist die Tatsache, dass Alice und Bob ursprünglich am selben Ort waren und Charlie nur eine Münze von jeder Sorte hatte. Die Korrelation blieb bestehen, während Alice nach Alpha Centauri reiste, einfach nur, weil die Münzen sich während der Reise nicht veränderten. Daran ist absolut nichts Merkwürdiges, und auch nicht an der Ungleichung 6.2. Es ist eine völlig übliche Eigenschaft statistischer Verteilungen.

Nehmen wir an, wir haben eine Wahrscheinlichkeitsverteilung $P(a, b)$ für zwei Variablen a und b. Sind die Variablen völlig unkorreliert, so faktorisiert die Wahrscheinlichkeit

$$P(a, b) = P_A(a)P_B(b), \tag{6.3}$$

wobei $P_A(a)$ und $P_B(b)$ die individuellen Wahrscheinlichkeiten für a und b sind. (Ich habe Indizes an die Funktionssymbole geschrieben, um zu erinnern, dass sie verschiedene Funktionen ihrer Argumente sein können.) Man sieht leicht, dass bei einer dermaßen faktorisierten Wahrscheinlichkeit keine Korrelation existiert; mit anderen Worten ist der Durchschnitt des Produkts gleich dem Produkt der Durchschnitte.

Aufgabe 6.1
Zeigen Sie: Faktorisiert $P(a, b)$, so ist die Korrelation zwischen a und b gleich 0.

Lassen Sie mich an einem Beispiel zeigen, welche Art von Situation zu faktorisierten Wahrscheinlichkeiten führt. Nehmen wir, dass es statt einem einzelnen Charlie zwei Charlies gibt – Charlie-A und Charlie-B – die nie miteinander kommuniziert haben. Charlie-B mischt seine zwei Münzen und gibt eine an Bob – die andere wird weggelegt.

Charlie-A macht genau das gleiche, nur dass er eine Münze an Alice gibt. Dies ist die Art Situation, die zu faktorisierten Produktwahrscheinlichkeiten ohne Korrelation führt.

In der klassischen Physik verwenden wir Statistik und Wahrscheinlichkeitstheorie, wenn wir etwas nicht wissen, was man prinzipiell aber wissen kann. Zum Beispiel könnte im ersten Experiment Charlie, nachdem er die Münzen gemischt hat, eine sanfte Beobachtung (kurzes Hinschauen) durchführen und Alice und Bob ihre Münzen geben. Dadurch würde sich das Ergebnis nicht ändern. In der klassischen Mechanik repräsentiert die Wahrscheinlichkeitsverteilung $P(a, b)$ eine unvollständige Spezifikation des Systemzustands. Es gibt über das System mehr zu wissen – mehr, das man wissen könnte. In der klassischen Physik ist die Anwendung der Wahrscheinlichkeit immer mit einem unvollständigen Kenntnisstand über das verbunden, was man kennen könnte.

Ein verwandter Aspekt ist, dass vollständiges Wissen über ein System in der klassischen Physik vollständiges Wissen über jeden Teil des Systems impliziert. Es macht keinen Sinn zu sagen, dass Charlie alles über das System der zwei Münzen weiß, was möglich ist, ihm aber die Informationen über die beiden individuellen Münzen fehlen.

Diese klassischen Konzepte sind tief in unserem Denken verwurzelt. Sie sind die Grundlage unseres instinktiven Verständnisses der physikalischen Welt, und es ist sehr schwer, daran vorbeizukommen. Aber daran vorbei müssen wir, wenn wir die Quantenwelt verstehen wollen.

6.3   Kombinierte Quantensysteme

Die zwei Münzen von Charlie bilden ein einzelnes klassisches System, bestehend aus zwei klassischen Teilsystemen. Quantenmechanik erlaubt uns ebenfalls, Systeme zu kombinieren, wie wir im mathematischen Intermezzo zu Tensorprodukten gesehen haben (Abschnitt 6.1).

Alice und Bob haben sich freundlicherweise bereiterklärt, uns eine Variante des Münzen-Würfel-Systems aus dem Intermezzo über Tensorprodukte bereitzustellen. Anstelle einer Münze und eines Würfels besteht das neue System aus zwei Spins, was bedeutet, dass wir unser Wissen über einzelne Spins anwenden können.

Wie zuvor verwenden wir die etwas merkwürdige Bezeichnung $|a\}$, um anzuzeigen, dass Alices Zustandsvektoren nicht in demselben Zustandsraum wie Bobs liegen, und dass wir sie nicht addieren dürfen. Erinnern Sie sich weiter daran, dass jedes Mitglied der Orthonormalbasis für S_{AB} durch ein Paar von Vektoren gekennzeichnet wird, einer aus S_A und einer aus S_B. Wir werden häufig die Bezeichnung $|ab\rangle$ für einen einzelnen Basisvektor des kombinierten Systems verwenden. Diese doppelt indizierten Basisvektoren *können* addiert werden, und wir werden dies oft tun.

Wie im Intermezzo erklärt, muss man sich erst einmal daran gewöhnen, Basisvektoren mit einem Paar von Indizes zu kennzeichnen. Sie müssen sich das Paar ab als einzelnen Index eines einzelnen Zustands vorstellen.

Sehen wir uns ein Beispiel an. Betrachten wir einen linearen Operator $\mathbf{M}$, der auf dem Zustandsraum des zusammengesetzten Systems wirkt. Wie üblich kann er durch eine Matrix dargestellt werden. Die Matrixelemente konstruiert man,

indem man den Operator zwischen die Basisvektoren packt. Daher werden die
Matrixelemente von $\mathbf{M}$ dargestellt durch

$$\langle a'b'|\mathbf{M}|ab\rangle = M_{a'b',ab}.$$

Jede Zeile der Matrix wird durch einen einzelnen Index $(a'b')$ des zusammengesetzten Systems gekennzeichnet, und jede Spalte durch (ab).

Die Vektoren $|ab\rangle$ sind orthonormal gewählt, was bedeutet, dass ihre inneren
Produkte 0 sind, solange nicht beide Indizes übereinstimmen. Das bedeutet *nicht*,
dass a gleich b ist, sondern dass ab gleich $a'b'$ ist. Wir können dies auch mit dem
Kronecker-Delta-Symbol schreiben:

$$\langle ab|a'b'\rangle = \delta_{aa'}\delta_{bb'}.$$

Die rechte Seite ist 0, falls nicht $a = a'$ und $b = b'$ gilt. Stimmen die Indizes
überein, so ist das innere Produkt 1.

Nun, da wir die Basisvektoren haben, ist jede ihrer linearen Überlagerungen
erlaubt. Daher kann jeder Zustand im zusammengesetzten System entwickelt
werden als

$$|\Psi\rangle = \sum_{a,b} \psi(a,b)\,|ab\rangle.$$

6.4   Zwei Spins

Kehren wir zurück zu unserem Beispiel und betrachten zwei Spins: Alices und
Bobs. Damit wir sie uns irgendwie vorstellen können, denken wir sie uns an
zwei Teilchen befestigt, wobei diese beiden Teilchen im Raum an zwei nahege-
legenen aber verschiedenen Orten fixiert wurden. Alice und Bob haben beide
ihre eigenen Apparaturen $\mathcal{A}$ bzw. $\mathcal{B}$, die sie zur Präparation und Messung von
Spinkomponenten verwenden können. Jede kann unabhängig längs jeder Achse
orientiert werden.

Wir brauchen Namen für die beiden Spins. Als wir nur einen Spin hatten,
nannten wir ihn einfach σ, und er hatte drei Komponenten längs der x-, y- und
z-Achse. Nun haben wir zwei Spins, und die Frage ist, wie wir sie bezeichnen
können, ohne die Symbole mit allzu vielen hoch- und tiefgestellten Indizes zu
übersähen. Wir könnten Sie σ^A und σ^B nennen, und die Komponenten σ_x^A, σ_y^B,
und so weiter. Für mich sind das einfach zu viele Indizes, besonders an der
Tafel. Stattdessen folge ich derselben Konvention, die wir im Intermezzo über
Tensorprodukte verwendet haben. Ich nenne Alices Spin σ und verwende den
nächsten Buchstaben im griechischen Alphabet τ für Bobs Spin. Die vollständigen
Sätze der Komponenten für Alices und Bobs Spins sind dann

$$\sigma_x, \sigma_y, \sigma_z \quad \text{bzw.} \quad \tau_x, \tau_y, \tau_z.$$

Gemäß der Prinzipien, die wir früher beschrieben haben, ist der Zustandsraum des Zwei-Spin-Systems ein Tensorprodukt. Wir können eine Tabelle für die vier Zustände erstellen, wie wir es im Intermezzo gemacht haben. Diesmal ist es eine quadratische 2×2-Matrix, bestehend aus den vier Basiszuständen.

Lassen Sie uns in einer Basis arbeiten, in der die z-Zustände der beiden Spins definiert sind. Die Basisvektoren sind

$$|uu\rangle, |ud\rangle, |du\rangle, |dd\rangle,$$

wobei der erste Teil jedes Bezeichners für den Zustand von σ steht und der zweite für τ. Zum Beispiel repräsentiert der Vektor $|uu\rangle$ den Zustand, in dem beide Spins **up** sind. Der Vektor $|du\rangle$ ist der Zustand, in dem Alices Spin **down** und Bobs Spin **up** ist.

6.5 Produktzustände

Der einfachste Typ eines Zustands des zusammengesetzten Systems wird **Produktzustand** genannt. Ein Produktzustand ist das Ergebnis vollständig unabhängiger Präparationen von Alice und Bob, bei denen beide ihre jeweilige Apparatur verwenden, um einen Spin zu präparieren. In ausführlicher Schreibweise präpariert Alice ihren Spin im Zustand

$$\alpha_u |u\} + \alpha_d |d\},$$

und Bob präpariert seinen im Zustand

$$\beta_u |u\} + \beta_d |d\}.$$

Wir setzen voraus, dass jeder Zustand normiert ist:

$$\begin{aligned} \alpha_u^* \alpha_u + \alpha_d^* \alpha_d &= 1 \\ \beta_u^* \beta_u + \beta_d^* \beta_d &= 1. \end{aligned} \tag{6.4}$$

Und tatsächlich spielen diese getrennten Normierungsgleichungen für jedes Teilsystem eine wichtige Rolle bei der Definition von Produktzuständen. Wenn sie nicht gelten würden, so hätten wir keinen Produktzustand. Der Produktzustand, der das zusammengesetzte System beschreibt, ist

$$|\text{Produktzustand}\rangle = (\alpha_u |u\} + \alpha_d |d\}) \otimes (\beta_u |u\rangle + \beta_d |d\rangle),$$

wobei der erste Faktor Alices Zustand und der zweite Faktor Bobs Zustand beschreibt. Multipliziert man aus und wechselt zur zusammengesetzten Notation, so wird die rechte Seite zu

$$\alpha_u \beta_u |uu\rangle + \alpha_u \beta_d |ud\rangle + \alpha_d \beta_u |du\rangle + \alpha_d \beta_d |dd\rangle. \tag{6.5}$$

Die Haupteigenschaft eines Produktzustands besteht darin, dass jedes Teilsystem sich völlig unabhängig vom anderen verhält. Wenn Bob ein Experiment an seinem eigenen Teilsystem durchführt, so ist das Ergebnis dasselbe, als ob Alices Teilsystem nicht existieren würde. Dasselbe gilt natürlich für Alice.

Aufgabe 6.2
Zeigen Sie: Sind die beiden Normierungsbedingungen aus Gl. 6.4 erfüllt, so ist der Zustandsvektor aus Gl. 6.5 ebenfalls automatisch normiert. Mit anderen Worten sollen Sie zeigen, dass aus der Normierung des gesamten Zustandsvektors keine zusätzlichen Einschränkungen an die α und β folgen.

Ich erwähne hier, dass Tensorprodukte und Produktzustände zwei verschiedene Dinge sind, trotz ihrer ähnlich lautenden Namen.[2] Ein Tensorprodukt ist ein *Vektorraum* zur Untersuchung zusammengesetzter Systeme. Ein Produktzustand ist ein *Zustandsvektor*. Er ist einer der vielen Zustandsvektoren, die einen Produktraum bevölkern. Wie wir sehen werden, sind die meisten Zustandsvektoren im Produktraum *keine* Produktzustände.

6.6 Zählen der Parameter der Produktzustände

Betrachten wir die Anzahl der Parameter, die einen solchen Produktzustand bestimmen. Jeder Faktor benötigt zwei komplexe Zahlen (α_u und α_d für Alice, β_u und β_d für Bob), was bedeutet, dass wir insgesamt vier komplexe Zahlen brauchen. Das entspricht acht reellen Parametern. Aber beachten Sie, dass die Normierungsgleichungen aus Gl. 6.4 diese um zwei reduzieren. Weiterhin hat die Phase jedes Zustands keine physikalische Bedeutung, so dass die gesamte Zahl reeller Parameter vier beträgt. Das ist kaum überraschend: Man braucht zwei Parameter, um den Zustand eines einzelnen Spins zu beschreiben, also brauchen zwei unabhängige Spins vier.

---

[2]Manchmal verwenden wir den Begriff **Tensorproduktraum**, oder kurz **Produktraum**, statt Tensorprodukt.

6.7   Verschränkte Zustände

Die Prinzipien der Quantenmechanik erlauben uns, Basisvektoren auf allgemeinere Weisen als nur als Produktzustände zu überlagern. Der allgemeinste Vektor im zusammengesetzten Zustandsraum ist

$$\psi_{uu} \, |uu\rangle + \psi_{ud} \, |ud\rangle + \psi_{du} \, |du\rangle + \psi_{dd} \, |dd\rangle \, ,$$

wobei die indizierten Symbole ψ (anstelle von α und β) die komplexen Koeffizienten darstellen. Wieder haben wir vier komplexe Zahlen, aber diesmal haben wir nur eine Normierungsbedingung

$$\psi_{uu}^* \psi_{uu} + \psi_{ud}^* \psi_{ud} + \psi_{du}^* \psi_{du} + \psi_{dd}^* \psi_{dd} = 1$$

und nur eine Phase, die wir ignorieren können. Das bedeutet, dass der allgemeinste Fall eines Zwei-Spin-Systems sechs reelle Parameter besitzt. Offenbar hat der Zustandsraum mehr zu bieten als nur die Produktzustände, die unabhängig von Bob und Alice präpariert werden können. Hier passiert etwas Neues. Dieses Neue nennt man **Verschränkung**.

Verschränkung ist keine Alles-Oder-Nichts-Bedingung. Einige Zustände sind verschränkter als andere. Hier ist ein Beispiel für einen maximal verschränkten Zustand, ein Zustand, der so verschränkt wie möglich ist. Man nennt ihn den **Singulett-Zustand**, und er kann geschrieben werden als

$$|\text{sing}\rangle = \frac{1}{\sqrt{2}}(|ud\rangle - |du\rangle).$$

Der Singulett-Zustand kann nicht als Produktzustand geschrieben werden. Dasselbe gilt für die **Triplett-Zustände**

$$\frac{1}{\sqrt{2}}(|ud\rangle + |du\rangle)$$

$$\frac{1}{\sqrt{2}}(|uu\rangle + |dd\rangle)$$

$$\frac{1}{\sqrt{2}}(|uu\rangle - |dd\rangle),$$

die ebenfalls maximal verschränkt sind. Der Grund für die Bezeichnungen Singulett und Triplett wird später erklärt.

Aufgabe 6.3
Zeigen Sie, dass der Zustand $|\text{sing}\rangle$ nicht als Produktzustand geschrieben werden kann.

Was ist dran an maximal verschränkten Systemen, das sie so faszinierend macht? Ich kann dies in zwei Bemerkungen zusammenfassen:

- Ein verschränkter Zustand ist eine vollständige Beschreibung des zusammengesetzten Systems. Man kann nicht mehr darüber wissen.
- In einem maximal verschränkten System ist nichts über die individuellen Systeme bekannt.

Wie kann das sein? Wie können wir über das Alice-Bob-System der zwei Spins *soviel wissen wie möglich ist*, und trotzdem *nichts* über die individuellen Spins wissen, die ihre Teilkomponenten sind? Das ist das Geheimnis der Verschränkung, und ich hoffe, dass Sie am Ende dieser Vorlesung die Spielregeln verstehen, selbst wenn die tiefere Natur der Verschränkung ein Paradoxon bleibt.

6.8   Alices und Bobs Observablen

Bislang haben wir den Zustandsraum des Alice-Bob-Zwei-Spin-Systems diskutiert, aber nicht seine Observablen. Einige dieser Observablen sind offensichtlich, auch wenn es ihre mathematische Darstellung nicht ist. Insbesondere können Alice und Bob mit Hilfe ihrer Apparaturen $\mathcal{A}$ und $\mathcal{B}$ die Komponenten ihrer Spins messen:

$$\sigma_x, \sigma_y, \sigma_z$$

und

$$\tau_x, \tau_y, \tau_z.$$

Wie werden diese Observablen durch hermitesche Operatoren im zusammengesetzten Zustandsraum repräsentiert? Die Antwort ist einfach. Bobs Operator wirkt auf Bobs Spin genau so, als ob Alice niemals aufgetaucht wäre. Dasselbe gilt für Alice. Wiederholen wir, wie die Spinoperatoren auf den Zuständen eines einzelnen Spins wirken. Zuerst ein Blick auf Alices Spin:

$$\begin{aligned}
\sigma_z|u\} &= |u\}, \quad \sigma_z|d\} = -|d\} \\
\sigma_x|u\} &= |d\}, \quad \sigma_x|d\} = |u\} \\
\sigma_y|u\} &= i|d\}, \quad \sigma_y|d\} = -i|u\}.
\end{aligned} \tag{6.6}$$

Natürlich ist Bobs Aufbau identisch zu dem von Alice, so dass wir eine parallele Menge von Gleichungen schreiben können, die zeigen, wie die Komponenten von τ auf Bobs Zustände wirken:

$$\begin{aligned}
\tau_z|u\rangle &= |u\rangle, \quad \tau_z|d\rangle = -|d\rangle \\
\tau_x|u\rangle &= |d\rangle, \quad \tau_x|d\rangle = |u\rangle \\
\tau_y|u\rangle &= i|d\rangle, \quad \tau_y|d\rangle = -i|u\rangle.
\end{aligned} \tag{6.7}$$

Nun überlegen wir, wie die Operatoren definiert werden sollten, wenn sie auf den Tensorprodukt-Zuständen $|uu\rangle$, $|ud\rangle$, $|du\rangle$ und $|dd\rangle$ wirken. Die Antwort lautet: Wenn σ wirkt, ignoriert es einfach Bobs Hälfte der Zustandsbezeichnung. Es gibt eine Menge möglicher Kombinationen von Operatoren und Zuständen, aber ich greife ein paar zufällig heraus. Sie können die anderen ergänzen, oder im Anhang nachschlagen. Beginnend mit Alices Operatoren finden wir

$$
\begin{aligned}
\sigma_z\,|uu\rangle &= |uu\rangle\,, \ \sigma_z\,|du\rangle = -\,|du\rangle \\
\sigma_x\,|ud\rangle &= |dd\rangle\,, \ \sigma_x\,|dd\rangle = |ud\rangle \\
\sigma_y\,|uu\rangle &= i\,|du\rangle\,, \sigma_y\,|du\rangle = -i\,|uu\rangle \\
\tau_z\,|uu\rangle &= |uu\rangle\,, \ \tau_z\,|du\rangle = |du\rangle \\
\tau_x\,|ud\rangle &= |uu\rangle\,, \ \tau_x\,|du\rangle = |dd\rangle \\
\tau_y\,|uu\rangle &= i\,|ud\rangle\,, \ \tau_y\,|dd\rangle = -i\,|du\rangle\,.
\end{aligned}
\tag{6.8}
$$

Wieder besagt die Regel, dass Alices Spinkomponenten nur auf Alices Hälfte des zusammengesetzten Systems wirken. Bobs Hälfte ist ein passiver Beobachter und wird nicht verändert. Mit den Symbolen ausgedrückt heißt dies: Wenn σ_x, σ_y und σ_z wirken, ändert sich Bobs Hälfte des Spinzustands nicht. Und wenn Bobs Spinoperatoren τ wirken, ist Alices Hälfte gleichermaßen passiv.

Wir sind ein wenig locker mit unserer Notation. Die Vektoren eines Tensorproduktraums sind *neue* Vektoren, gebildet aus den Vektoren zweier kleinerer Räume. Technisch gesehen gilt dies auch für die Operatoren. Wären wir pedantisch, müssten wir darauf bestehen, die Tensorprodukt-Versionen von σ_z und τ_x als $\sigma_z \otimes \mathbf{I}$ bzw. $\mathbf{I} \otimes \tau_x$ zu schreiben, wobei $\mathbf{I}$ der Identitäts-Operator ist. Tatsächlich können wir zwei wichtige Eigenschaften von Tensorprodukt-Operatoren herausstellen, indem wir die Gleichung

$$
\sigma_z\,|du\rangle = -\,|du\rangle
\tag{6.9}
$$

anders schreiben als

$$
\begin{aligned}
(\sigma_z \otimes \mathbf{I})(|d\rangle \otimes |u\rangle) &= (\sigma_z\,|d\rangle \otimes \mathbf{I}\,|u\rangle) \\
&= (-\,|d\rangle \otimes |u\rangle).
\end{aligned}
\tag{6.10}
$$

Die Notation ist sehr umständlich, und daher werden wir normalerweise bei der einfachen Sprache aus Gl. 6.9 bleiben. Trotzdem macht die Schreibweise in Gl. 6.10 zwei Dinge klar:

1. Ein zusammengesetzter Operator $\sigma_z \otimes \mathbf{I}$ wirkt auf einen zusammengesetzten Vektor $|d\rangle \otimes |u\rangle$ und erzeugt dabei einen neuen zusammengesetzten Vektor $-\,|d\rangle \otimes |u\rangle$.

2. Alices Hälfte (die linke Hälfte) des zusammengesetzten Operators beeinflusst nur ihre eigene Hälfte des zusammengesetzten Vektors. Genauso beeinflusst Bobs Hälfte des Operators nur seine Hälfte des Vektors.

Wir haben im nächsten Abschnitt noch mehr über zusammengesetzte Operatoren zu sagen. Weiter wird uns in Vorlesung 7 die Schreibweise aus Gl. 6.10 helfen zu sehen, wie wir mit Tensorprodukten in Komponentenform arbeiten.

Aufgabe 6.4
Benutzen Sie die Matrixdarstellungen von σ_z, σ_x und σ_y und die Spaltenvektoren für $|u\rangle$ und $|d\rangle$, um Gl. 6.6 zu überprüfen. Verwenden Sie dann Gl. 6.6 und Gl. 6.7, um die fehlenden Gleichungen in Gl. 6.8 zu bestimmen. Sehen Sie im Anhang nach, ob ihre Antworten richtig sind.

Aufgabe 6.5
Beweisen Sie den folgenden Satz:
Wenn irgendeiner von Alices oder Bobs Spinoperatoren auf einen Produktzustand wirkt, so ist das Ergebnis wieder ein Produktzustand.
Zeigen Sie, dass in einem Produktzustand der Erwartungswert jeder Komponente von σ oder τ genau derselbe ist wie im individuellen Einzel-Spin-Zustand.

Die letzte Übung beweist etwas Wichtiges zu Produktzuständen. In einem Produktzustand ist jede Vorhersage über Bobs Hälfte des Systems genau dieselbe, als wenn sie in der entsprechenden Einzel-Spin-Theorie gemacht worden wäre. Dasselbe gilt für Alice.

Ein Beispiel für diese Eigenschaft von Produktzuständen beinhaltet etwas, das ich in Vorlesung 3 das *Spinpolarisations-Prinzip* genannt habe. Eine nützliche Form dieses Prinzips lautet:

Für jeden Zustand eines einzelnen Spins gibt es eine Richtung, in der der Spin +1 ist.

Wie ich erklärte, bedeutet dies, dass die Erwartungswerte der Komponenten die Gleichung

$$\langle \sigma_x \rangle^2 + \langle \sigma_y \rangle^2 + \langle \sigma_z \rangle^2 = 1 \tag{6.11}$$

erfüllen, was uns sagt, dass nicht alle Erwartungswerte 0 sein können. Dies gilt auch für alle Produktzustände. Es gilt aber *nicht* für den verschränkten Zustand $|sing\rangle$. Tatsächlich wird für den Zustand $|sing\rangle$ die rechte Seite der Gl. 6.11 zu 0, wie wir jetzt zeigen werden.

Erinnern wir uns, dass der verschränkte Zustand $|\text{sing}\rangle$ definiert ist als

$$|\text{sing}\rangle = \frac{1}{\sqrt{2}}(|ud\rangle - |du\rangle).$$

Sehen wir uns die Erwartungswerte von σ in diesem Zustand an. Wir besitzen das komplette Werkzeug, um sie zu berechnen. Zuerst betrachten wir $\langle\sigma_z\rangle$:

$$\langle\sigma_z\rangle = \langle\text{sing}|\sigma_z|\text{sing}\rangle = \langle\text{sing}|\sigma_z\frac{1}{\sqrt{2}}(|ud\rangle - |du\rangle)\rangle.$$

Hier kommen die Gleichungen 6.8 ins Spiel (zusammen mit Übung 6.4, die den Satz dieser Gleichungen vervollständigt!). Sie zeigen uns, wie σ_z auf jedem Basisvektor wirkt. Das Ergebnis ist

$$\langle\text{sing}|\sigma_z|\text{sing}\rangle = \langle\text{sing}|\frac{1}{\sqrt{2}}(|ud\rangle + |du\rangle)\rangle$$

oder

$$\langle\sigma_z\rangle = \frac{1}{2}((\langle ud| - \langle du|)(|ud\rangle + |du\rangle).$$

Eine schnelle Überprüfung zeigt, dass dies gleich 0 ist. Als nächstes betrachten wir $\langle\sigma_x\rangle$:

$$\langle\sigma_x\rangle = \langle\text{sing}|\sigma_x|\text{sing}\rangle = \langle\text{sing}|\sigma_x\frac{1}{\sqrt{2}}(|ud\rangle - |du\rangle)\rangle.$$

oder

$$\langle\sigma_x\rangle = \frac{1}{2}((\langle ud| - \langle du|)(|dd\rangle - |uu\rangle).$$

Auch diese Gleichung liefert 0. Schließlich noch $\langle\sigma_y\rangle$:

$$\langle\sigma_y\rangle = \langle\text{sing}|\sigma_y|\text{sing}\rangle = \frac{1}{2}((\langle ud| - \langle du|)(i\,|dd\rangle + i\,|uu\rangle).$$

Sie vermuten es, wir erhalten wieder eine 0. Damit haben wir für den Zustand $|\text{sing}\rangle$ bewiesen, dass

$$\langle\sigma_x\rangle^2 + \langle\sigma_y\rangle^2 + \langle\sigma_z\rangle^2 = 0$$

ist, und tatsächlich sind alle Erwartungswerte von σ gleich 0. Überflüssig zu sagen, dass dies auch für die Erwartungswerte von τ gilt. Ganz sicher ist $|\text{sing}\rangle$ ganz verschieden von einem Produktzustand. Was sagt dies über die möglichen Messungen aus?

Wenn der Erwartungswert einer Komponente von σ gleich 0 ist, so bedeutet dies, dass der Ausgang eines Experiments mit gleicher Wahrscheinlichkeit +1 oder −1 ist. Anders gesagt ist der Ausgang vollkommen unsicher. Obwohl wir den genauen Zustandsvektor $|\text{sing}\rangle$ kennen, wissen wir nichts über den Ausgang einer Messung einer Komponente einer der beiden Spins.

Vielleicht bedeutet dies, dass der Zustand von |sing⟩ irgendwie unvollständig ist; dass es Details des Systems gibt, die wir übersehen haben und nicht messen. Schließlich haben wir vorhin ein völlig klassisches Beispiel gesehen, in dem Alice und Bob nichts über ihre Münzen wussten, bevor sie sie tatsächlich ansahen. Was ist an der Quantenversion anders?

Bei unserem Experiment der „klassischen Verschränkung" mit Alice, Bob und Charlie ist es völlig klar, dass es mehr zu wissen gab. Charlie könnte einen heimlichen Blick auf die Münzen werfen, ohne irgendetwas zu ändern, denn klassische Messungen können beliebig behutsam sein.

Könnte es irgendwelche sogenannten **verborgenen Variablen** im Quanten- system geben? Die Antwort gemäß der Regeln der Quantenmechanik lautet, dass es jenseits der Fakten aus dem Zustandsraum nichts zu wissen gibt – im vorlie- genden Fall |sing⟩. Der Zustandsvektor ist die vollständigste Beschreibung, die möglich ist. Es scheint also in der Quantenmechanik so zu sein, dass wir alles über ein System wissen – jedenfalls alles, was möglich ist – und trotzdem nichts über seine erzeugenden Teile. Das ist die wahre Merkwürdigkeit der Verschränkung, die Einstein störte.

6.9   Zusammengesetzte Observablen

Stellen wir uns einen quantenmechanischen Alice-Bob-Charlie-Versuchsaufbau vor. Charlies Aufgabe ist die Präparation zweier Spins im verschränkten Zustand |sing⟩. Danach gibt er, ohne sich die Spins anzusehen (denn quantenmechanische Messungen sind nicht behutsam) einen Spin an Alice und einen an Bob. Obwohl Alice und Bob genau wissen, in welchem Zustand sich das zusammengesetzte Sys- tem befindet, können sie nichts über den Ausgang ihrer individuellen Messungen vorhersagen.

Aber sicher muss ihnen doch die Kenntnis des genauen Zustands des zusam- mengesetzten Systems *irgendetwas* mitteilen, selbst wenn das System hochgradig verschränkt ist. Um jedoch zu verstehen, was sie ihnen sagt, müssen wir eine größere Familie von Observablen betrachten, als Alice und Bob getrennt mit jeweils *nur* ihrem oder seinem eigenen Detektor. Wie sich herausstellt, gibt es Observablen, die nur mit beiden Detektoren gemessen werden können. Die Ergebnisse derartiger Experimente sind Alice und Bob nur bekannt, wenn sie sich treffen und Notizen austauschen.

Die erste Frage ist, ob Alice und Bob ihre eigenen Observablen gleichzeitig messen können. Wie haben gesehen, dass es Größen gibt, die nicht gleichzeitig gemessen werden können. Insbesondere können zwei Observablen, die nicht kommutieren, nicht beide gemessen werden, ohne dass sich die Messungen gegenseitig beeinflussen. Aber bei Alice und Bob sieht man leicht, dass jede

Komponente von σ mit jeder Komponente von τ kommutiert. Das ist eine allgemeingültige Tatsache für Tensorprodukte. Operatoren auf zwei getrennten Faktoren kommutieren miteinander. Daher können Alice jede Messung auf ihrem Spin und Bob jede Messung auf seinem Spin ausführen, ohne das jeweils andere Experiment zu beeinflussen.

Nehmen wir an, Alice misst σ_z, Bob misst τ_z, und danach multiplizieren sie die Ergebnisse. Mit anderen Worten, sie verabreden, das Produkt $\tau_z \sigma_z$ zu messen.

Das Produkt $\tau_z \sigma_z$ ist eine Observable, die mathematisch gesehen einer Anwendung von σ_z auf einen Ket mit darauffolgender Anwendung von τ_z entspricht. Bedenken Sie, dass dies mathematische Operationen sind, die einen neuen Operator definieren: Es ist etwas anderes als die Durchführung einer physikalischen Messung. Sehen wir einmal, was passiert, wenn wir das Produkt $\tau_z \sigma_z$ auf den Zustand $|\text{sing}\rangle$ anwenden:

$$\tau_z \sigma_z \frac{1}{\sqrt{2}}(|ud\rangle - |du\rangle).$$

Zuerst wenden wir σ_z mit Hilfe von Gl. 6.8 an:

$$\tau_z \sigma_z \frac{1}{\sqrt{2}}(|ud\rangle - |du\rangle) = \tau_z \frac{1}{\sqrt{2}}(|ud\rangle + |du\rangle).$$

Nun wenden wir τ_z an und erhalten

$$\tau_z \sigma_z \frac{1}{\sqrt{2}}(|ud\rangle - |du\rangle) = \frac{1}{\sqrt{2}}(-|ud\rangle + |du\rangle).$$

Sie sehen, dass das Endergebnis nur ein Vorzeichenwechsel von $|\text{sing}\rangle$ ist:

$$\tau_z \sigma_z |\text{sing}\rangle = -|\text{sing}\rangle.$$

Anscheinend ist $|\text{sing}\rangle$ ein Eigenvektor der Observablen $\tau_z \sigma_z$ zum Eigenwert -1. Untersuchen wir die Bedeutung dieses Resultats. Alice misst σ_z und Bob misst τ_z; wenn sie zusammenkommen und die Ergebnisse vergleichen, so sehen sie, dass sie entgegengesetzte Werte gemessen haben. Manchmal misst Bob $+1$ und Alice -1, ein anderes Mal misst Alice $+1$ und Bob -1. Das Produkt der zwei Messungen ist immer -1.

Das sollte nicht überraschen. Der Zustandsvektor $|\text{sing}\rangle$ ist eine Superposition zweier Vektoren $|ud\rangle$ und $|du\rangle$, die beide aus zwei Spins mit entgegengesetzten z-Komponenten bestehen. Die Situation ist insgesamt ähnlich wie beim klassischen Beispiel mit Charlie und seinen zwei Münzen.

Nun kommen wir aber zu etwas, was kein klassisches Gegenstück hat. Nehmen wir an, dass Alice und Bob anstelle der z-Komponenten ihrer Spins die x-Komponenten messen. Um herauszufinden, wie ihre Ergebnisse zusammenhängen, müssen wir die Observable $\tau_x \sigma_x$ untersuchen.

Lassen wir dieses Produkt auf $|\text{sing}\rangle$ wirken. Hier sind die Schritte:

$$\tau_x \sigma_x |\text{sing}\rangle = \tau_x \sigma_x \frac{1}{\sqrt{2}}(|ud\rangle - |du\rangle)$$

$$= \tau_x \frac{1}{\sqrt{2}}(|dd\rangle - |uu\rangle)$$

$$= \frac{1}{\sqrt{2}}(|du\rangle - |ud\rangle).$$

oder einfacher

$$\tau_x \sigma_x |\text{sing}\rangle = -|\text{sing}\rangle.$$

Das ist jetzt etwas überraschend: $|\text{sing}\rangle$ ist auch ein Eigenvektor von $\tau_x \sigma_x$ zum Eigenwert -1. Beim Anschauen von $|\text{sing}\rangle$ ist es nicht offensichtlich, dass die x-Komponenten der zwei Spins immer entgegengesetzt sind. Trotzdem finden Alice und Bob bei jeder Messung, dass σ_x und τ_x entgegengesetzte Werte haben. An diesem Punkt werden Sie wohl nicht überrascht sein zu erfahren, dass dasselbe auch für die y-Komponenten gilt.

Aufgabe 6.6
Nehmen Sie an, dass Charlie die beiden Spins im Singulett-Zustand präpariert hat. Dieses Mal misst Bob τ_y und Alice σ_x. Was ist der Erwartungswert von $\sigma_x \tau_y$?

Was sagt das über die Korrelation zwischen den beiden Messungen aus?

Aufgabe 6.7
Als Nächstes präpariert Charlie die Spins in einem anderen Zustand namens $|T_1\rangle$, wobei

$$|T_1\rangle = \frac{1}{\sqrt{2}}(|ud\rangle + |du\rangle).$$

In diesen Beispielen steht T für Triplett. Diese Triplett-Zustände sind grundverschieden von den Zuständen mit den Beispielen mit Münzen und Würfeln.

Was sind die Erwartungswerte der Operatoren $\sigma_z \tau_z$, $\sigma_x \tau_x$ und $\sigma_y \tau_y$?

Was für einen Unterschied so ein Vorzeichen machen kann!

Aufgabe 6.8

Machen Sie dasselbe für die beiden verschränkten Triplett-Zustände

$$|T_2\rangle = \frac{1}{\sqrt{2}}(|uu\rangle + |dd\rangle)$$

$$|T_3\rangle = \frac{1}{\sqrt{2}}(|uu\rangle - |dd\rangle),$$

und interpretieren Sie das Ergebnis.

Betrachten wir schließlich noch eine weitere Observable. Diese kann nicht von Alice und Bob bei getrennten Experimenten mit ihren einzelnen Apparaturen gemessen werden, selbst wenn sie zusammenkommen und vergleichen. Trotzdem verlangt die Quantenmechanik, dass eine Apparatur gebaut werden kann, um diese Observable zu messen.

Die Observable, auf die ich mich beziehe, kann man sich als das gewöhnliche Punktprodukt der Vektoroperatoren $\vec{\sigma}$ und $\vec{\tau}$ denken:

$$\vec{\sigma} \cdot \vec{\tau} = \sigma_x \tau_x + \sigma_y \tau_y + \sigma_z \tau_z.$$

Man kann sich vorstellen, dass ein Wert für diese Observable gefunden wird, indem Bob alle Komponenten von $\vec{\tau}$ misst und Alice alle Komponenten von $\vec{\sigma}$; dann können sie diese Werte multiplizieren und aufsummieren.Das Problem ist, dass Bob nicht gleichzeitig alle einzelnen Komponenten von $\vec{\tau}$ messen kann, da sie nicht kommutieren. Ebenso kann Alice nicht mehr als eine Komponente von $\vec{\sigma}$ gleichzeitig messen. Um $\vec{\tau}$ zu messen, muss eine neue Sorte von Apparatur gebaut werden, die $\vec{\tau}$ messen kann, ohne die einzelnen Komponenten zu messen. Es ist bei weitem nicht klar, wie dies möglich ist. Hier ein konkretes Beispiel, wie eine solche Messung durchgeführt werden könnte: Einige Atome besitzen Spins, die genauso wie Elektronenspins beschrieben werden. Wenn zwei dieser Atome nah beieinander sind – etwa zwei Nachbaratome in einem Kristallgitter – hängt die Hamilton-Funktion von den Spins ab. In einigen Situationen ist die Hamilton-Funktion der Nachbarspins proportional zu $\vec{\tau}$. In diesem Fall ist die Messung von $\vec{\tau}$ äquivalent zur Messung der Energie des Atompaars. Die Messung der Energie ist eine einzelne Messung des zusammengesetzten Operators und umfasst keine Messungen der individuellen Komponenten der Spins.

Aufgabe 6.9

Beweisen Sie, dass die vier Vektoren $|sing\rangle$, $|T_1\rangle$, $|T_2\rangle$ und $|T_3\rangle$ Eigenvektoren von $\vec{\sigma} \cdot \vec{\tau}$ sind. Wie lauten ihre Eigenwerte?

Schauen Sie sich einmal das Ergebnis dieser letzten Übung an. Verstehen Sie, warum der eine dieser Zustandsvektoren das Singulett genannt wird, während die anderen drei Tripletts heißen? Wenn Sie ihre Beziehung zum Operator $\vec{\sigma} \cdot \vec{\tau}$ sehen, so ist das Singulett ein Eigenvektor zu einem Eigenwert, und die Tripletts sind alles Eigenvektoren zu einem anderen *entarteten* Eigenwert.

Hier ist eine gute Übung, die das Konzept der Verschränkung mit dem Konzept von Zeit und Veränderung aus Vorlesung 4 kombiniert. Verwenden Sie sie, um die Ideen der unitären Zeitentwicklung und die Bedeutung der Hamilton-Funktion zu rekapitulieren.

Aufgabe 6.10

Ein System mit zwei Spins hat die Hamilton-Funktion

$$\mathbf{H} = \frac{\hbar\omega}{2}\vec{\sigma} \cdot \vec{\tau}.$$

Was sind die möglichen Energien des Systems, und was sind die Eigenvektoren der Hamilton-Funktion?

Nehmen Sie an, das System startet im Zustand $|uu\rangle$. Was ist der Zustand zu einem späteren Zeitpunkt? Beantworten Sie diese Frage auch für die Anfangszustände $|ud\rangle$, $|du\rangle$ und $|dd\rangle$.

Vorlesung 7

Mehr zu Verschränkung

Übersicht

Hilberts Raum, Sommer 1935:

Zwei etwas abgerissen aussehende Stammgäste kommen durch die Schwingtür, in eine intensive Unterhaltung vertieft. Der eine mit einer struppigen grauen Mähne und einem abgewetzten Sweater sagt: „Nein, ich werde deine Theorie nicht akzeptieren, bevor du mir sagen kannst, was die Elemente der physikalischen Realität sind."

Der andere blickt sich um, wirft die Hände in offensichtlicher Frustration hoch und sagt zu Art und Lenny: „Jetzt fängt er schon wieder damit an. Elemente der physikalischen Realität, EPR, EPR ist alles woran er denkt. Albert, sei doch nicht so stur und akzeptiere die Tatsachen."

„Niemals! Ich kann nicht akzeptieren, dass man alles über ein Ding weiß, was man wissen kann, und dann nichts über seine Teile weiß. Das ist blühender Unsinn, Niels."

© Springer-Verlag GmbH Deutschland, ein Teil von Springer Nature 2020
L. Susskind und A. Friedman, *Quantenmechanik: Das Theoretische Minimum*, https://doi.org/10.1007/978-3-662-60330-7_7

In dieser Vorlesung sehen wir uns die Verschränkung noch genauer an. Um das zu tun, brauchen wir noch ein paar zusätzliche mathematische Werkzeuge. Zuerst finden wir heraus, wie man mit Tensorprodukten in Komponentenform arbeitet. Dann lernen wir einen neuen Operator namens **Dichtematrix** kennen. Diese Werkzeuge sind nicht wirklich schwer zu meistern, aber sie benötigen etwas Geduld und eine ziemliche Menge an Index-Geschiebe.

7.1   Mathematisches Intermezzo: Tensorprodukte in Komponentenform

In Vorlesung 6 haben wir erklärt, wie man das Tensorprodukt zweier Vektorräume mit Hilfe der abstrakten Notation der Bras, Kets und Operator-Symbole wie σ_z bildet. Wie übersetzt man das in Spalten, Zeilen und Matrizen?

Das Tensorprodukt aus Matrizen und Spaltenvektoren zu bilden ist nicht schwer. Die Regeln sind naheliegend, wie wir unten sehen werden. Der schwierige Teil besteht darin zu verstehen, warum diese Regeln funktionieren – warum sie es ermöglichen, Matrizen und Spaltenvektoren zu erzeugen, *die die Eigenschaften haben, die wir wollen*. Wir gehen dies auf zwei verschiedene Weisen an. Zuerst bilden wir zusammengesetzte Operatoren aus der bewährten Methode, die wir in Vorlesung 3 entwickelt haben. Dann zeigen wir, wie man zusammengesetzte Operatoren direkt aus ihren Komponenten-Operatoren herstellt.

7.1.1   Erstellung von Tensorprodukt-Matrizen durch grundlegende Prinzipien

Damals in Vorlesung 3 haben wir Ihnen gezeigt, wie man *jede* Observable **M** in Matrixform zu einer gegebenen Basis schreiben kann. Nehmen Sie sich einen Moment Zeit, um sich noch einmal Gleichungen 3.1 bis 3.4 anzusehen. In diesem Abschnitt haben wir die numerischen Werte m_{jk} der Matrixelemente von **M** durch den Ausdruck

$$m_{jk} = \langle j|\mathbf{M}|k\rangle \tag{7.1}$$

berechnet, wobei $|j\rangle$ und $|k\rangle$ die Basisvektoren darstellen. Jede Kombination der $|j\rangle$ und $|k\rangle$ erzeugt ein anderes Matrixelement[1].

---

[1] In Vorlesung 3 haben wir zufälligerweise den Index j auf die linke Seite von **M** geschrieben und k auf die rechte Seite, genau umgekehrt wie wir es hier machen. Da j und k Indexvariablen

Unser Plan besteht darin, diese Formel auf einen Tensorprodukt-Operator anzuwenden und zu sehen, was dabei herauskommt. Wegen unserer Doppelindex-
Konvention für Basisvektoren von Tensorprodukten werden die „Sandwiches"
in diesen Gleichungen etwas anders aussehen als die in Gl. 7.1. Auf jeder Seite des
Sandwichs werden wir die Basisvektoren $|uu\rangle$, $|ud\rangle$, $|du\rangle$ und $|dd\rangle$ durchlaufen.[2]
Um die Dinge einfach zu halten, verwenden wir den Operator $\sigma_z \otimes \mathbf{I}$ als Beispiel,
wobei $\mathbf{I}$ der Identitätsoperator ist. Wie wir gesehen haben, wirkt $\sigma_z \otimes \mathbf{I}$ mit
σ_z auf Alices Hälfte des Zustandsoperators und *macht absolut nichts* mit Bobs
Hälfte. Da wir in einem vierdimensionalen Vektorraum arbeiten, ist das Ergebnis
eine 4×4-Matrix. Durch Fortlassen der $\otimes$-Symbole können wir die Matrix etwas
übersichtlicher schreiben als

$$\sigma_z \otimes \mathbf{I} = \begin{pmatrix} \langle uu|\sigma_z\mathbf{I}|uu\rangle & \langle uu|\sigma_z\mathbf{I}|ud\rangle & \langle uu|\sigma_z\mathbf{I}|du\rangle & \langle uu|\sigma_z\mathbf{I}|dd\rangle \\ \langle ud|\sigma_z\mathbf{I}|uu\rangle & \langle ud|\sigma_z\mathbf{I}|ud\rangle & \langle ud|\sigma_z\mathbf{I}|du\rangle & \langle ud|\sigma_z\mathbf{I}|dd\rangle \\ \langle du|\sigma_z\mathbf{I}|uu\rangle & \langle du|\sigma_z\mathbf{I}|ud\rangle & \langle du|\sigma_z\mathbf{I}|du\rangle & \langle du|\sigma_z\mathbf{I}|dd\rangle \\ \langle dd|\sigma_z\mathbf{I}|uu\rangle & \langle dd|\sigma_z\mathbf{I}|ud\rangle & \langle dd|\sigma_z\mathbf{I}|du\rangle & \langle dd|\sigma_z\mathbf{I}|dd\rangle \end{pmatrix} \qquad (7.2)$$

Um diese Matrixelemente zu berechnen, können wir σ_z und $\mathbf{I}$ sowohl links als
auch rechts anwenden. Nehmen wir an, die σ_z wirken links und die $\mathbf{I}$ rechts. Da
$\mathbf{I}$ nichts tut, müssen wir uns nur darum kümmern, was σ_z mit dem Bra-Vektor
zu seiner linken macht. Und innerhalb des Bra-Vektors wirkt σ_z auf dem linken
(d.h. Alices) Zustandswert. Mit den Regeln, die wir schon erarbeitet haben (s.
Gl. 6.6 und Gl. 6.7), können wir alle Operationen ausführen und erhalten eine
Matrix aus inneren Produkten:

$$\sigma_z \otimes \mathbf{I} = \begin{pmatrix} \langle uu|uu\rangle & \langle uu|ud\rangle & \langle uu|du\rangle & \langle uu|dd\rangle \\ \langle ud|uu\rangle & \langle ud|ud\rangle & \langle ud|du\rangle & \langle ud|dd\rangle \\ -\langle du|uu\rangle & -\langle du|ud\rangle & -\langle du|du\rangle & -\langle du|dd\rangle \\ -\langle dd|uu\rangle & -\langle dd|ud\rangle & -\langle dd|du\rangle & -\langle dd|dd\rangle \end{pmatrix}. \qquad (7.3)$$

Da die Eigenvektoren orthonormal sind, reduziert sich die Matrix auf

$$\sigma_z \otimes \mathbf{I} = \begin{pmatrix} 1 & 0 & 0 & 0 \\ 0 & 1 & 0 & 0 \\ 0 & 0 & -1 & 0 \\ 0 & 0 & 0 & -1 \end{pmatrix}. \qquad (7.4)$$

---

sind, macht dies keinen Unterschied, solange wir innerhalb einer Gruppe von Gleichungen
konsistent bleiben.

[2]Natürlich könnten wir auch eine andere Gruppe von Basisvektoren wie $|rr\rangle$, $|rl\rangle$ usw.
verwenden. Dies würde eine andere Gruppe von Matrixelementen ergeben.

Wie schreiben wir die Eigenvektoren $|uu\rangle$, $|ud\rangle$, $|du\rangle$ und $|dd\rangle$ als Spaltenvektoren? Erst einmal verrate ich Ihnen, dass wir $|uu\rangle$ und $|du\rangle$ als

$$|uu\rangle = \begin{pmatrix} 1 \\ 0 \\ 0 \\ 0 \end{pmatrix}, |du\rangle = \begin{pmatrix} 0 \\ 0 \\ 1 \\ 0 \end{pmatrix} \tag{7.5}$$

darstellen. Sehen wir, was passiert, wenn $\sigma_z \otimes \mathbf{I}$ auf diese Spaltenvektoren wirkt. Die Anwendung der Matrix auf $|uu\rangle$ ergibt

$$\begin{pmatrix} 1 & 0 & 0 & 0 \\ 0 & 1 & 0 & 0 \\ 0 & 0 & -1 & 0 \\ 0 & 0 & 0 & -1 \end{pmatrix} \begin{pmatrix} 1 \\ 0 \\ 0 \\ 0 \end{pmatrix} = \begin{pmatrix} 1 \\ 0 \\ 0 \\ 0 \end{pmatrix}.$$

Anders gesagt

$$(\sigma_z \otimes \mathbf{I}) |uu\rangle = |uu\rangle,$$

genau wie wir erwartet haben. Und wenn wir dieselbe Matrix auf den Spaltenvektor $|du\rangle$ aus Gl. 7.5 anwenden? Die Matrixmultiplikation ergibt $- |du\rangle$, genau wie es sein soll.

7.1.2 Erzeugen der Tensorprodukt-Matrizen aus den Komponenten-Matrizen

Die obige Methode zur Berechnung der Matrixelemente gilt ganz allgemein – sie funktioniert für *alle* Observablen. Wenn wir das Tensorprodukt zweier Operatoren berechnen müssen, und wenn wir die Matrixelemente der Einzelteile *bereits kennen*, können wir sie direkt kombinieren. Hier ist die Regel, um 2×2-Matrizen zu 4×4-Matrizen zusammenzusetzen:

$$A \otimes B = \begin{pmatrix} A_{11}B & A_{12}B \\ A_{21}B & A_{22}B \end{pmatrix} \tag{7.6}$$

oder

$$A \otimes B = \begin{pmatrix} A_{11}B_{11} & A_{11}B_{12} & A_{12}B_{11} & A_{12}B_{12} \\ A_{11}B_{21} & A_{11}B_{22} & A_{12}B_{21} & A_{12}B_{22} \\ A_{21}B_{11} & A_{21}B_{12} & A_{22}B_{11} & A_{22}B_{12} \\ A_{21}B_{21} & A_{21}B_{22} & A_{22}B_{21} & A_{22}B_{22} \end{pmatrix}. \tag{7.7}$$

Dasselbe Muster gilt für Matrizen beliebiger Größe. Diese Art der Matrixmultiplikation wird manchmal das **Kroneckerprodukt** genannt, ein Begriff, der nur für Matrizen gilt – es ist die Matrixversion des Tensorprodukts. Das Kroneckerprodukt zweier 2×2-Matrizen ist eine 4×4-Matrix, und das Muster gilt für Matrizen beliebiger Größe. Im Allgemeinen ist das Produkt einer $m \times n$-Matrix mit einer $p \times q$-Matrix eine $mp \times nq$-Matrix.

All dies lässt sich genauso gut auf Spalten- und Zeilenvektoren anwenden, die nur spezielle Matrizen sind. Das Tensorprodukt zweier 2×1-Spaltenvektoren ist ein 4×1-Vektor. Sind a und b zwei 2×1-Vektoren, so sieht ihr Tensorprodukt so aus:

$$
\begin{pmatrix} a_{11} \\ a_{21} \end{pmatrix} \otimes \begin{pmatrix} b_{11} \\ b_{21} \end{pmatrix} = \begin{pmatrix} a_{11}b_{11} \\ a_{11}b_{21} \\ a_{21}b_{11} \\ a_{21}b_{21} \end{pmatrix}. \tag{7.8}
$$

Sehen wir mal, ob das auch bei Alice und Bob klappt. Zuerst erzeugen wir die vier Basisvektoren des Tensorprodukts mit $|u\rangle$ und $|d\rangle$ als Bausteinen. Erinnern Sie sich an Gleichungen Gl. 2.11 und Gl. 2.12 aus Vorlesung 2:

$$
|u\rangle = \begin{pmatrix} 1 \\ 0 \end{pmatrix}, \quad |d\rangle = \begin{pmatrix} 0 \\ 1 \end{pmatrix}.
$$

Stecken wir die passenden Kombinationen der $|u\rangle$ und $|d\rangle$ in Gl. 7.8, so lauten unsere vier 4×1-Spaltenvektoren

$$
|uu\rangle = \begin{pmatrix} 1 \\ 0 \end{pmatrix} \otimes \begin{pmatrix} 1 \\ 0 \end{pmatrix} = \begin{pmatrix} 1 \\ 0 \\ 0 \\ 0 \end{pmatrix}, \quad |ud\rangle = \begin{pmatrix} 1 \\ 0 \end{pmatrix} \otimes \begin{pmatrix} 0 \\ 1 \end{pmatrix} = \begin{pmatrix} 0 \\ 1 \\ 0 \\ 0 \end{pmatrix}
$$

$$
|du\rangle = \begin{pmatrix} 0 \\ 1 \end{pmatrix} \otimes \begin{pmatrix} 1 \\ 0 \end{pmatrix} = \begin{pmatrix} 0 \\ 0 \\ 1 \\ 0 \end{pmatrix}, \quad |dd\rangle = \begin{pmatrix} 0 \\ 1 \end{pmatrix} \otimes \begin{pmatrix} 0 \\ 1 \end{pmatrix} = \begin{pmatrix} 0 \\ 0 \\ 0 \\ 1 \end{pmatrix}. \tag{7.9}
$$

Als Nächstes benutzen wir die Regel aus Gl. 7.7, um die Operatoren σ_z und τ_x zu kombinieren. Mit Gl. 3.20 definieren wir die Matrizen σ_z und τ_x und erhalten aus der Regel die Tensorprodukt-Matrix

$$
\sigma_z \otimes \tau_x = \begin{pmatrix} 1 & 0 \\ 0 & -1 \end{pmatrix} \otimes \begin{pmatrix} 0 & 1 \\ 1 & 0 \end{pmatrix} = \begin{pmatrix} 0 & 1 & 0 & 0 \\ 1 & 0 & 0 & 0 \\ 0 & 0 & 0 & -1 \\ 0 & 0 & -1 & 0 \end{pmatrix}.
$$

Vergleichen wir dieses Ergebnis mit dem Produkt von σ_x und τ_z:

$$\sigma_x \otimes \tau_z = \begin{pmatrix} 0 & 1 \\ 1 & 0 \end{pmatrix} \otimes \begin{pmatrix} 1 & 0 \\ 0 & -1 \end{pmatrix} = \begin{pmatrix} 0 & 0 & 1 & 0 \\ 0 & 0 & 0 & -1 \\ 1 & 0 & 0 & 0 \\ 0 & -1 & 0 & 0 \end{pmatrix}.$$

Sie bemerken, dass $\sigma_x \otimes \tau_z$ nicht dasselbe ist wie $\sigma_z \otimes \tau_x$. Das ist klar, denn sie stehen für verschiedene Observable.

So weit, so gut. Aber nun sehen wir etwas noch Interessanteres. Mit Hilfe einiger weniger Übungen wollen wir Sie überzeugen, dass das Kroneckerprodukt *tatsächlich* das Tensorprodukt für Matrizen ist – anders gesagt, dass Alices Hälfte der Matrix nur ihre Hälfte des Spaltenvektors beeinflusst und dasselbe für Bobs Hälfte gilt. Dies ist etwas knifflig wegen der Art, wie das Kroneckerprodukt die Elemente der Bausteine vermischt.

Als Beispiel schauen wir einmal, wie $\sigma_z \otimes \tau_x$ auf $|ud\rangle$ wirkt. Übersetzen wir die abstrakten Symbole in die Komponenten, so können wir schreiben

$$(\sigma_z \otimes \tau_x)\,|ud\rangle = \begin{pmatrix} 0 & 1 & 0 & 0 \\ 1 & 0 & 0 & 0 \\ 0 & 0 & 0 & -1 \\ 0 & 0 & -1 & 0 \end{pmatrix} \begin{pmatrix} 0 \\ 1 \\ 0 \\ 0 \end{pmatrix} = \begin{pmatrix} 1 \\ 0 \\ 0 \\ 0 \end{pmatrix}.$$

Aber der Spaltenvektor auf der rechten Seite entspricht $|uu\rangle$ in Gl. 7.9. In die abstrakte Notation zurückübersetzt wird dies zu

$$(\sigma_z \otimes \tau_x)\,|ud\rangle = |uu\rangle\,.$$

Das ist genau, was wir wollen – eine Matrixdarstellung unserer abstrakten Operatoren und Zustandsvektoren, die das bekannte Verhalten wiedergeben.

Die folgende Übung soll dabei helfen, die Vorstellung zu erhellen, dass die σ-Hälfte von $\sigma \otimes \tau$ nur Alices Hälfte des Zustandsvektors beeinflusst, und die τ-Hälfte nur Bobs Anteil. Mit der darauf folgenden Aufgabe üben wir uns darin, die Matrixelemente eines Operators herzuleiten, falls wir schon wissen, was der Operator mit den Basisvektoren macht.

Aufgabe 7.1

Schreiben Sie das Tensorprodukt $\mathbf{I} \otimes \tau_x$ als Matrix, und wenden Sie die Matrix an auf jeden der Spaltenvektoren $|uu\rangle$, $|ud\rangle$, $|du\rangle$ und $|dd\rangle$. Zeigen Sie, dass Alices Hälfte des Zustandsvektors in jedem Fall unverändert bleibt. Dabei ist $\mathbf{I}$ wieder die 2×2-Einheitsmatrix.

Aufgabe 7.2
Berechnen Sie die Matrixelemente von $\sigma_z \otimes \tau_x$, indem Sie die inneren Produkte bilden, wie wir es in Gl. 7.2 getan haben.

Die dritte Übung ist etwas mühsam, aber sie trifft den Punkt. Betrachten Sie die Gleichung

$$(A \otimes B)(a \otimes b) = (Aa \otimes Bb). \qquad (7.10)$$

Wie in Gl. 7.7 und Gl. 7.8 stehen A und B für 2×2-Matrizen (oder Operatoren), und a und b für 2×1-Spaltenvektoren. In der Übung sollen Sie die Gleichung in Komponenten schreiben und zeigen, dass die linke Seite mit der rechten übereinstimmt.

Aufgabe 7.3

a) Schreiben Sie Gl. 7.10 um in Komponentenform, indem Sie die Symbole A, B, a und b durch die Matrizen und Spaltenvektoren aus Gl. 7.7 und Gl. 7.8 ersetzen.
b) Führen Sie die Matrixmultiplikationen Aa und Bb auf der rechten Seite durch. Überprüfen Sie, dass jedes Ergebnis eine 4×1-Matrix ist.
c) Schreiben Sie alle drei Kroneckerprodukte ausführlich hin.
d) Überprüfen Sie die Zeilen- und Spaltenzahlen aller Kroneckerprodukte:

$A \otimes B : 4 \times 4$
$a \otimes b : 4 \times 1$
$Aa \otimes Bb : 4 \times 4$

e) Führen Sie die Matrixmultiplikation auf der linken Seite durch, was einen 4×1-Spaltenvektor ergibt. Jede Zeile sollte die Summe aus vier einzelnen Termen sein.
f) Überprüfen Sie schließlich, dass die erzeugten Spaltenvektoren auf der linken und rechten Seite übereinstimmen.

7.2   Mathematisches Intermezzo: Äußere Produkte

Zu gegebenen Bar $\langle\phi|$ und Ket $|\psi\rangle$ können wir das innere Produkt $\langle\phi|\psi\rangle$ bilden. Wir wir sahen, ist das innere Produkt eine komplexe Zahl. Es gibt jedoch noch eine andere Art von Produkt, genannt das äußere Produkt und geschrieben als

$$|\psi\rangle\langle\phi|\,.$$

Das äußere Produkt ist keine Zahl; es ist ein linearer Operator. Überlegen wir, was passiert, wenn $|\psi\rangle\langle\phi|$ auf einen weiteren Ket $|A\rangle$ wirkt:

$$|\psi\rangle\langle\phi|\ |A\rangle\,.$$

In diesen Beispielen verwenden wir jetzt Abstände anstelle von Klammern, um die Gruppierung von Operationen anzuzeigen. Erinnern Sie sich, dass alle Operationen mit Bras, Kets und linearen Operatoren assoziativ sind, d.h. dass wir sie so gruppieren können, wie wir wollen, solange wir dieselbe Reihenfolge von links nach rechts einhalten.[3] Die Wirkung des Operators aus dem äußeren Produkt ist ganz einfach und kann definiert werden als

$$|\psi\rangle\langle\phi|\ |A\rangle = |\psi\rangle\ \langle\phi|A\rangle\,.$$

Anders gesagt nehmen wir das innere Produkt von $\langle\phi|$ mit $|A\rangle$ (was eine komplexe Zahl ergibt) und multiplizieren es mit dem Ket $|\psi\rangle$. Die Bra-Ket-Notation ist so effizient, dass sie uns diese Definition praktisch aufdrängt. Eine geniale Idee von Paul Dirac. Es ist leicht zu zeigen, dass das äußere Produkt auch auf Bras wirken kann:

$$\langle B|\ |\psi\rangle\langle\phi| = \langle B|\psi\rangle\ \langle\phi|\,.$$

Ein Spezialfall ist das äußere Produkt eines Kets mit seinem korrespondierenden Bra. Ist $|\psi\rangle$ normiert, so wird dieser Operator **Projektionsoperator** genannt. Und so wirkt er:

$$|\psi\rangle\langle\psi|\ |A\rangle = |\psi\rangle\ \langle\psi|A\rangle\,.$$

Man beachte, dass das Ergebnis immer proportional zu $|\psi\rangle$ ist. Man kann sagen, dass ein Projektionsoperator einen Vektor auf die durch $|\psi\rangle$ gegebene Richtung projiziert. Hier sind einige Eigenschaften von Projektionsoperatoren, die Sie leicht beweisen können (beachten Sie, dass $|\psi\rangle$ zu 1 normiert ist):

---

[3]Manchmal kann man auch die Links-Rechts-Reihenfolge ändern, aber da braucht man mehr Sorgfalt.

- Projektionsoperatoren sind hermitesch.
- Der Vektor $|\psi\rangle$ ist ein Eigenvektor seines Projektionsoperators mit Eigenwert 1:

$$|\psi\rangle \langle\psi| \, |\psi\rangle = |\psi\rangle \, .$$

- Jeder zu $|\psi\rangle$ orthogonale Vektor ist ein Eigenvektor mit Eigenwert 0. Daher sind die Eigenwerte von $|\psi\rangle \langle\psi|$ alle entweder 0 oder 1, und es gibt nur einen Eigenvektor mit dem Eigenwert 1. Dieser Eigenvektor ist $|\psi\rangle$ selbst.
- Das Quadrat eines Projektionsoperators ist dasselbe wie der Projektionsoperator selbst:

$$(|\psi\rangle \langle\psi|)^2 = |\psi\rangle \langle\psi| \, .$$

- Die **Spur** eines Operators (oder einer quadratischen Matrix) ist definiert als die Summe der Diagonalelemente. Verwenden wir Sp als Bezeichnung für die Spur, so können wir die Spur eines Operators $\mathbf{L}$ definieren als

$$\mathrm{Sp}\,\mathbf{L} = \sum_i \langle i|\mathbf{L}|i\rangle \, ,$$

was gerade die Summe der Diagonalelemente der Matrix von $\mathbf{L}$ ist.
Die Spur eines Projektionsoperators ist 1. Dies folgt aus der Tatsache, dass die Spur eines hermiteschen Operators die Summe seiner Eigenwerte ist.

- Addieren wir alle Projektionsoperatoren zu einer Basis, so erhalten wir den Identitätsoperator:

$$\sum_i |i\rangle \langle i| = \mathbf{I}. \tag{7.11}$$

Schließlich folgt hier noch ein sehr wichtiger Satz über Projektionsoperatoren und Erwartungswerte. Der Erwartungswert einer beliebigen Observablen $\mathbf{L}$ im Zustand $|\psi\rangle$ ist gegeben durch

$$\langle\psi|\mathbf{L}|\psi\rangle = \mathrm{Sp}\,|\psi\rangle \langle\psi| \, \mathbf{L}. \tag{7.12}$$

---

[4]Eine hermitesche Matrix $\mathbf{M}$ kann durch eine Transformation $\mathbf{P}^\dagger \mathbf{M} \mathbf{P}$ diagonalisiert werden, wobei $\mathbf{P}$ eine unitäre Matrix ist, deren Spalten die normierten Eigenvektoren von $\mathbf{M}$ sind. Die Spur von $\mathbf{M}$ ist invariant unter dieser Transformation. Wir haben dieses wohlbekannte Ergebnis nicht bewiesen.

Hier die Schritte, um es zu beweisen. Wählen Sie irgendeine Basis $|i\rangle$. Dann schreiben Sie mit Hilfe der Definition der Spur

$$\mathrm{Sp}\,|\psi\rangle\,\langle\psi|\,\mathbf{L} = \sum_i \langle i|\psi\rangle\,\langle\psi|\mathbf{L}|i\rangle\,.$$

Die beiden Faktoren in der Summe sind nur Zahlen, so dass wir die Reihenfolge umkehren können:

$$\mathrm{Sp}\,|\psi\rangle\,\langle\psi|\,\mathbf{L} = \sum_i \langle\psi|\mathbf{L}|i\rangle\,\langle i|\psi\rangle\,.$$

Rechnen wir die Summe aus und verwenden $\sum |i\rangle\,\langle i| = \mathbf{I}$, so erhalten wir

$$\mathrm{Sp}\,|\psi\rangle\,\langle\psi|\,\mathbf{L} = \langle\psi|\mathbf{L}|\psi\rangle\,.$$

Die rechte Seite ist gerade der Erwartungswert von $\mathbf{L}$.

7.3   Dichtematrizen: Ein neues Werkzeug

Bis hierher haben wir gelernt, Voraussagen über ein System zu machen, dessen exakten Quantenzustand wir kennen. Aber wesentlich häufiger haben wir keine vollständige Kenntnis des Zustands. Nehmen wir etwa an, dass Alice einen Spin mit Hilfe einer Apparatur längs einer Achse präpariert hat. Sie gibt Bob den Spin, sagt ihm aber nicht, längs welcher Achse die Apparatur orientiert war. Vielleicht gibt sie ihm einige Teilinformationen, dass etwa die Achse längs der z-Achse oder der x-Achse ausgerichtet war, aber sie weigert sich, ihm mehr mitzuteilen. Was macht Bob? Wie benutzt er diese Informationen für Voraussagen?

Bob argumentiert so: Wenn Alice den Spin im Zustand $|\psi\rangle$ präpariert hat, so ist der Erwartungswert jeder Observablen $\mathbf{L}$

$$\mathrm{Sp}\,|\psi\rangle\,\langle\psi|\,\mathbf{L} = \langle\psi|\mathbf{L}|\psi\rangle\,.$$

Hat Alice andererseits den Spin im Zustand $|\phi\rangle$ präpariert, so ist der Erwartungswert von $\mathbf{L}$

$$\mathrm{Sp}\,|\phi\rangle\,\langle\phi|\,\mathbf{L} = \langle\phi|\mathbf{L}|\phi\rangle\,.$$

Was wäre, wenn es eine 50%ige Wahrscheinlichkeit dafür gibt, dass sie $|\psi\rangle$ präpariert hat, und eine 50%ige Wahrscheinlichkeit dafür, dass sie $|\phi\rangle$ präpariert hat? Offenbar ist der Erwartungswert dann

$$\langle\mathbf{L}\rangle = \frac{1}{2}\mathrm{Sp}\,|\psi\rangle\,\langle\psi|\,\mathbf{L} + \frac{1}{2}\mathrm{Sp}\,|\phi\rangle\,\langle\phi|\,\mathbf{L}.$$

Wir mitteln hier nur über Bobs Unwissen über den von Alice präparierten Zustand.

Wir können nun aber die Terme in einem einzelnen Ausdruck zusammenfassen, indem wir eine **Dichtematrix** ρ definieren, die Bobs Wissen kodiert. In diesem Fall ist die Dichtematrix die Hälfte des Projektionsoperators auf ϕ plus der Hälfte des Projektionsoperators auf ψ:

$$\rho = \frac{1}{2} |\psi\rangle \langle\psi| + \frac{1}{2} |\phi\rangle \langle\phi|.$$

Wir haben nun Bobs gesamtes Wissen über das System in einen einzigen Operator ρ gepackt. Nun ist die Regel zur Berechnung des Erwartungswertes einfach

$$\langle \mathbf{L} \rangle = \mathrm{Sp}\, \rho \mathbf{L}. \tag{7.13}$$

Wir können dies verallgemeinern. Nehmen wir an, Alice sagt Bob, dass sie einen von mehreren Zuständen präpariert hat – nennen wir sie $|\phi_1\rangle$, $|\phi_2\rangle$, $|\phi_3\rangle$ usw. Weiter gibt sie auch die Wahrscheinlichkeiten P_1, P_2, P_3,... für jeden dieser Zustände an. Bob kann nach wie vor all sein Wissen in eine Dichtematrix packen:

$$\rho = P_1 |\phi_1\rangle \langle\phi_1| + P_2 |\phi_2\rangle \langle\phi_2| + P_3 |\phi_3\rangle \langle\phi_3| + \ldots$$

Weiterhin kann er genau dieselbe Regel aus Gl. 7.13 zur Berechnung des Erwartungswerts verwenden.

Entspricht die Dichtematrix einem einzelnen Zustand, so ist sie ein Projektionsoperator auf diesen Zustand. In diesem Fall sagen wir, der Zustand ist **rein**. Ein reiner Zustand entspricht der maximalen Kenntnis, die Bob von einem Quantensystem haben kann. Aber im allgemeineren Fall ist die Dichtematrix eine Mischung mehrerer Projektionsoperatoren. Wir sagen dann, dass die Dichtematrix einen **gemischten Zustand** beschreibt.

Ich habe den Begriff *Dichtematrix* verwendet, aber streng genommen ist ρ ein Operator. Er wird nur eine Matrix, wenn eine Basis gewählt ist. Nehmen wir an, wir wählen die Basis $|a\rangle$. Die Dichtematrix ist einfach die Matrixdarstellung von ρ bezüglich dieser Basis:

$$\rho_{aa'} = \langle a|\rho|a'\rangle.$$

Ist die Matrixdarstellung von $\mathbf{L}$ durch $L_{a',a}$ gegeben, so wird aus Gl. 7.13

$$\langle \mathbf{L} \rangle = \sum_{a,a'} L_{a',a} \rho_{a,a'}. \tag{7.14}$$

7.4 Verschränkung und Dichtematrizen

Die klassische Physik kennt auch das Konzept der reinen und gemischten Zustände, auch wenn sie nicht so genannt werden. Um dies zu illustrieren, betrachten wir ein System zweier Teilchen, die sich längs einer Linie bewegen.

Gemäß den Regeln der klassischen Mechanik können wir die Bahnen der Teilchen berechnen, wenn wir die Werte ihrer Orte (x_1 und x_2) und Impulse (p_1 und p_2) zu einem bestimmten Zeitpunkt kennen. Der Zustand des Systems ist daher durch vier Zahlen bestimmt: x_1, x_2, p_1 und p_2. Kennen wir diese vier Zahlen, so haben wir die vollständige Beschreibung des Zwei-Teilchen-Systems vorliegen; es gibt nichts weiter zu wissen. Wir können dies einen reinen klassischen Zustand nennen. Oft kennen wir aber nicht den exakten Zustand, sondern nur eine mit Wahrscheinlichkeit behaftete Information. Diese Information kann in einer **Wahrscheinlichkeitsdichte** kodiert werden:

$$\rho(x_1, x_2, p_1, p_2).$$

Eine klassischer reiner Zustand ist nur ein Spezialfall einer Wahrscheinlichkeitsdichte, bei der ρ nur in einem Punkt ungleich null ist. Allgemeiner aber wird ρ **verschmiert** sein, in welchem Fall wir dies einen klassischen gemischten Fall nennen könnten.[5] Ist ρ verschmiert, bedeutet dies, dass unser Wissen über den Systemzustand unvollständig ist. Je verschmierter es ist, umso größer ist unsere Unkenntnis.

Eines sollte aus diesem Beispiel völlig offensichtlich sein: Wenn man den reinen Zustand des kombinierten Zwei-Teilchen-Systems kennt, so weiß man alles über jedes Teilchen. Mit anderen Worten folgen aus dem reinen Zustand für zwei *klassische* Teilchen reine Zustände für die einzelnen Teilchen.

Aber genau dies gilt eben *nicht* in der Quantenmechanik, wenn ein System verschränkt ist. Der Zustand eines zusammengesetzten Systems kann völlig rein sein, aber jeder seiner Teile könnte durch einen gemischten Zustand beschrieben sein.

Nehmen wir ein aus zwei Teilen A und B zusammengesetztes System. Es können zwei Spins sein, oder jedes andere zusammengesetzte System.

In diesem Fall nehmen wir an, dass Alice vollständige Kenntnis über den Zustand des kombinierten Systems besitzt. Mit anderen Worten: Sie kennt die Wellenfunktion

$$\psi(a, b).$$

Nichts fehlt an ihrem Wissen über das kombinierte System. Nun ist aber Alice nicht an B interessiert. Stattdessen will sie möglichst viel über A erfahren, ohne

---

[5]Mit *verschmiert* meinen wir, dass $\rho(x_1, x_2, p_1, p_2)$ für einen Bereich der Werte seiner Argumente ungleich null ist, nicht nur für einen Wert. Je größer dieser Bereich ist, umso mehr ist ρ verschmiert.

B anzusehen. Sie wählt eine Observable $\mathbf{L}$, die zu A gehört und nichts mit B macht. Die Regel zur Berechnung des Erwartungswerts von $\mathbf{L}$ ist

$$\langle \mathbf{L} \rangle = \sum_{ab,a'b'} \psi^*(a'b') L_{a'b',ab} \psi(ab). \tag{7.15}$$

Dies gilt erst einmal ganz allgemein. Hat aber die Observable $\mathbf{L}$ nur mit A zu tun, so wirkt sie trivial auf den b-Index, und wir können den Erwartungswert schreiben als

$$\langle \mathbf{L} \rangle = \sum_{a,b,a'} \psi^*(a'b) L_{a',a} \psi(ab). \tag{7.16}$$

Nun kann Alice ihr ganzes Wissen, zumindest für die Untersuchung von A, in Termen einer Matrix ρ zusammenfassen:

$$\rho_{aa'} = \sum_b \psi^*(a'b) \psi(ab). \tag{7.17}$$

Überraschenderweise hat Gl. 7.16 genau dieselbe Form wie Gl. 7.14 für den Erwartungswert eines gemischten Zustands. Tatsächlich wird ρ nur im Spezialfall eines Produktzustands die Form eines Projektionsoperators haben. Anders ausgedrückt: Trotz der Tatsache, dass das zusammengesetzte System durch einen völlig reinen Zustand beschrieben wird, muss das Teilsystem A durch einen gemischten Zustand beschrieben werden.

Eine Kleinigkeit ist bei unserer Schreibweise für Dichtematrizen bemerkenswert: In Gl. 7.17 korrespondiert der rechte Index von ρ, also a', mit der komplex konjugierten Komponente $\psi^*(a'b)$ des Zustandsvektors in der Summe. Das ist eine Folge unserer Konvention

$$L_{aa'} = \langle a | \mathbf{L} | a' \rangle$$

für die Indizierung der Matrixelemente eines Operators $\mathbf{L}$. Die Anwendung der Konvention auf

$$\rho = |\Psi\rangle \langle \Psi|$$

ergibt

$$\rho_{aa'} = \langle a | \Psi \rangle \langle \Psi | a' \rangle$$

oder

$$\rho_{aa'} = \psi(a) \psi^*(a').$$

7.5 Verschränkung für zwei Spins

Bevor ich Sie weiter durch die Welt der Verschränkung führe, gebe ich Ihnen
noch eine Definition und eine schnelle Übung zum Warmwerden. Wenn Alice nur
einen einzelnen Spin in einem bekannten Zustand hat, so ist ihre Dichtematrix
definiert als

$$\rho_{aa'} = \psi(a)\psi^*(a').$$

Diese Gleichung zeigt, wie man ein Element von Alices Dichtematrix berechnet.
Bleiben wir bei unserer vertrauten Basis σ_z, so kann jeder Index a und a' die
Werte **up** und **down** annehmen, so dass Alice eine 2×2-Dichtematrix hat.

Aufgabe 7.4
Berechnen Sie die Dichtematrix für

$$|\Psi\rangle = \alpha\,|u\rangle + \beta\,|d\rangle.$$

Antwort:

$$\psi(u) = \alpha;\ \psi^*(u) = \alpha^*$$
$$\psi(d) = \beta;\ \psi^*(d) = \beta^*$$

$$\rho = \begin{pmatrix} \alpha\alpha^* & \alpha\beta^* \\ \beta\alpha^* & \beta\beta^* \end{pmatrix}$$

Versuchen Sie nun, einige Zahlen in α und β einzusetzen. Achten Sie darauf,
dass sie zu 1 normiert sind. Beispiele sind $\alpha = \frac{1}{\sqrt{2}}$, $\beta = \frac{1}{\sqrt{2}}$.

Dieses einfache Beispiel ist ein guter Weg, die Eigenschaften von Dichtematrizen
zu verstehen. Sie können später darauf zurückkommen, wenn wir ein komplexeres
Beispiel eines verschränkten Zustands betrachten.

Nehmen wir an, wir kennen die Wellenfunktion eines zusammengesetzten
Systems, etwa

$$\psi(a,b),$$

aber wir sind nur an Alices Teilsystem interessiert. Anders gesagt wollen wir
alles verfolgen, was Alice jemals messen kann. Müssen wir dazu die gesamte
Wellenfunktion kennen? Oder gibt es einen Weg, Bobs Variablen loszuwerden? Die
Antwort auf die letzte Frage lautet ja; wir können Alices komplette Beschreibung
erfassen mit Hilfe der Dichtematrix ρ.

Betrachten wir eine Observable **L** in Alices System. Wie jede Observable kann sie natürlich als Matrix geschrieben werden:

$$L_{a'b',ab} = \langle a'b'|\mathbf{L}|ab\rangle \, .$$

Erinnern Sie sich: Im zusammengesetzten System steht das Paar ab für den Index eines Basisvektors.

Wenn wir sagen „**L** ist eine Alice-Observable", so meinen wir damit, dass **L** nicht auf Bobs Hälfte des Zustandsindex wirkt. Dies legt der Form von **L** einige Beschränkungen auf. Die Idee ist, alle Matrixelemente von **L** herauszufiltern (d.h. gleich 0 zu setzen), die Bobs Hälfte des Zustandsindex ändern. Anders gesagt hat **L** die spezielle Form

$$L_{a'b',ab} = L_{a'a}\delta_{b'b}. \tag{7.18}$$

Diese einfach aussehende Gleichung erfordert einige Erklärungen, und sie sollten sich vielleicht noch einmal den Stoff über die Komponentenform der Tensorprodukte im Intermezzo zu Tensorprodukten ansehen (Abschnitt 6.1). Die linke Seite ist ein Element einer 4×4-Matrix. Jeder der zwei Indizes kann vier Werte annehmen: uu, ud, du oder dd. Was ist mit der rechten Seite? Das Matrixelement $L_{aa'}$ hat auch zwei Indizes, aber jeder kann nur zwei verschiedene Werte annehmen: u oder d. Tatsächlich bezieht sich das Symbol L auf zwei verschiedene Matrizen auf jeder Seite von Gl. 7.18.

Auf den ersten Blick scheint es so, dass wir eine 4×4-Matrix mit einer 2×2-Matrix gleichgesetzt haben, und das wäre tatsächlich ein Problem. Der Faktor $\delta_{b'b}$ bringt aber wieder alles in Ordnung. Der Ausdruck $L_{a'a}\delta_{b'b}$ ist ein Element des Tensorprodukts zweier 2×2-Matrizen, und dieses Tensorprodukt *ist* eine 4×4-Matrix.[6] Und so wird die Gl. 7.18 gelesen:

> *Die 4×4-Matrix $L_{a'b',ab}$ kann in ein Tensorprodukt der zwei 2×2-Matrizen $L_{a'a}$ und $\delta_{b'b}$ faktorisiert werden, wobei $\delta_{b'b}$ äquivalent ist zur 2×2-Identitäts-Matrix.*

Berechnen wir nun einmal den Erwartungswert von **L** (die 4×4-Version) mit Hilfe der vollen Apparatur des zusammengesetzten Systems:

$$\langle\Psi|\mathbf{L}|\Psi\rangle = \sum_{a,b,a',b'} \psi^*(a',b')L_{a'b',ab}\psi(a,b).$$

---

[6] Wir können es auch ein Kroneckerprodukt nennen, da wir über Matrizen reden. Der formale Unterschied ist für unsere Zwecke nicht wichtig.

Ich hatte schon gewarnt, dass es eine Menge Indizes geben wird. Aber es wird einfacher, wenn wir die Spezialform der Matrix L verwenden. Der Faktor $\delta_{b'b}$ in Gl. 7.18 – ein Kronecker-Delta – filtert alle Elemente heraus, die Bobs Hälfte des Index verändern, und lässt die anderen stehen. Es sagt uns, dass wir $b = b'$ setzen müssen, um zu erhalten:

$$\langle \Psi | \mathbf{L} | \Psi \rangle = \sum_{a',b,a} \psi^*(a', b) L_{a',a} \psi(a, b). \tag{7.19}$$

Im Augenblick wollen wir die Summen über a und a' vergessen und uns stattdessen mit der Summe über b beschäftigen. Wir sehen dort die Größe

$$\rho_{a'a} = \sum_{b} \psi^*(a, b) \psi(a', b). \tag{7.20}$$

Die 2×2-Matrix $\rho_{a'a}$ ist Alices Dichtematrix. Bemerken Sie, dass $\rho_{a'a}$ nicht von irgendeinem b-Index abhängt, da bereits über b summiert wurde. Es ist lediglich eine Funktion von Alices Variablen a und a'. Tatsächlich haben wir die b-Symbole nur in der Gleichung behalten, damit man dem Beispiel im nächsten Abschnitt besser folgen kann.

Wir können Gl. 7.19 vereinfachen, in dem wir die $\rho_{a'a}$ aus Gl. 7.20 hineinstecken. Der Erwartungswert von $\mathbf{L}$ (der 2×2-Version) wird dann zu

$$\langle \mathbf{L} \rangle = \sum_{a'a} \rho_{a'a} L_{a,a'}. \tag{7.21}$$

Durch Summieren über b ist eine 4×4-Matrix auf eine 2×2-Matrix zusammengeschrumpft. Dies macht Sinn. Wir erwarten, dass ein Operator auf dem zusammengesetzten System eine 4×4-Matrix ist, und wir erwarten, dass ein Alice-Operator eine 2×2-Matrix ist.

Beachten Sie, dass die rechte Seite von Gl. 7.21 eine Summe von Diagonalelementen ist. Anders gesagt ist es die Spur der Matrix $\rho \mathbf{L}$, die wir schreiben können als

$$\langle \mathbf{L} \rangle = \mathrm{Sp}\,\rho \mathbf{L}.$$

Wir lernen daraus: Um Alices Dichtematrix zu berechnen, brauchen wir zwar die komplette Wellenfunktion, zuzüglich der Abhängigkeit von Bobs Variablen. Aber sobald wir ρ kennen, können wir vergessen, woher sie kam, und mit ihr *alles* zu Alices Beobachtungen berechnen. So können wir als einfaches Beispiel mit ρ die Wahrscheinlichkeit $P(a)$ berechnen, dass Alices System nach einer Messung im Zustand a verbleibt. Um $P(a)$ zu bestimmen, beginnen wir mit $P(a, b)$, der Wahrscheinlichkeit, dass das kombinierte System im Zustand $|ab\rangle$ ist. Diese beträgt

$$P(a, b) = \psi^*(a, b) \psi(a, b).$$

Nach den Standardregeln der Wahrscheinlichkeit erhalten wir durch Summieren über b die Wahrscheinlichkeit für A:

$$P(a) = \sum_b \psi^*(a,b)\psi(a,b).$$

Dies ist gerade ein Diagonal-Eintrag in der Dichtematrix:

$$P(a) = \rho_{aa}. \qquad (7.22)$$

Hier folgen einige Eigenschaften der Dichtematrizen:

- Dichtematrizen sind hermitesch:

$$\rho_{aa'} = \rho_{a'a}^*.$$

- Die Spur einer Dichtematrix ist 1:

$$\mathrm{Sp}\,\rho = 1.$$

  Dies sollte wegen Gl. 7.22 klar sein, denn die linke Seite ist eine Wahrscheinlichkeit.

- Die Eigenwerte der Dichtematrix sind alle positiv und liegen zwischen 0 und 1. Daraus folgt: Ist ein Eigenwert 1, so sind alle anderen 0. (Können Sie dieses Ergebnis interpretieren?)

- Für einen reinen Zustand gilt:

$$\rho^2 = \rho$$
$$\mathrm{Sp}\,\rho^2 = 1.$$

- Für einen gemischten oder verschränkten Zustand gilt:

$$\rho^2 \neq \rho$$
$$\mathrm{Sp}\,\rho^2 < 1.$$

Die letzten beiden Eigenschaften zeigen einen sicheren Weg, um mathematisch zwischen reinen und gemischten Zuständen zu unterscheiden. Ein Teilsystem eines verschränkten Zustands (etwa Alices Hälfte des Singulett-Zustands) wird als gemischter Zustand betrachtet.

Es lohnt sich zu versuchen, diese Eigenschaften etwas genauer zu verstehen. Um die Dinge zu vereinfachen, gehen wir davon aus, dass ρ eine Diagonalmatrix ist, d.h. dass alle Elemente außerhalb der Diagonale 0 sind. Diese Vereinfachung kostet nichts, da ρ hermitesch ist, und man kann zeigen, dass jede hermitesche

Basis in einer bestimmten Basis Diagonalgestalt hat.[7] Das Quadrieren einer Diagonalmatrix ist einfach; man muss nur jedes einzelne Element quadrieren. Da ρ einen gemischten Zustand repräsentiert und die Diagonalelemente sich zu 1 addieren, kann *keines* der Diagonalelemente von ρ *gleich* 1 sein. Sonst würde ρ einen reinen Zustand darstellen. Daher muss ρ mindestens zwei positive Diagonalelemente haben, die kleiner als 1 sind. Das Quadrieren dieser Elemente erzeugt eine neue Matrix ρ^2, deren Elemente noch kleiner sind. Dies ergibt die beiden Eigenschaften für ρ bei gemischten Zuständen.

Bevor Sie die nächsten Übungen ausprobieren, möchte ich noch eines über die Spur sagen. Es stellt sich heraus, dass die Spur viele interessante mathematische Eigenschaften besitzt. Eine der nützlicheren Eigenschaften besteht darin, dass die Spur eines Produkts zweier Matrizen nicht von der Reihenfolge der Multiplikation abhängt. Anders gesagt:

$$\text{Sp } AB = \text{Sp } BA,$$

selbst wenn gilt:

$$AB \neq BA.$$

Ich erwähne dies, da Sie die Spur der Dichtematrix manchmal als $\text{Sp } \mathbf{L}\rho$ geschrieben sehen werden statt als $\text{Sp } \rho\mathbf{L}$. Diese beiden Ausdrücke sind äquivalent.

Aufgabe 7.5

a) Zeigen Sie

$$\begin{pmatrix} a & 0 \\ 0 & b \end{pmatrix}^2 = \begin{pmatrix} a^2 & 0 \\ 0 & b^2 \end{pmatrix}.$$

b) Nehmen Sie nun an, dass

$$\rho = \begin{pmatrix} \frac{1}{2} & 0 \\ 0 & \frac{2}{3} \end{pmatrix}$$

ist. Berechnen Sie ρ^2, $\text{Sp } \rho$ und $\text{Sp } \rho^2$.

c) Falls ρ eine Dichtematrix ist, steht sie dann für einen reinen oder für einen gemischten Zustand?

---

[7]Wie wir früher in Abschnitt 7.2. erwähnten, kann eine hermitesche Matrix $\mathbf{M}$ durch eine Transformation $\mathbf{P}^\dagger\mathbf{M}\mathbf{P}$ diagonalisiert werden, wobei $\mathbf{P}$ eine unitäre Matrix ist, deren Spalten die normierten Eigenvektoren von $\mathbf{M}$ sind.

Aufgabe 7.6

Verwenden Sie Gl. 7.22, um zu zeigen: Ist ρ eine Dichtematrix, so gilt

$$\mathrm{Sp}\,\rho = 1.$$

7.6 Ein konkretes Beispiel: Berechnung von Alices Dichtematrix

Bislang war die Diskussion der Dichtematrizen für einige Leser vielleicht ein wenig abstrakt. Hier ist ein ausgearbeitetes Beispiel, durch das Dichtematrizen etwas klarer werden sollten. Erinnern Sie sich an die Definition von Alices Dichtematrix in Gl. 7.20:

$$\rho_{a'a} = \sum_{b} \psi^{*}(a,b)\psi(a',b'). \tag{7.23}$$

Betrachten Sie nun den Zustandsvektor

$$|\Psi\rangle = \frac{1}{\sqrt{2}}\left(|ud\rangle + |du\rangle\right).$$

Beachten Sie, dass zwei der Basisvektoren einen Koeffizienten von $\frac{1}{\sqrt{2}}$ haben, während die anderen beiden 0 als Koeffizienten haben. Der Zustand ist normiert, da die Summe der quadrierten Koeffizienten 1 ist. Außerdem sind alle vier Koeffizienten reell, was den Vorgang der komplexen Konjugation vereinfacht. Berechnen wir Alices Dichtematrix für diesen Zustand. Zuerst listen wir für alle möglichen Eingaben a und b die Werte von $\psi(a,b)$ auf. Erinnern Sie sich: Dies sind gerade die Koeffizienten der Basisvektoren:

$$\psi(u,u) = 0$$

$$\psi(u,d) = \frac{1}{\sqrt{2}}$$

$$\psi(d,u) = \frac{1}{\sqrt{2}}$$

$$\psi(d,d) = 0.$$

Als Nächstes verwenden wir diese vier Gleichungen, um jedes Element von Alices Dichtematrix zu berechnen, indem wir die Summe aus Gl. 7.23 ausschreiben. In dieser ausführlichen Form bemerken Sie, dass bei jedem Faktor der Form $\psi(a,b)^{*}\psi(a,b)$ Bobs Beitrag für beide Faktoren derselbe ist. Wir verwerfen alle

Terme ohne diese Eigenschaft. Das meinen wir mit „in der Summe b' gleich b setzen". Hier die ausführliche Form:

$$\rho_{uu} = \psi^*(u,u)\psi(u,u) + \psi^*(u,d)\psi(u,d) = \frac{1}{2}$$

$$\rho_{ud} = \psi^*(u,u)\psi(d,u) + \psi^*(u,d)\psi(d,d) = 0$$

$$\rho_{du} = \psi^*(d,u)\psi(u,u) + \psi^*(d,d)\psi(u,d) = 0$$

$$\rho_{dd} = \psi^*(d,u)\psi(d,u) + \psi^*(d,d)\psi(d,d) = \frac{1}{2}.$$

Diese Werte ergeben die Elemente einer 2×2-Matrix:

$$\rho = \begin{pmatrix} \frac{1}{2} & 0 \\ 0 & \frac{1}{2} \end{pmatrix}. \tag{7.24}$$

Die Spur unserer Matrix ist 1. Und unsere Dichtematrix ist erschaffen.[8]

Aufgabe 7.7
Verwenden Sie Gl. 7.24, um ρ^2 zu berechnen. Wie bestätigt dieses Ergebnis, dass ρ einen verschränkten Zustand darstellt? Wir werden bald feststellen, dass es noch andere Möglichkeiten gibt, Verschränkungen zu überprüfen.

Aufgabe 7.8
Betrachten Sie die folgenden Zustände:

- $|\Psi_1\rangle = \frac{1}{2}(|uu\rangle + |ud\rangle + |du\rangle + |dd\rangle)$
- $|\Psi_2\rangle = \frac{1}{\sqrt{2}}(|uu\rangle + |dd\rangle)$
- $|\Psi_3\rangle = \frac{1}{5}(3|uu\rangle + 4|ud\rangle)$

Berechnen Sie für jeden Zustand Alices Dichtematrix und Bobs Dichtematrix. Untersuchen Sie deren Eigenschaften.

---

[8]Art ist ein Poet, und er ahnt es nicht einmal.

7.7 Tests auf Verschränkung

Angenommen, ich würde Ihnen eine Wellenfunktion

$$\psi(a, b)$$

geben für das zusammengesetzte System S_{AB}. Wie könnten Sie entscheiden, ob der entsprechende Zustand verschränkt ist? Ich rede nicht von einem experimentellen Test, aber über ein mathematisches Verfahren. Eine verwandte Frage ist, ob es verschiedene Grade von Verschränkung gibt. Falls ja, wie würde man sie quantifizieren?

Verschränkung ist die quantenmechanische Verallgemeinerung von Korrelation. Sie zeigt, dass Alice etwas über Bobs Hälfte des Systems sagen kann, indem sie ihre eigene misst. Im klassischen Beispiel der vorherigen Vorlesung habe ich die Idee der korrelierenden Münzen geschildert. Wenn Alice die Münze beobachtet, die Charlie ihr gegeben hat, so weiß sie nicht nur, ob ihre eigene Münze ein Cent oder ein Dime ist, sie weiß auch, welche Münze Bob hat. Das ist das experimentelle Bild. Der *mathematische* Indikator für Korrelation ist, dass die Funktion $P(a, b)$ nicht faktorisiert (d.h., sie sieht nicht aus wie in Gl. 6.3). Wann immer die Wahrscheinlichkeitsverteilung nicht faktorisiert, gibt es von 0 verschiedene Korrelationen, wie ich in Ungleichung Gl. 6.2 beschrieben habe.

7.7.1 Der Korrelationstest auf Verschränkung

Nehmen wir an, $\mathbf{A}$ ist eine Observable von Alice, und $\mathbf{B}$ ist eine Observable von Bob. Die Korrelation zwischen ihnen ist definiert in Ausdrücken der Mittelwerte (auch *Erwartungswerte* genannt) der einzelnen Observablen und deren Produkt. Seien

$$\langle \mathbf{A} \rangle, \langle \mathbf{B} \rangle, \langle \mathbf{AB} \rangle$$

diese Erwartungswerte. Die Korrelation $C(\mathbf{A}, \mathbf{B})$ zwischen $\mathbf{A}$ und $\mathbf{B}$ ist definiert als

$$C(\mathbf{A}, \mathbf{B}) = \langle \mathbf{AB} \rangle - \langle \mathbf{A} \rangle \langle \mathbf{B} \rangle.$$

Aufgabe 7.9
Zeigen Sie für eine Observable $\mathbf{A}$ von Alice und eine Observable $\mathbf{B}$ von Bob, dass für einen Produktzustand die Korrelation $C(\mathbf{A}, \mathbf{B})$ 0 beträgt.

Aus dieser Übung können wir etwas über Verschränkung lernen. Ist ein System in einem Zustand, in dem wir zwei korrelierende Observablen $\mathbf{A}$ und $\mathbf{B}$ finden können – d.h. $C(\mathbf{A}, \mathbf{B}) \neq 0$ – so ist der Zustand verschränkt. Korrelationen liegen nach Definition im Bereich zwischen -1 und $+1$. Diese Extremwerte stehen für die größte negative und positive Verschränkung. Je größer der Betrag von $C(\mathbf{A}, \mathbf{B})$ ist, umso verschränkter ist der Zustand. Ist $C(\mathbf{A}, \mathbf{B}) = 0$, so liegt überhaupt keine Korrelation (und Verschränkung) vor.

7.7.2 Der Dichtematrix-Test auf Verschränkung

Um Korrelationen berechnen zu können, müssen Sie Bobs Teil und Alices Teil des Systems kennen, zusammen mit der Wellenfunktion des Systems. Aber es gibt einen anderen Test auf Verschränktheit, zu dem wir nur Alices (oder Bobs) Dichtematrix kennen müssen. Nehmen wir an, der Zustand $|\Psi\rangle$ ist ein Produktzustand mit einem Faktor $|\phi\rangle$ von Bob und einem Faktor $|\psi\rangle$ von Alice. Das bedeutet, dass die zusammengesetzte Wellenfunktion ebenfalls ein Produkt aus einem Bob-Faktor und einem Alice-Faktor ist:

$$\Psi(a, b) = \psi(a)\phi(b).$$

Nun leiten wir Alices Dichtematrix her. Wir verwenden die Definition in Gl. 7.20 und erhalten

$$\rho_{a'a} = \psi^*(a)\psi(a') \sum_b \phi^*(b)\phi(b).$$

Ist aber Bobs Zustand normiert, so ist

$$\sum_b \phi^*(b)\phi(b) = 1,$$

was Alices Dichtematrix extrem einfach macht:

$$\rho_{a'a} = \psi^*(a)\psi(a'). \tag{7.25}$$

Beachten Sie, dass sie nur von Alices Variablen abhängt. Vielleicht ist es nicht besonders überraschend, dass alles, was wir über Alices System wissen müssen, in Alices Wellenfunktion steht.

Nun werde ich einen grundlegenden Satz über die Eigenwerte von Alices Dichtematrix beweisen, unter der Voraussetzung eines Produktzustandes. Es gilt nur für unverschränkte Zustände und dient zu deren Identifizierung. Der Satz besagt, dass für jeden Produktzustand Alices (oder Bobs) Dichtematrix genau einen von 0 verschiedenen Eigenwert besitzt, und dieser Eigenwert ist genau 1. Wir beginnen mit dem Satz, indem wir die Eigenwert-Gleichung für die Matrix ρ hinschreiben:

$$\sum_{a'} \rho_{a'a}\alpha_{a'} = \lambda\alpha_a.$$

Mit anderen Worten: Die Matrix ρ wirkt auf den Spaltenvektor α, indem sie denselben Vektor, multipliziert mit dem Eigenwert λ, zurückliefert. Mit Hilfe der einfachen Form von ρ aus Gl. 7.25 können wir schreiben

$$\psi(a') \sum_a \psi^*(a)\alpha_a = \lambda\alpha_{a'}. \tag{7.26}$$

Nun fallen Ihnen vielleicht ein paar Dinge auf. Zuerst einmal hat die Größe

$$\sum_a \psi^*(a)\alpha_a$$

die Form eines inneren Produkts. Ist der Spaltenvektor α orthogonal zu ψ, so ist die linke Seite in Gl. 7.26 gleich 0. Solch ein Vektor ist ein Eigenvektor von ρ zum Eigenwert 0.

Ist die Dimension von Alices Zustandsraum gleich N_A, so gibt es $N_A - 1$ orthogonale Vektoren zu ψ. Jeder von ihnen ist ein Eigenvektor von ρ zum Eigenwert 0. Dies lässt nur noch eine mögliche Richtung für einen Eigenvektor mit nicht-verschwindendem Eigenwert zu, nämlich den Vektor $\psi(a)$. Und setzen wir $\alpha = \psi(a)$, so stellen wir tatsächlich fest, dass er ein Eigenvektor von ρ mit Eigenwert 1 ist.

Fassen wir das Theorem zusammen: Ist das zusammengesetzte Alice-Bob-System in einem Produktzustand, so hat Alices (oder Bobs) Dichtematrix genau einen Eigenwert gleich 1, und alle anderen sind 0. Weiterhin ist der Eigenvektor zum von 0 verschiedenen Eigenwert nichts anderes als die Wellenfunktion von Alices Hälfte des Systems.

In dieser Situation ist Alices System in einem reinen Zustand. Alle Beobachtungen von Alice werden beschrieben, als ob Bob und sein System nie existiert hätten, und als ob Alice ein isoliertes System hätte, das durch die Wellenfunktion $\psi(a')$ beschrieben wird.

Das zum reinen Zustand entgegengesetzte Extrem ist ein maximal verschränkter Zustand. Maximal verschränkte Zustände sind Zustände eines kombinierten Systems, in dem nichts über jedes Teilsystem bekannt ist, obwohl es eine vollständige Beschreibung des Systems als Ganzes gibt – so vollständig, wie es die Quantenmechanik erlaubt. Der Zustand $|sing\rangle$ ist ein maximal verschränkter Zustand.

Wenn Alice ihre Dichtematrix für einen maximal verschränkten Zustand ausrechnet, findet sie etwas sehr Enttäuschendes: Die Dichtematrix ist proportional zur Einheitsmatrix. Alle Eigenwerte sind gleich, und da ihre Summe 1 betragen muss, ist jeder Eigenwert gleich $\frac{1}{N_A}$. Mit anderen Worten:

$$\rho_{a'a} = \frac{1}{N_A}\delta_{a'a}. \tag{7.27}$$

Warum ist Alice enttäuscht? Gehen Sie einmal zurück zu Gl. 7.22. Diese Gleichung besagt, dass die Wahrscheinlichkeit für einen bestimmten Zustand a das Diagonalelement von ρ ist, aber Gl. 7.27 sagt uns, dass alle Wahrscheinlichkeiten gleich sind. Was könnte weniger Informationen bieten als eine solch strukturlose Wahrscheinlichkeitsverteilung, bei der jedes Ergebnis gleich wahrscheinlich ist?

Maximale Verschränkung impliziert vollständiges Fehlen von Information über Alices Teilsystem für Elemente, die nur dieses eine Teilsystem betreffen. Andererseits impliziert sie eine große Korrelation zwischen Alices und Bobs Messungen. Beim Singulett-Zustand kennt Alice, wenn sie irgendeine Komponente ihres Spins misst, automatisch das Ergebnis, das Bob erhält, wenn er dieselbe Komponente seines Spins misst. Dies ist genau die Art von Wissen, die in einem Produktzustand ausgeschlossen ist.

So sind bei jeder Art von Zustand einige Dinge vorhersagbar und andere nicht. In einem Produktzustand können wir statistische Vorhersagen über Messungen auf jedem getrennten Teilsystem machen, aber Alices Messung sagt ihr nichts über Bobs System. In einem maximal verschränkten Zustand andererseits kann Alice nichts über ihre eigenen Messungen vorhersagen, aber sie weiß sehr viel über die Beziehung zwischen ihren und Bobs Ergebnissen.

7.8 Der Messprozess

Wir haben gesehen, dass sich Quantensysteme auf scheinbar unvereinbare Weisen entwickeln: Durch unitäre Entwicklung zwischen Messungen, und durch kollabierende Wellenfunktionen, sobald eine Messung stattfindet. Dieser Umstand hat zu einigen der hitzigsten Debatten und verwirrendsten Behauptungen über die sogenannte Realität geführt. Ich werde mich von den Debatten fernhalten und bei den Fakten bleiben. Wenn Sie erst einmal wissen, wie Quantenmechanik funktioniert, können Sie selbst entscheiden, ob es dort ein Problem gibt.

Beginnen wir mit der Feststellung, dass jede Messung ein System und eine Apparatur umfasst. Ist aber die Quantenmechanik eine konsistente Theorie, so sollte es möglich sein, das System und die Apparatur zu einem einzelnen größeren System zu kombinieren. Nehmen wir der Einfachheit halber einen einzelnen Spin als System. Die Apparatur $\mathcal{A}$ ist dieselbe, die wir in der ersten Vorlesung benutzt haben. Das Fenster in der Apparatur liefert drei mögliche Anzeigen. Die erste ist leer, was den neutralen Zustand der Apparatur darstellt, bevor sie in Kontakt mit dem System kommt. Die anderen beiden Anzeigen stehen für die möglichen Ergebnisse der Messung: $+1$ oder -1.

Ist die Apparatur ein Quantensystem (was sie natürlich sein muss), so wird sie durch einen Zustandsraum beschrieben. In der einfachsten Beschreibung hat die Apparatur genau drei Zustände: einen leeren Zustand und zwei Ergebniszustände.

Daher sind die Basisvektoren der Apparatur

$$|l\rangle, |+1\rangle, |-1\rangle.$$

Die Basiszustände des Spins indessen können als die üblichen Zustände **up** und **down** gewählt werden:

$$|u\rangle, |d\rangle.$$

Mit diesen zwei Sätzen von Basisvektoren können wir den zusammengesetzten (Tensorprodukt-)Raum von Zuständen bilden mit den sechs Basisvektoren

$$|u,l\rangle, |u,+1\rangle, |u,-1\rangle$$
$$|d,l\rangle, |d,+1\rangle, |d,-1\rangle.$$

Der genaue Mechanismus, der angibt was passiert, wenn System auf Apparatur trifft, mag kompliziert sein, aber wir können einige Annahmen darüber treffen, wie sich das System entwickelt. Nehmen wir an, die Apparatur beginnt im Zustand **leer** und der Spin im Zustand **up**. Nachdem die Apparatur mit dem Spin interagiert hat, ist der Endzustand (nach Annahme)

$$|u,+1\rangle.$$

Anders gesagt lässt die Interaktion den Spin unverändert, versetzt aber die Apparatur in den Zustand +1. Wir schreiben das als

$$|u,l\rangle \rightarrow |u,+1\rangle. \tag{7.28}$$

Genauso können wir voraussetzen, dass ein Spin im Zustand **down** die Apparatur in den Zustand -1 versetzt:

$$|d,l\rangle \rightarrow |d,-1\rangle. \tag{7.29}$$

Daher können wir durch einen Blick auf die Apparatur nach der Interaktion mit dem Spin sagen, wie der Spin ursprünglich aussah. Jetzt nehmen wir an, dass der anfängliche Spin allgemeiner ist, nämlich

$$\alpha_u |u\rangle + \alpha_d |d\rangle.$$

Schließen wir die Apparatur als Teil des Systems ein, so ist der Anfangszustand

$$\alpha_u |u,l\rangle + \alpha_d |d,l\rangle. \tag{7.30}$$

Dieser Anfangszustand ist ein Produktzustand, genauer gesagt ein Produkt aus dem anfänglichen Spin und dem leeren Zustand der Apparatur. Sie können nachweisen, dass er völlig unverschränkt ist.

Aufgabe 7.10
Zeigen Sie, dass der Zustandsvektor in Gl. 7.30 einen vollständig unverschränkten Zustand darstellt.

Da wir aus Gleichungen 7.28 und 7.29 wissen, wie sich die individuellen Terme in Gl. 7.30 entwickeln, können wir leicht den Endzustand herleiten:

$$\alpha_u \left| u, l \right\rangle + \alpha_d \left| d, l \right\rangle \rightarrow \alpha_u \left| u, +1 \right\rangle + \alpha_d \left| d, -1 \right\rangle .$$

Der Endzustand ist ein verschränkter Zustand. Er ist für $\alpha_u = -\alpha_d$ der maximal verschränkte Singulett-Zustand. Tatsächlich kann man auf die Apparatur sehen und sofort sagen, wie der Spin-Zustand ist: Zeigt die Apparatur $+1$, so ist der Spin **up**, zeigt sie -1, so ist der Spin **down**. Darüber hinaus beträgt die Wahrscheinlichkeit, dass die Apparatur im Endzustand $+1$ zeigt,

$$\alpha_u^* \alpha_u .$$

Diese Zahl steht für eine Wahrscheinlichkeit – es ist genau dieselbe Wahrscheinlichkeit wie die ursprüngliche Wahrscheinlichkeit, dass der Spin **up** war. In dieser Beschreibung einer Messung findet kein Kollaps der Wellenfunktion statt. Stattdessen entsteht durch die unitäre Entwicklung des Zustandsvektors eine Verschränkung zwischen der Apparatur und dem System.

Das einzige Problem besteht darin, dass wir auf gewisse Weise die Schwierigkeit nur verschoben haben. Es ist nicht sehr befriedigend zu hören, dass die Apparatur den Spin-Zustand „kennt", solange der Experimentator – sagen wir Alice – nicht einen Blick auf die Apparatur werfen kann. Ist es nicht so, dass sie, indem sie dies tut, die Wellenfunktion kollabieren lässt? Ja und nein. Für alles, was Alice betrifft, ist die Antwort ja; sie wird schließen, dass die Apparatur und der Spin in einem der beiden möglichen Zustände ist, und entsprechend verfahren.

Aber bringen wir nun Bob ins Spiel. Bislang gab es noch keine Wechselwirkung zwischen ihm und dem Spin, der Apparatur oder Alice. Von seinem Standpunkt aus bilden die drei ein einzelnes Quantensystem. Es fand kein Kollaps der Wellenfunktion statt, als Alice auf die Apparatur blickte. Stattdessen sagt Bob, dass Alice mit den beiden anderen Teilsystemen verschränkt wurde.

Das ist alles schön und gut, aber was passiert, wenn Bob Alice ansieht? Was ihn anbelangt, ist die Wellenfunktion kollabiert. Aber da ist noch der gute alte Charlie...

Lässt die letzte Entität, die das System ansieht, die Wellenfunktion kollabieren, oder wird sie nur verschränkt? Oder gibt es überhaupt einen letzten Zuschauer? Ich werde nicht versuchen, diese Fragen zu beantworten, aber es sollte deutlich geworden sein, dass die Quantenmechanik ein konsistenter Kalkül für eine gewisse Art von Experimenten ist, die ein System und eine Apparatur umfassen. Wir verwenden ihn, und er funktioniert, aber wenn wir Fragen nach der darunterliegenden „Realität" stellen, beginnt die Verwirrung.

7.9 Verschränkung und Lokalität

Verletzt die Quantenmechanik die **Lokalität**? Einige Leute glauben es. Einstein kämpfte gegen die **spukhafte Fernwirkung**, die seiner Meinung aus der Quantenmechanik folgte. Und **John Bell** wurde beinahe zur Kultfigur, als er nachwies, dass die Quantenmechanik nicht-lokal ist.

Andererseits würden die meisten theoretischen Physiker, die an der Quantenfeldtheorie arbeiten, die voller Verschränkung steckt, das Gegenteil behaupten: Quantenmechanik richtig betrieben bewahrt die Lokalität.

Das Problem liegt natürlich darin, dass die beiden Gruppen unter *Lokalität* verschiedene Dinge verstehen. Beginnen wir mit der Vorstellung des Begriffs eines Quantenfeldtheoretikers. Von seinem Standpunkt aus hat sie nur eine Bedeutung: Es ist unmöglich, ein Signal schneller als mit Lichtgeschwindigkeit zu senden. Ich werde zeigen, wie die Quantenmechanik diese Regel bewahrt.

Zuerst lassen Sie mich die Definition von *Alices System* und *Bobs System* erweitern. Bislang habe ich den Begriff *Alices System* für etwas verwendet, das Alice mit sich herumtragen und auf dem sie ihre Experimente ausführen kann. Für den Rest des Abschnitts soll dies nun etwas anderes bedeuten: Alices System besteht nicht nur aus dem System, das sie bei sich trägt, sondern auch aus der Apparatur, die sie verwendet, und auch aus ihr selbst. Dasselbe gilt natürlich auch für Bobs System. Die Basis-Ket-Vektoren

$$|a\}$$

beschreiben alles, mit dem Alice interagieren kann. Genauso beschreiben die Ket-Vektoren

$$|b\rangle$$

alles, mit dem Bob interagieren kann. Und die Tensorprodukt-Zustände

$$|ab\rangle$$

beschreiben die Kombination von Alices und Bobs Welt.

Wir setzen voraus, dass Alice und Bob einmal so nahe beieinander waren, dass sie interagieren konnten, aber im Augenblick ist Alice auf Alpha Centauri und Bob in Palo Alto. Die Alice-Bob-Wellenfunktion ist

$$\psi(ab),$$

und sie kann verschränkt sein. Alices vollständige Beschreibung ihres Systems, ihrer Apparatur sowie ihr selbst ist in ihrer Dichtematrix enthalten:

$$\rho_{aa'} = \sum_b \psi^*(a'b)\psi(ab). \tag{7.31}$$

Betrachten Sie diese Frage: Kann Bob an seinem Ende irgendetwas tun, um **instantan** Alices Dichtematrix zu verändern? Denken Sie daran, dass Bob nur Dinge tun kann, die ihm die Gesetze der Quantenmechanik erlauben. Insbesondere muss Bobs Entwicklung, was immer sie verursacht, unitär sein. Mit anderen Worten muss sie durch eine unitäre Matrix

$$\mathbf{U}_{bb'}$$

beschrieben werden. Die Matrix $\mathbf{U}$ beschreibt alles, was mit Bobs System geschieht, ob Bob ein Experiment durchführt oder nicht. Sie wirkt auf die Wellenfunktion und erzeugt eine neue Wellenfunktion, die wir die „finale" Wellenfunktion nennen wollen:

$$\psi_{\text{final}}(ab) = \sum_{b'} \mathbf{U}_{bb'}\psi(ab').$$

Wir können auch die komplexe Konjugierte dieser Wellenfunktion schreiben:

$$\psi^*_{\text{final}}(a'b) = \sum_{b''} \psi^*(a'b'')\mathbf{U}^\dagger_{b''b}.$$

Beachten Sie, dass wir den Symbolen Striche hinzugefügt haben, um sie im nächsten Schritt nicht durcheinanderzubringen. Berechnen wir nun Alices Dichtematrix. Wir verwenden Gl. 7.31, ersetzen aber die ursprünglichen Wellenfunktionen durch die finalen:

$$\rho_{aa'} = \sum_{b,b',b''} \psi^*(a'b'')\mathbf{U}^\dagger_{b''b}\mathbf{U}_{bb'}\psi(ab').$$

Hier stehen jetzt eine Menge Indizes, aber die Mathematik ist nicht so schlimm, wie es aussieht. Sehen Sie sich nur an, in welcher Form die $\mathbf{U}$-Matrizen auftauchen:

$$\mathbf{U}^\dagger_{b''b}\mathbf{U}_{bb'}.$$

Diese Kombination ist nur das Matrixprodukt $\mathbf{U}^\dagger\mathbf{U}$. Und $\mathbf{U}$ ist unitär. Das bedeutet, dass das Produkt $\mathbf{U}^\dagger\mathbf{U}$ die Einheitsmatrix $\delta_{b''b'}$ ist. Wie zuvor bedeutet dies, dass man alle Terme, in denen $b'' = b'$ ist, mitnimmt und alle anderen ignoriert. Durch diese Vereinfachung erhalten wir

$$\rho_{aa'} = \sum_b \psi^*(a'b)\psi(ab).$$

Das ist genau dasselbe wie in Gl. 7.31. Anders gesagt: $\rho_{aa'}$ *ist genau dasselbe wie vor der Wirkung von* **U**. Nichts, was an Bobs Ende geschieht, hat eine sofortige Auswirkung auf Alices Dichtematrix, selbst wenn Alice und Bob maximal verschränkt sind. Das bedeutet, dass Alices Sicht auf ihr Teilsystem (ihr statistisches Modell) genauso bleibt wie es war. Dieses bemerkenswerte Ergebnis scheint überraschend für ein maximal verschränktes System, aber es garantiert auch, dass kein überlichtschnelles Signal gesendet wurde.

7.10 Quantensimulatoren: Eine Einführung in das Bellsche Theorem[*]

Es ist interessant, dass Unitarität eine wichtige Rolle dabei spielte, dass kein Signal instantan gesendet werden kann. Wäre **U** nicht unitär, so wäre Alices Dichtematrix *tatsächlich* von Bob beeinflusst worden.

Was war es dann, was Einstein so störte, als er von spukhafter Fernwirkung redete? Um diese Frage zu beantworten, ist es wichtig zu verstehen, dass er und Bell über völlig verschiedene Begriffe der Lokalität sprachen. Um dies zu illustrieren, erfinde ich einmal ein Computerspiel. Mein neues Computerspiel gaukelt Ihnen vor, dass es im Computer einen Quantenspin in einem Magnetfeld gibt. Man muss Experimente ausführen, um die Wahrscheinlichkeit zu bestimmen. Schauen Sie sich die Skizze in Abb. 7.1 an.

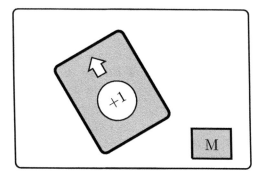

Abb. 7.1 Quantensimulator. Der Computerbildschirm zeigt die vom Benutzer kontrollierte Ausrichtung der Apparatur. Der Einfachheit halber wird hier nur die zweidimensionale Ausrichtung gezeigt. Der Benutzer kann den Knopf M jederzeit drücken, wenn er den Spin (nicht im Bild) messen will. Zwischen den Messungen entwickelt sich der Spinzustand gemäß der Schrödingergleichung.

---

[*]In der deutschsprachigen Literatur wird das Theorem meist als die **Bellsche Ungleichung** bezeichnet, denn um eine solche handelt es sich. (A.d.Ü.)

So funktioniert es: Im Speicher des Computers sind zwei komplexe Zahlen abgelegt, α_u und α_d, wie üblich normiert

$$\alpha_u^* \alpha_u + \alpha_d^* \alpha_d = 1.$$

Am Anfang des Spiels haben beide Koeffizienten denselben Wert. Der Computer löst dann die Schrödingergleichung, um die α zu aktualisieren, als ob sie die Komponenten des Zustandsvektors eines Spins wären.

Der Computer speichert auch die klassische dreidimensionale Orientierung der Apparatur in Form zweier Winkel oder eines Einheitsvektors. Über die Tastatur können diese Winkel gesetzt und geändert werden. Noch ein weiteres Element wird gespeichert, nämlich der Wert (entweder $+1$ oder -1), der im Fenster der Apparatur angezeigt wird. Der Computerbildschirm zeigt die Apparatur. Als Experimentator können Sie die Orientierung der Apparatur wählen. Es gibt auch einen Messknopf M, der die Apparatur aktiviert.

Das letzte Element des Programms ist ein Zufallszahlengenerator, der die Messergebnisse $+1$ oder -1 mit Wahrscheinlichkeiten $\alpha_u^* \alpha_u$ bzw. $\alpha_d^* \alpha_d$ erzeugt. Beachten Sie, dass Zufallszahlengeneratoren nicht wirklich Generatoren von Zufallszahlen sind, sondern lediglich eine Simulation von Zufallszahlen. Sie basieren auf einem völlig klassischen deterministischen Mechanismus, der Dinge wie die Stellen von π verwendet, um Zahlen zu erzeugen. Trotzdem sind sie gut genug, um Sie zu täuschen.

Das Spiel beginnt, und der Computer aktualisiert ständig die Werte von α_u und α_d. Sie warten, solange Sie möchten, und drücken dann den M-Knopf. Mit Hilfe des Zufallszahlengenerators erzeugt der Computer ein Ergebnis, das auf dem Bildschirm angezeigt wird. Abhängig vom Ergebnis aktualisiert der Computer den Zustand beim Kollaps. Ist das Ergebnis $+1$, so wird der Wert von α_d auf 0 gesetzt, und der Wert von α_u auf die Einheit. Ist das Ergebnis -1, so wird der Wert von α_d auf die Einheit gesetzt, und der Wert von α_u auf 0. Dann übernimmt wieder die Schrödingergleichung, bis Sie erneut M drücken.

Als guter Experimentator machen Sie viele Versuche und sammeln Daten, die Sie mit den quantenmechanischen Voraussagen vergleichen. Funktioniert alles richtig, so schließen Sie daraus, dass die Quantenmechanik die richtige Beschreibung der Vorgänge im Computer sind. Natürlich ist der Computer immer noch völlig klassisch, aber er simuliert mühelos einen Quantenspin.

Nun versuchen wir dasselbe einmal mit zwei Computern A und B, die zwei Quantenspins simulieren. Wenn die Spins in einem Produktzustand beginnen und niemals wechselwirken, können wir das Spiel getrennt auf jedem einzelnen der zwei Computer spielen. Aber jetzt kehren Alice, Bob und Charlie zurück, um uns zu helfen. Charlie möchte natürlich ein verschränktes Paar erzeugen. Dazu verbindet er die beiden Computer mit einem Kabel zu einem einzigen Computer, und wir nehmen an, das Kabel sendet instantane Signale.

In seinem Speicher speichert der Computer nun vier komplexe Zahlen

$$\alpha_{uu}, \alpha_{ud}, \alpha_{du}, \alpha_{dd},$$

und er aktualisiert sie mit Hilfe der Schrödingergleichung. Jeder Computer zeigt eine Apparatur. Alices Bildschirm zeigt $\mathcal{A}$ und Bobs Bildschirm zeigt $\mathcal{B}$. Jede virtuelle Apparatur kann unabhängig orientiert werden, und jede kann unabhängig mit ihrem M-Knopf aktiviert werden. Wenn ein M-Knopf gedrückt wird, sendet der gemeinsame Speicher (mit Hilfe des Zufallszahlengenerators) ein Signal an die zugehörige Apparatur und erzeugt ein Ergebnis.

Kann dieses Gerät die Quantenmechanik des Zwei-Spin-Systems simulieren? Ja, sie kann es, solange das Kabel nicht abgezogen wird, und solange es Nachrichten instantan versenden kann. Aber falls das System nicht in einem Produktzustand ist und verbleibt, würde das Trennen der Computer die Simulation zerstören.

Können wir das beweisen? Wieder lautet die Antwort ja, und das ist der essentielle Inhalt des Bellschen Theorems. Jede klassische Simulation der Quantenmechanik, die Alices und Bobs Apparaturen räumlich trennen will, muss ein instantan arbeitendes Kabel haben, das die getrennten Computer mit einem zentralen Speicher verbindet, der den Zustandsvektor speichert und aktualisiert.

Aber bedeutet dies nicht, dass lokalitätsverletzende Informationen durch das Kabel gesendet werden können? Das würde es, wenn Alice, Bob und Charlie etwas tun könnten, das nicht-relativistische klassische Systeme können.[9] Aber wenn die einzigen erlaubten Operationen die simulierten Quantenoperationen sind, lautet die Antwort nein. Wie wir gesehen haben, gestattet die Quantenmechanik nicht, dass Alices Dichtematrix von Bobs Aktionen beeinflusst wird.

Dieses Problem ist kein Problem der Quantenmechanik. Es ist ein Problem für die *Simulation* von Quantenmechanik auf klassischen Computern. Das ist der Inhalt des Bellschen Theorems. Klassische Computer müssen durch instantan arbeitende Kabel verbunden werden, um Verschränkung zu simulieren.

7.11 Zusammenfassung der Verschränkung

Von all den jeder Intuition widersprechenden Ideen, die uns die Quantenmechanik aufdrängt, ist die Verschränkung vielleicht am schwersten zu akzeptieren. Es gibt keine klassische Entsprechung für ein System, dessen vollständige Zustandsbeschreibung keine Informationen über die Teilkomponenten enthält. Nicht-Lokalität ist sogar schon erstaunlich schwer zu beschreiben. Am besten

---

[9]Mit anderen Worten: Systeme, die es erlauben, Signale instantan zu versenden.

kommt man mit diesen Themen klar, indem man die Mathematik dahinter verinnerlicht. Es folgt nun eine kompakte Zusammenfassung dessen, was wir über Verschränkung gelernt haben. Insbesondere haben wir versucht, die Unterschiede zwischen verschränkten, unverschränkten und teilweise verschränkten Zuständen in Form von „Steckbriefen" für drei verschiedene Beispiele darzustellen – einen Produktzustand, den Singulett-Zustand und einen „Fast-Singulett"-Zustand. Wir hoffen, dass dieses Format dabei hilft, die mathematischen Ähnlichkeiten und Unterschiede zu klären. Bitte, nehmen Sie sich etwas Zeit, um dieses Material noch einmal anzusehen und die Übungen zu bearbeiten, bevor Sie weitermachen.

Zustandsvektor Steckbrief 1

Name: Produktzustand (Keine Verschränkung)

Gesucht wegen: Exzessiver Lokalität, Vortäuschung eines klassischen Systems

Beschreibung: Jedes Teilsystem ist vollständig charakterisiert. Es gibt keine Korrelationen zwischen Alices und Bobs Systemen.

Zustandsvektor: $\alpha_u\beta_u \left|uu\right\rangle + \alpha_u\beta_d \left|ud\right\rangle + \alpha_d\beta_u \left|du\right\rangle + \alpha_d\beta_d \left|dd\right\rangle$

Normierung: $\alpha_u^*\alpha_u + \alpha_d^*\alpha_d = 1,\ \beta_u^*\beta_u + \beta_d^*\beta_d = 1$

Dichtematrix: Alices Dichtematrix hat genau einen von 0 verschiedenen Eigenwert, der 1 beträgt. Der Eigenvektor zu diesem nicht-verschwindenden Eigenwert ist die Wellenfunktion von Alices Teilsystem. Dasselbe gilt für Bob.

Wellenfunktion: Faktorisiert: $\psi(a)\psi(b)$

Erwartungswerte:

$$\langle\sigma_x\rangle^2 + \langle\sigma_y\rangle^2 + \langle\sigma_z\rangle^2 = 1$$
$$\langle\tau_x\rangle^2 + \langle\tau_y\rangle^2 + \langle\tau_z\rangle^2 = 1$$

Korrelation: $\langle\sigma_z\tau_z\rangle - \langle\sigma_z\rangle\langle\tau_z\rangle = 0$

Zustandsvektor Steckbrief 2

Name: Singulett-Zustand (Maximale Verschränkung)

Gesucht wegen: Nicht-Lokalität, Vollständige Quanten-Seltsamkeit

Beschreibung: Das zusammengesetzte System als Ganzes ist vollständig charakterisiert. Es gibt keine Informationen über Alices oder Bobs Teilsysteme.

Zustandsvektor: $\frac{1}{\sqrt{2}}\left(|ud\rangle - |du\rangle\right)$

Normierung: $\psi_{uu}^{*}\psi_{uu} + \psi_{ud}^{*}\psi_{ud} + \psi_{du}^{*}\psi_{du} + \psi_{dd}^{*}\psi_{dd} = 1$

Dichtematrix:
Zusammengesetztes System: $\rho^2 \neq \rho$ und $\mathrm{Sp}\,\rho^2 < 1$.
Alices Teilsystem: Dichtematrix ist proportional zur Einheitsmatrix, mit gleichgroßen Eigenwerten, die sich zu 1 addieren. Daher ist jedes Ergebnis einer Messung gleich wahrscheinlich. $\rho^2 \neq \rho$ und $\mathrm{Sp}(\rho^2) < 1$

Wellenfunktion: Nicht faktorisiert: $\psi(a, b)$

Erwartungswerte:

$$\langle\sigma_z\rangle, \langle\sigma_x\rangle, \langle\sigma_x\rangle = 0$$
$$\langle\tau_z\rangle, \langle\tau_x\rangle, \langle\tau_y\rangle = 0$$
$$\langle\tau_z\sigma_z\rangle, \langle\tau_x\sigma_x\rangle, \langle\tau_y\sigma_y\rangle = -1$$

Korrelation: $\langle\sigma_z\tau_z\rangle - \langle\sigma_z\rangle\langle\tau_z\rangle = -1$

Zustandsvektor Steckbrief 3

Name: „Fast-Singulett" (Teilweise Verschränkung)

Gesucht wegen: Unentschiedenheit, allgemeines Wischi-Waschitum, Schwierigkeiten, **up** von **down** zu unterscheiden

Beschreibung: Es gibt einige Informationen über das zusammengesetzte System, und einige über jedes Teilsystem. Unvollständig in jedem Fall.

Zustandsvektor: $\sqrt{0.6}\,|ud\rangle - \sqrt{0.4}\,|du\rangle$

Normierung: $\psi_{uu}^*\psi_{uu} + \psi_{ud}^*\psi_{ud} + \psi_{du}^*\psi_{du} + \psi_{dd}^*\psi_{dd} = 1$

Dichtematrix:

Zusammengesetztes System: $\rho^2 \neq \rho$ und $\mathrm{Sp}(\rho)^2 < 1$.

Alices Teilsystem: $\rho^2 \neq \rho$ und $\mathrm{Sp}(\rho)^2 < 1$.

Wellenfunktion: Nicht faktorisiert: $\psi(a,b)$

Erwartungswerte:

$$
\begin{aligned}
\langle \sigma_z \rangle &= 0,2 \ \ \text{und} \ \ \langle \sigma_x \rangle, \langle \sigma_y \rangle = 0 \\
\langle \tau_z \rangle &= -0,2 \ \ \text{und} \ \ \langle \tau_x \rangle, \langle \tau_y \rangle = 0 \\
\langle \tau_z \sigma_z \rangle &= -1 \\
\langle \tau_x \sigma_x \rangle &= -2\sqrt{0,24}
\end{aligned}
$$

Korrelation: $\langle \sigma_z \tau_z \rangle - \langle \sigma_z \rangle \langle \tau_z \rangle = -0,96$ in diesem Beispiel. Für teilweise verschränkte Systeme im Allgemeinen liegt die Korrelation zwischen -1 und $+1$, aber nie genau bei 0.

Aufgabe 7.11

Berechnen Sie Alices Dichtematrix für σ_z im „Fast-Singulett-Fall".

Aufgabe 7.12

Überprüfen Sie die numerischen Werte in jedem Steckbrief.

Vorlesung 8

Teilchen und Wellen

Übersicht

Art und Lenny hatten genügend Verschränkung für heute. Sie sind jetzt bereit für etwas Einfacheres.

Lenny: „He, Hilbert, hast du etwas mit einer Dimension?"
Hilbert: „Lass mich mal nachsehen. Einzelne Dimensionen sind seit Neuestem sehr beliebt. Manchmal gehen sie uns aus."
Art: „Ich bleibe bei etwas klassischem, wenn du sonst nichts hast."
Hilbert: „Nicht hier, mein Freund. Wir verlieren sonst die Lizenz."
Art: „Gutes Argument."

Für die Leute auf der Straße geht es bei Quantenmechanik nur um Licht, das aus Teilchen besteht, und um Elektronen, die Wellen sind. Aber bis jetzt habe ich Teilchen kaum erwähnt, und die einzige Erwähnung von Wellen war bei der Wellenfunktion, die bis jetzt nichts mit Wellen zu tun hatte. Wann kommen wir also endlich zur „richtigen" Quantenmechanik?

Natürlich lautet die Antwort, dass es bei der richtigen Quantenmechanik nicht so sehr um Teilchen und Wellen geht als vielmehr um nicht-klassische logische Prinzipien, die ihr Verhalten regeln. Die Teilchen-Welle-Dualität ist eine einfache Erweiterung der Dinge, die Sie bereits gelernt haben, wie wir in dieser Vorlesung sehen werden. Aber bevor wir an die Physik gehen, möchte ich noch etwas Mathematik bringen, einiges davon altbekannt – es wurde in früheren Vorlesungen behandelt – und einiges Neues.

© Springer-Verlag GmbH Deutschland, ein Teil von Springer Nature 2020
L. Susskind und A. Friedman, *Quantenmechanik: Das Theoretische Minimum*, https://doi.org/10.1007/978-3-662-60330-7_8

8.1   Mathematisches Intermezzo: Arbeiten mit stetigen Funktionen

8.1.1   Noch einmal die Wellenfunktion

Wir werden in dieser Vorlesung die Sprache der Wellenfunktionen verwenden, und daher wiederholen wir noch etwas von dem Stoff, bevor wir loslegen. In Vorlesung 5 haben wir die Wellenfunktionen als abstrakte Objekte diskutiert, ohne zu erklären, was sie mit Wellen oder Funktionen zu tun haben. Bevor wir dieses Versäumnis beheben, werde ich wiederholen, was wir schon diskutiert haben.

Beginnen wir mit der Wahl einer Observablen **L** mit Eigenwerten λ und Eigenvektoren $|\lambda\rangle$. Sei $|\Psi\rangle$ ein Zustandsvektor. Da die Eigenwerte eines hermiteschen Operators eine Orthonormalbasis bilden, kann der Vektor $|\Psi\rangle$ entwickelt werden als

$$|\Psi\rangle = \sum_\lambda \psi(\lambda)\,|\lambda\rangle\,. \tag{8.1}$$

Wie Sie aus Abschnitten 5.1.2 und 5.1.3 wissen, werden die Größen

$$\psi(\lambda)$$

die Wellenfunktion des Systems genannt. Aber beachten Sie: Die spezielle Form von $\psi(\lambda)$ hängt von der spezifischen Observablen **L** ab, die wir anfangs gewählt haben. Wenn wir eine andere Observable wählen, wird die Wellenfunktion (ebenso wie die Basisvektoren und Eigenwerte) anders sein, *obwohl wir immer noch über denselben Zustand reden.* Daher sollten wir unsere Aussage präzisieren, dass $\psi(\lambda)$ die zu $|\Psi\rangle$ gehörende Wellenfunktion ist. Genauer sollten wir sagen, dass $\psi(\lambda)$ die Wellenfunktion in der **L**-Basis ist. Wenn wir die Eigenschaft der Orthonormalität der Basisvektoren

$$\langle \lambda_i | \lambda_j \rangle = \delta_{ij}$$

verwenden, so kann die Wellenfunktion in der **L**-Basis auch mit den inneren Produkten (oder Projektionen) des Zustandsvektors auf die Eigenvektoren $|\lambda\rangle$ identifiziert werden:

$$\psi(\lambda) = \langle \lambda | \Psi \rangle\,.$$

Man kann sich die Wellenfunktion auf zwei Weisen vorstellen. Zuerst einmal ist sie die Menge der Komponenten des Zustandsvektors in einer bestimmten Basis. Diese Komponenten kann man zu einem Spaltenvektor stapeln:

$$\begin{pmatrix} \psi(\lambda_1) \\ \psi(\lambda_2) \\ \psi(\lambda_3) \\ \psi(\lambda_4) \\ \psi(\lambda_5) \end{pmatrix}.$$

Eine andere Vorstellung der Wellenfunktion ist es, sie als eine Funktion von λ zu betrachten. Gibt man einen gültigen Wert von λ an, so erzeugt die Funktion $\psi(\lambda)$ eine komplexe Zahl. Man kann daher sagen, dass

$$\psi(\lambda)$$

eine *komplexwertige Funktion der diskreten Variable* λ ist. Wenn man sie auf diese Weise sieht, werden lineare Operatoren zu Operationen auf Funktionen, die neue Funktionen zurückliefern.

Eine letzte Erinnerung: Die Wahrscheinlichkeit für das Ergebnis λ bei einem Experiment ist

$$P(\lambda) = \psi^*(\lambda)\psi(\lambda).$$

8.1.2 Funktionen als Vektoren

Bis jetzt hatten die von uns untersuchten Systeme endlichdimensionale Zustandsvektoren. Zum Beispiel ist der einfache Spin durch einen zweidimensionalen Zustandsraum beschrieben. Aus diesem Grund hatten die Observablen nur eine endliche Anzahl möglicher beobachteter Werte. Aber es existieren kompliziertere Variablen, die eine unendliche Anzahl von Werten haben können. Ein Beispiel ist ein Teilchen. Die Koordinaten eines Teilchens sind Observablen, aber anders als beim Spin haben die Koordinaten eine unendliche Anzahl möglicher Werte. So könnte ein Teilchen, das sich längs der x-Achse bewegt, bei jedem reellen Wert von x gefunden werden. Mit anderen Worten ist x eine stetige Variable. Wenn die Variablen eines Systems stetig sind, wird die Wellenfunktion wirklich zu einer Funktion einer stetigen Variablen. Um Quantenmechanik auf solch ein System anwenden zu können, müssen wir die Vorstellung von Vektoren auf Funktionen erweitern.

Funktionen sind Funktionen, und Vektoren sind Vektoren – sie sehen wie verschiedene Dinge aus, wie können Funktionen da Vektoren sein? Wenn man bei Vektoren an Pfeile im dreidimensionalen Raum denkt, so sind sie nicht dasselbe wie Funktionen. Aber wenn man die erweiterte Ansicht von Vektoren als Menge mathematischer Objekte sieht, die bestimmte Postulate erfüllen, so können Funktionen tatsächlich einen Vektorraum bilden. Solch ein Vektorraum wird oft ein **Hilbert-Raum** genannt nach dem Mathematiker **David Hilbert**.

Betrachten wir die Menge der komplexen Funktionen $\psi(x)$ einer einzelnen reellen Variable x. Dabei verstehe ich unter einer komplexen Funktion, dass für jedes x $\psi(x)$ eine komplexe Zahl ist. Andererseits ist die unabhängige Variable x eine gewöhnliche reelle Variable. Sie kann jeden reellen Wert zwischen $-\infty$ und $+\infty$ annehmen.

Jetzt legen wir einmal fest, was wir mit „Funktionen sind Vektoren" meinen. Das ist keine Analogie oder Metapher. Unter gewissen Einschränkungen (auf die wir später zurückkommen) erfüllen Funktionen wie $\psi(x)$ *die mathematischen Axiome eines Vektorraums*. Wir haben diese Idee kurz in Abschnitt 1.9.2 erwähnt, und jetzt benutzen wir sie. Wenn wir uns noch einmal die Axiome für einen komplexen Vektorraum (aus Abschnitt 1.9.2) ansehen, erkennen wir, dass komplexe Funktionen sie alle erfüllen:

---

1. Die Summe zweier Funktionen ist eine Funktion.
2. Die Addition von Funktionen ist kommutativ.
3. Die Addition von Funktionen ist assoziativ.
4. Es gibt eine eindeutige **Null-Funktion**, deren Addition zu einer beliebigen Funktion wieder diese Funktion ergibt.
5. Zu jeder Funktion $\psi(x)$ gibt es eine eindeutige Funktion $-\psi(x)$ mit $\psi(x) + (-\psi(x)) = 0$.
6. Die Multiplikation einer Funktion mit einer beliebigen komplexen Zahl ergibt eine Funktion und ist linear.
7. Es gelten die Distributivgesetze:

$$z[\psi(x) + \phi(x)] = z\psi(x) + z\phi(x)$$
$$[z + w]\psi(x) = z\psi(x) + w\psi(x),$$

wobei z und w komplexe Zahlen sind.

Aus all diesem folgt, dass wir die Funktionen $\psi(x)$ mit den Ket-Vektoren $|\Psi\rangle$ in einem abstrakten Vektorraum identifizieren können. Wenig überraschend können wir auch Bra-Vektoren definieren. Der Bra-Vektor $\langle\Psi|$ wird mit der komplex konjugierten Funktion $\Psi^*(x)$ identifiziert.

Um die Idee effektiv zu nutzen, müssen wir einige Teile unseres mathematischen Werkzeugkastens verallgemeinern. In früheren Vorlesungen waren die Bezeichner, die die Wellenfunktionen ergaben, Elemente einer endlichen diskreten Menge –

zum Beispiel die Eigenwerte einer Observablen. Diesmal aber ist die unabhängige Variable *stetig*. Unter anderem bedeutet dies, dass wir sie nicht mit einfachen Summen aufaddieren können. Ich glaube aber, dass Sie wissen, was zu tun ist. Hier sind unsere funktionen-orientierten Ersetzungen unseres vektorbasierten Konzepts, wovon sie zwei leicht erkennen werden:

- Integrale ersetzen Summen.
- Wahrscheinlichkeitsdichten ersetzen Wahrscheinlichkeiten.
- Diracsche Delta-Funktionen ersetzen das Kronecker-Delta.

Sehen wir uns diese Punkte einmal genauer an.

Integrale ersetzen Summen:
Wenn wir wirklich ganz streng sein wollen, würden wir erst einmal die x-Achse durch eine diskrete Menge von durch einen sehr kleinen Abstand ϵ getrennten Punkten ersetzen, und dann den Grenzwert $\epsilon \to 0$ nehmen. Es würde einige Seiten dauern, um jeden Schritt zu begründen. Aber wir können uns diese Umstände durch einige intuitive Definitionen ersparen, wie etwa Summen durch Integrale zu ersetzen. Dieses Konzept kann schematisch geschrieben werden als

$$\sum_i \to \int dx.$$

Wollen wir etwa die Fläche unter einer Kurve berechnen, unterteilen wir die x-Achse in winzige Segmente und addieren dann die Flächen unter einer großen Anzahl von Rechtecken auf, genauso wir in einer elementaren Berechnung. Lassen wir die Segmente auf Breite 0 zusammenschrumpfen, wird aus der Summe ein Integral.

Betrachten wir einen Bra $\langle\Psi|$ und einen Ket $|\Phi\rangle$ und definieren das innere Produkt. Der offensichtliche Weg, dies zu tun, besteht darin, die Summe in Gl. 1.2 durch ein Integral zu ersetzen. Wir definieren das innere Produkt als

$$\langle\Psi|\Phi\rangle = \int_{-\infty}^{\infty} \psi^*(x)\phi(x)\,dx. \tag{8.2}$$

Wahrscheinlichkeitsdichten ersetzen Wahrscheinlichkeiten:
Später werden wir

$$P(x) = \psi^*(x)\psi(x)$$

als Wahrscheinlichkeitsdichte für die Variable x identifizieren. Warum eine Wahrscheinlichkeitsdichte und nicht einfach eine Wahrscheinlichkeit? Ist x eine stetige Variable, so ist die Wahrscheinlichkeit, dass sie einen exakten Wert annimmt, typischerweise null. Eine sinnvollere Frage ist: Was ist die typische Wahrscheinlichkeit, dass x zwischen zwei Werten $x = a$ und $x = b$ liegt? Wahrscheinlichkeitsdichten sind so definiert, dass die Wahrscheinlichkeit durch ein Integral gegeben ist:

$$P(a, b) = \int_a^b P(x)\,dx = \int_a^b \psi^*(x)\psi(x)\,dx.$$

Da die Gesamtwahrscheinlichkeit 1 sein soll, können wir einen normierten Vektor durch

$$\int_{-\infty}^{\infty} \psi^*(x)\psi(x)\,dx = 1 \tag{8.3}$$

definieren.

Diracsche Delta-Funktionen ersetzen das Kronecker-Delta:

Bis hierhin sollte alles sehr vertraut sein. Die Diracsche Delta-Funktion ist vielleicht nicht so bekannt. Die Delta-Funktion ist das Gegenstück zum Kronecker-Delta δ_{ij}. Das Kronecker-Delta ist definiert als 0 für $i \neq j$ und 1 für $i = j$. Aber es kann auch auf andere Weise definiert werden. Sei F_i ein beliebiger Vektor in einem endlich-dimensionalen Raum. Man sieht leicht, dass für das Kronecker-Delta gilt

$$\sum_j \delta_{ij} F_j = F_i.$$

Dies liegt daran, dass der einzige nicht-verschwindende Term in der Summe der mit $j = i$ ist. In der Summe filtert das Kronecker-Symbol alle F bis auf F_i heraus. Die offensichtliche Verallgemeinerung besteht darin, eine neue Funktion zu definieren, die ähnliche Filtereigenschaften innerhalb eines Integrals besitzt. Anders gesagt brauchen wir eine neue Entität

$$\delta(x - x')$$

mit der Eigenschaft, dass für jede Funktion $F(x)$ gilt

$$\int_{-\infty}^{\infty} \delta(x - x')F(x')\,dx' = F(x). \tag{8.4}$$

Gl. 8.4 definiert diese neue Entität, die **Diracsche Delta-Funktion** genannt wird, und die sich als essentielles Werkzeug in der Quantenmechanik herausstellt. Aber trotz ihres Namens ist sie nicht wirklich eine Funktion im üblichen Sinne. Sie ist 0 für $x \neq x'$, aber unendlich für $x = x'$. Und zwar tatsächlich gerade unendlich genug, damit die Fläche unter $\delta(x)$ gerade 1 beträgt. Grob gesagt ist sie eine Funktion, die ungleich 0 unter einem infinitesimalen Intervall ϵ ist, aber auf diesem Intervall den Wert $1/\epsilon$ hat. Daher beträgt die Fläche 1, und noch wichtiger gilt die Gl. 8.4. Die Funktion

$$\frac{n}{\sqrt{\pi}} e^{-(nx)^2}$$

approximiert die Delta-Funktion recht gut, wenn n sehr groß wird. Abb. 8.1 zeigt diese Approximationen für ansteigende Werte von n. Auch wenn wir bei $n = 10$ aufhören, stellen wir fest, dass der Graph bereits sehr schmal mit einer scharfen Spitze geworden ist.

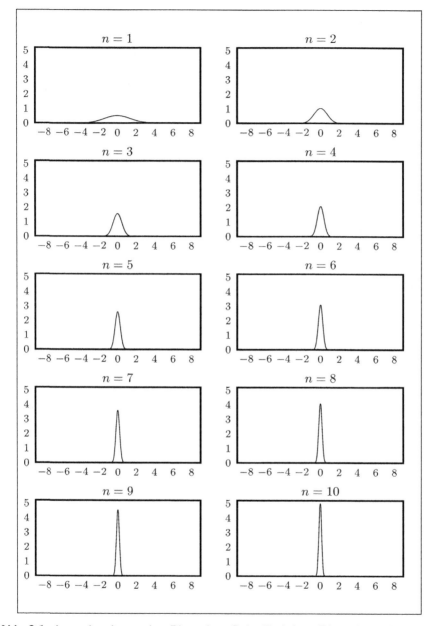

Abb. 8.1 Approximationen der Diracschen Delta-Funktion. Diese Approximationen basieren auf $\frac{n}{\sqrt{\pi}}e^{-(nx)^2}$ und werden für ansteigende Werte von n dargestellt.

8.1.3   Partielle Integration

Bevor wir zu den linearen Operatoren kommen, machen wir noch einen kurzen
Abstecher, um Sie an eine Technik namens **partielle Integration** zu erinnern.
Sie ist recht einfach und für unsere Zwecke unentbehrlich. Wir werden sie immer
wieder anwenden. Nehmen wir zwei Funktionen F und G und betrachten das
Differential ihres Produkts. Wir können dies schreiben als

$$d(FG) = FdG + GdF$$

oder

$$d(FG) - GdF = FdG.$$

Anwendung der bestimmten Integrale ergibt

$$\int_a^b d(FG) - \int_a^b GdF = \int_a^b FdG$$

oder

$$FG\Big|_a^b - \int_a^b GdF = \int_a^b FdG.$$

Das ist die Standardformel, die sie vielleicht aus der Analysis kennen. Aber in
der Quantenmechanik umfasst der Integrationsbereich häufig die gesamte Achse,
und unsere Wellenfunktion muss im Unendlichen gegen null gehen, damit sie
normiert ist. Daher wird der erste Term des Ausdrucks immer verschwinden.
Mit diesem Wissen können wir eine einfachere Form der partiellen Integration
verwenden:

$$\int_{-\infty}^{\infty} F\frac{dG}{dx}dx = -\int_{-\infty}^{\infty} G\frac{dF}{dx}dx.$$

Diese Gleichung gilt, solange F und G im Unendlichen gegen 0 gehen, so dass
der Term an der Grenze 0 wird. Sie tun sich einen großen Gefallen, wenn Sie
sich dieses Muster einprägen: Schieben Sie die Ableitung von einem Faktor des
Integranden zum anderen und fügen Sie ein Minuszeichen hinzu.

8.1.4   Lineare Operatoren

Bras und Kets sind nur eine Hälfte der Geschichte in der Quantenmechanik; die
andere Hälfte ist das Konzept der linearen Operatoren, insbesondere das der
hermiteschen Operatoren. Dadurch entstehen zwei Fragen:

■ Was versteht man unter einem linearen Operator auf einem Funktionsraum?
■ Wann ist ein linearer Operator hermitesch?

Das Konzept eines linearen Operators ist recht einfach: Er ist eine Maschine, der auf einer Funktion wirkt und eine neue Funktion liefert. Wenn er auf der Summe zweier Funktionen wirkt, liefert er die Summe der einzelnen Ergebnisse. Wenn er auf einer mit einer komplexen Zahl multiplizierten Funktion wirkt, ergibt dies das komplexe Vielfache des ursprünglichen Resultats. Anders gesagt: Er ist (Überraschung!) linear.

Sehen wir uns einige Beispiele an. Eine einfache Operation, die wir auf einer Funktion $\psi(x)$ ausführen können, ist die Multiplikation mit x. Dadurch entsteht eine neue Funktion $x\psi(x)$, und man kann leicht zeigen, dass die Operation linear ist. Wir bezeichnen den „Multiplikation-mit-x"-Operator mit dem Symbol $\mathbf{X}$. Nach Definition ist also

$$\mathbf{X}\psi(x) = x\psi(x). \tag{8.5}$$

Hier ist ein anderes Beispiel. Definiere $\mathbf{D}$ als Differentialoperator

$$\mathbf{D}\psi(x) = \frac{d\psi(x)}{dx}. \tag{8.6}$$

Aufgabe 8.1
Zeigen Sie, dass $\mathbf{X}$ und $\mathbf{D}$ lineare Operatoren sind.

Dies ist natürlich nur eine winzige Teilmenge der möglichen linearen Operatoren, die man erzeugen kann, aber wir werden bald sehen, dass $\mathbf{X}$ und $\mathbf{D}$ eine zentrale Rolle in der Quantenmechanik von Teilchen spielen.

Jetzt betrachten wir die Eigenschaft der Hermitizität. Eine bequeme Weise, einen hermiteschen Operator zu definieren, besteht in der Angabe der Matrixelemente, indem man ihn zwischen einen Bra und einen Ket packt. Man kann einen Operator $\mathbf{L}$ auf zwei verschiedene Weisen derart verpacken:

$$\langle\Psi|\mathbf{L}|\Phi\rangle$$

oder

$$\langle\Phi|\mathbf{L}|\Psi\rangle .$$

Im Allgemeinen besteht keine einfache Beziehung zwischen solchen Paketen. Aber im Fall eines hermiteschen Operators (für den definitionsgemäß $\mathbf{L}^\dagger = \mathbf{L}$ ist) gibt es eine einfache Beziehung: Die beiden Pakete sind die komplex Konjugierten des anderen:

$$\langle\Psi|\mathbf{L}|\Phi\rangle = \langle\Phi|\mathbf{L}|\Psi\rangle^* .$$

Schauen wir, ob die Operatoren $\mathbf{X}$ und $\mathbf{D}$ hermitesch sind. Wir erinnern uns, dass

$$\mathbf{X}\psi(x) = x\psi(x)$$

ist, und schreiben mit der Formel für das innere Produkt Gl. 8.2

$$\langle\Psi|\mathbf{X}|\Phi\rangle = \int \psi^*(x)\, x\, \phi(x)\, dx$$

und

$$\langle\Phi|\mathbf{X}|\Psi\rangle = \int \phi^*(x)\, x\, \psi(x)\, dx.$$

Da x reell ist, sieht man leicht, dass jedes Integral jeweils die komplex Konjugierte des anderen ist, und daher ist $\mathbf{X}$ hermitesch.

Was ist mit dem Operator $\mathbf{D}$? In diesem Fall sind die beiden Pakete

$$\langle\Psi|\mathbf{D}|\Phi\rangle = \int \psi^*(x)\frac{d\phi(x)}{dx}\, dx \tag{8.7}$$

und

$$\langle\Phi|\mathbf{D}|\Psi\rangle = \int \phi^*(x)\frac{d\psi(x)}{dx}\, dx. \tag{8.8}$$

Um zu sehen, ob $\mathbf{D}$ hermitesch ist, müssen wir diese beiden Integrale vergleichen und sehen, ob sie jeweils die komplex Konjugierte des anderen sind. In dieser Form ist das etwas schwierig. Der Trick besteht in der partiellen Integration des zweiten Integrals. Wie beschrieben kann man bei der partiellen Integration die Ableitung von einem Faktor des Integranden zum anderen schieben, solange man gleichzeitig das Vorzeichen ändert. Daher kann man das Integral in Gl. 8.8 schreiben als

$$\langle\Phi|\mathbf{D}|\Psi\rangle = -\int \psi(x)\frac{d\phi^*(x)}{dx}\, dx. \tag{8.9}$$

Nun müssen wir nur die beiden Ausdrücke in Gl. 8.7 und Gl. 8.9 vergleichen, was recht einfach ist. Wegen des Minuszeichens ist klar, dass sie sicher *nicht* komplex konjugiert zueinander sind. Stattdessen sieht ihre Relation so aus:

$$\langle\Psi|\mathbf{D}|\Phi\rangle = -\langle\Phi|\mathbf{D}|\Psi\rangle.$$

was genau das Gegenteil ist von dem, was wir wollten. Im Gegensatz zum $\mathbf{X}$-Operator ist $\mathbf{D}$ nicht hermitesch. Stattdessen gilt

$$\mathbf{D}^\dagger = -\mathbf{D}.$$

Ein Operator mit dieser Eigenschaft wird **antihermitesch** genannt.

Obwohl antihermitesche und hermitesche Operatoren das Gegenteil voneinander sind, kann man leicht vom einen zum anderen kommen. Man muss sie lediglich mit der imaginären Zahl i oder $-i$ multiplizieren. Daher können wir aus $\mathbf{D}$ einen Operator erzeugen, der hermitesch ist, nämlich

$$-i\hbar\mathbf{D}.$$

Wenn wir uns die Wirkung dieses neuen hermiteschen Operators auf eine Wellenfunktion ansehen, so erhalten wir

$$-i\hbar \mathbf{D}\psi(x) = -i\hbar \frac{d\psi(x)}{dx}. \tag{8.10}$$

Merken Sie sich diese Formel. Sie wird bald eine Schlüsselrolle bei der Definition einer sehr wichtigen Eigenschaft von Teilchen einnehmen – dem Impuls.

8.2 Der Zustand eines Teilchens

In der klassischen Mechanik bedeutet der „Zustand eines Teilchens" alles, was man wissen muss, um die Zukunft eines Systems zu bestimmen, bei gegebenen Kräften, die auf das System wirken. Dies umfasst natürlich die Positionen aller Teilchen, die das System bilden, sowie deren Bewegungen. Vom klassischen Standpunkt aus sind die Orte und Impulse völlig unabhängige Variablen. Für ein Teilchen der Masse m, das sich längs der eindimensionalen x-Achse bewegt, ist zum Beispiel der augenblickliche Zustand des Systems durch das Paar (x, p) gegeben. Die Koordinate x ist der Ort des Teilchens, und $p = m\dot{x}$ ist sein Impuls. Zusammen bilden diese beiden Variablen den Phasenraum des Systems. Wenn wir auch die Kraft auf das Teilchen als Funktion seiner Lage kennen, so ermöglichen uns die Hamilton-Gleichungen, seine Lage und Impulse zu allen späteren Zeiten zu berechnen. Sie definieren einen Fluss im Phasenraum.

Damit könnte man vermuten, dass der Quantenzustand eines Teilchens durch eine Basis mit Bezeichnungen Ort und Impuls beschrieben wird:

$$|x, p\rangle.$$

Die Wellenfunktion wäre dann eine Funktion dieser beiden Variablen:

$$\psi(x, p) = \langle x, p|\Psi\rangle.$$

Dies ist leider nicht richtig. Wir haben bereits gesehen, dass Dinge, die in klassischen Systemen gleichzeitig bekannt sind, in Quantensystemen mitunter nicht gleichzeitig bekannt sein können. Verschiedene Komponenten eines Spins, etwa σ_z und σ_x, sind ein Beispiel. Man kann nicht beide Komponenten gleichzeitig kennen, daher hat man keine Zustände, in denen beide Komponenten bestimmt sind. Dasselbe gilt für x und p; beide zu kennen ist zu viel. Ob wir über Spins σ_z, σ_x oder Orte und Impulse (x, p) sprechen, die Inkompatibilität ist ein experimenteller Fakt. Was können wir dann über das Teilchen auf der x-Achse wissen, wenn nicht x und p? Die Antwort lautet x **oder** p, denn nach der Mathematik der Orts- und Impulsoperatoren kommutieren die beiden nicht. Aber ich gebe zu, dass Sie dies nicht schon vorher erahnen konnten; es ist das Ergebnis vieler Jahrzehnte experimenteller Beobachtungen.

Wenn der Ort eines Teilchens eine Observable ist, so muss es einen dazugehörigen hermiteschen Operator geben. Der offensichtliche Kandidat ist der Operator $\mathbf{X}$. Der erste Schritt zum Verständnis dieser fundamentalen Beziehung zwischen dem anschaulichen Konzept der Ortes und dem mathematischen Operator $\mathbf{X}$ ist die Herleitung der Eigenvektoren und Eigenwerte von $\mathbf{X}$. Die Eigenwerte sind die möglichen Werte der Position, die beobachtet werden können, und die Eigenvektoren entsprechen den Zuständen eines bestimmten Ortes.

8.2.1   Die Eigenwerte und Eigenvektoren des Ortes

Die offensichtliche nächste Frage lautet: Was sind die möglichen Werte der Messung von $\mathbf{X}$, und was sind die Zustände, für die es einen bestimmten (vorhersagbaren) Wert gibt? Mit anderen Worten, was sind seine Eigenwerte und Eigenvektoren? Wir beginnen mit $\mathbf{X}$. Die Eigenwertgleichung für $\mathbf{X}$ lautet

$$\mathbf{X}\,|\Psi\rangle = x_0\,|\Psi\rangle\,,$$

wobei der Eigenwert mit x_0 bezeichnet ist. In Ausdrücken der Wellenfunktion wird dies zu

$$x\psi(x) = x_0\psi(x). \tag{8.11}$$

Die letzte Gleichung sieht seltsam aus. Wie kann x mal eine Funktion proportional zu derselben Funktion sein? Dies scheint erst einmal unmöglich zu sein. Aber schauen wir weiter. Wir können Gl. 8.11 schreiben als

$$(x - x_0)\psi(x) = 0.$$

Ist ein Produkt gleich 0, so muss natürlich zumindest ein Faktor 0 sein. Aber die anderen Faktoren können von 0 verschieden sein. Ist daher $x \neq x_0$, so muss $\psi(x) = 0$ sein. Das ist eine sehr starke Bedingung. Sie besagt, dass zu einem gegebenen Eigenwert x_0 die Funktion $\psi(x)$ nur an einem Punkt nicht verschwinden kann, nämlich bei $x = x_0$. Für eine gewöhnliche stetige Funktion wäre diese Bedingung tödlich: Keine vernünftige Funktion kann überall bis auf einen Punkt 0 sein, und an diesem Punkt nicht 0. Aber dies ist genau die Eigenschaft der Diracschen Delta-Funktion

$$\delta(x - x_0).$$

Offensichtlich ist also jede reelle Zahl x_0 ein Eigenwert von $\mathbf{X}$, und die dazugehörenden Eigenvektoren sind Funktionen (wir nennen sie häufig **Eigenfunktionen**), die vollständig im Punkt $x = x_0$ konzentriert sind. Es ist klar, was dies bedeutet: Die Wellenfunktionen

$$\psi(x) = \delta(x - x_0)$$

stehen für Zustände, in denen das Teilchen genau am Punkt x_0 auf der x-Achse liegt.

Es macht natürlich viel Sinn, dass die Wellenfunktion eines Teilchens am Punkt x_0 überall bis auf x_0 gleich 0 ist. Aber es ist schön zu sehen, dass die Mathematik diese Anschauung bestätigt.

Betrachten Sie das innere Produkt eines Zustands $|\Psi\rangle$ mit einem Eigenzustand des Ortes $|x_0\rangle$:

$$\langle x_0|\Psi\rangle.$$

Mit Gl. 8.2 erhalten wir

$$\langle x_0|\Psi\rangle = \int_{-\infty}^{\infty} \delta(x-x_0)\psi(x)\,dx.$$

Nach Definition der Delta-Funktionen in Gl. 8.4 ergibt dieses Integral

$$\langle x_0|\Psi\rangle = \psi(x_0). \tag{8.12}$$

Da dies für jedes x_0 gilt, können wir den Index fortlassen und die allgemeine Gleichung schreiben als

$$\langle x|\Psi\rangle = \psi(x). \tag{8.13}$$

Die Wellenfunktion $\psi(x)$ eines Teilchens, das sich in x-Richtung bewegt, ist also die Projektion eines Zustandsvektors $|\Psi\rangle$ auf die Eigenvektoren des Ortes. Wir nennen daher $\psi(x)$ die **Wellenfunktion in der Ortsdarstellung**.

8.2.2 Der Impuls und seine Eigenvektoren

Der Ort ist anschaulich; der Impuls weniger, besonders in der Quantenmechanik. Wir werden erst später die Verbindung zwischen dem Operator, den wir mit dem Impuls identifizieren, und dem vertrauten klassischen Konzept „Masse mal Geschwindigkeit" sehen. Ich versichere Ihnen, dass wir noch dazu kommen.

Fürs erste nehmen wir den abstrakten mathematischen Weg. Der **Impulsoperator** heißt in der Quantenmechanik $\mathbf{P}$ und wird in Termen des Operators $-i\mathbf{D}$ ausgedrückt:

$$-i\mathbf{D} = -i\frac{d}{dx}.$$

Wie wir vorhin in Gl. 8.10 gesehen haben, brauchen wir den Faktor $-i$, damit der Operator hermitesch ist.

Wir könnten $\mathbf{P}$ einfach als $-i\mathbf{D}$ definieren, aber dadurch würden wir später Probleme bekommen, wenn wir die Verbindung zur klassischen Mechanik knüpfen wollen. Der Grund dürfte klar sein: Die Dimensionen stimmen nicht überein. In der klassischen Mechanik sind die Einheiten des Impulses Masse mal Geschwindigkeit, also Masse mal Länge geteilt durch Zeit (ML/T). Der Operator $\mathbf{D}$ hingegen hat Einheiten der inversen Länge, oder $1/L$. Die Lösung für dieses

Problem ist die Plancksche Konstante $\hbar$, die die Einheit von (ML^2/T) hat. Die richtige Beziehung zwischen $\mathbf{P}$ und $\mathbf{D}$ lautet daher

$$\mathbf{P} = -i\hbar\mathbf{D}, \tag{8.14}$$

oder ausgedrückt durch die Wirkung auf Wellenfunktionen

$$\mathbf{P}\psi(x) = -i\hbar\frac{d\psi(x)}{dx}. \tag{8.15}$$

Quantenphysiker verwenden oft Einheiten, in denen $\hbar$ genau 1 ist, wodurch die Gleichungen einfacher werden. So verlockend dies auch ist, machen wir dies hier nicht.

Berechnen wir nun die Eigenvektoren und Eigenwerte von $\mathbf{P}$. Die Eigenwertgleichung in abstrakter Vektorschreibweise ist

$$\mathbf{P}\,|\Psi\rangle = p\,|\Psi\rangle, \tag{8.16}$$

wobei das Symbol p ein Eigenwert von $\mathbf{P}$ ist. Gl. 8.16 kann man auch mit den Wellenfunktionen schreiben. Mit der Identität

$$\mathbf{P} = -i\hbar\frac{d}{dx}$$

können wir die Eigenwertgleichung schreiben als

$$-i\hbar\frac{d\psi(x)}{dx} = p\psi(x)$$

oder

$$\frac{d\psi(x)}{dx} = \frac{ip}{\hbar}\psi(x).$$

Diesem Typ von Gleichung sind wir schon einmal begegnet. Die Lösung hat die Form einer Exponentialfunktion

$$\psi_p(x) = Ae^{\frac{ipx}{\hbar}}.$$

Der Index p soll daran erinnern, dass $\psi_p(x)$ der Eigenvektor von $\mathbf{P}$ zum spezifischen Eigenwert p ist. Es ist eine Funktion von x, wird aber durch einen Eigenwert von $\mathbf{P}$ parametrisiert.

Die Konstante A vor dem Exponential ist durch die Eigenwertgleichung nicht bestimmt. Das ist nichts Neues; die Eigenwertgleichung sagt nichts über die Normierung der Wellenfunktion aus. In der Regel bestimmen wir die Konstante durch die Anforderung der Normiertheit an die Wellenfunktion zur Gesamtwahrscheinlichkeit 1. Ganz früher in Abschnitt 2.3 hatten wir als Beispiel den Eigenvektor der x-Komponente des Spins:

$$|r\rangle = \frac{1}{\sqrt{2}}\,|u\rangle + \frac{1}{\sqrt{2}}\,|d\rangle.$$

Der Faktor $1/\sqrt{2}$ sorgt für die Gesamtwahrscheinlichkeit 1.

Die Normierung der Eigenvektoren von $\mathbf{P}$ ist eine subtilere Operation, aber das Ergebnis ist einfach. Der Faktor A ist nur wenig komplizierter als im Fall des Spins. Um Zeit zu sparen, sage ich Ihnen die Antwort und überlasse es Ihnen, es später zu beweisen. Der korrekte Faktor lautet $A = 1/\sqrt{2\pi}$. Daher ist

$$\psi_p(x) = \frac{1}{\sqrt{2\pi}} e^{\frac{ipx}{\hbar}}. \tag{8.17}$$

Ein recht interessanter Punkt folgt aus Gl. 8.13 und Gl. 8.17. Das innere Produkt eines Orts-Eigenvektors $|x\rangle$ und eines Impuls-Eigenvektors $|p\rangle$ hat eine sehr einfache und symmetrische Form:

$$\langle x|p\rangle = \frac{1}{\sqrt{2\pi}} e^{\frac{ipx}{\hbar}}$$
$$\langle p|x\rangle = \frac{1}{\sqrt{2\pi}} e^{\frac{-ipx}{\hbar}}. \tag{8.18}$$

Die zweite Gleichung ist einfach die komplex Konjugierte der ersten. Dieses Ergebnis sieht man leicht, wenn man bedenkt, dass $|x\rangle$ durch eine Delta-Funktion dargestellt wird. Ich möchte noch auf zwei wichtige Punkte hinweisen, bevor wir fortfahren:

1. Gl. 8.17 stellt eine Eigenfunktion des Impulses in der Ortsbasis dar. Anders gesagt: Obwohl sie einen Eigenzustand des Impulses darstellt, ist sie eine Funktion von x, und *keine* explizite Funktion von p.
2. Wir haben das Symbol ψ sowohl für Eigenzustände des Ortes als auch des Impulses verwendet. Ein Mathematiker mag die Verwendung desselben Symbols für zwei verschiedene Funktonen bemängeln, aber Physiker tun dies ständig. $\psi(x)$ ist einfach das generische Symbol für die Funktion, um die es gerade geht.

An dieser Stelle bekommen wir langsam einen Schimmer, wie die Wellenfunktion zu ihrem Namen kommt. Es sollte Ihnen aufgefallen sein, dass die Eigenfunktionen (Wellenfunktionen, die Eigenvektoren darstellen) des Impulsoperators die Form von Wellen haben – Sinus- und Cosinus-Wellen, genauer gesagt. Tatsächlich können wir nun einen der fundamentalsten Aspekte der **Welle-Teilchen-Dualität** der Quantenmechanik sehen. Die Wellenlänge der Funktion

$$e^{\frac{ipx}{\hbar}}$$

ist gegeben durch

$$\lambda = \frac{2\pi\hbar}{p},$$

denn der Wert der Funktion bleibt unverändert, wenn wir $\frac{2\pi\hbar}{p}$ zur Variable x addieren:

$$e^{\frac{ip(x+\frac{2\pi\hbar}{p})}{\hbar}} = e^{\frac{ipx}{\hbar}} e^{2\pi i} = e^{\frac{ipx}{\hbar}}.$$

Machen wir eine Pause, um die Wichtigkeit dieser Verbindung zwischen Impuls und Wellenlänge zu diskutieren. Sie ist nicht nur einfach wichtig: Auf vielfache Weise ist sie *die* Beziehung, die die Physik des 20. Jahrhunderts definiert hat. In den letzten hundert Jahren waren Physiker vor allem mit der Entdeckung der Gesetze der mikroskopischen Welt beschäftigt. Das bedeutete herauszufinden, wie Objekte aus kleineren Objekten zusammengesetzt sind. Die Beispiele sind bekannt: Moleküle bestehen aus Atomen, Atome aus Elektronen und Atomkernen, Atomkerne aus Protonen und Neutronen. Diese subatomaren Teilchen werden aus **Quarks** und **Gluonen** gebildet. Und das Spiel geht weiter; Wissenschaftler suchen nach immer kleineren und versteckteren Entitäten.

Alle diese Objekte sind zu klein, um sie mit den besten optischen Mikroskopen zu sehen, geschweige denn mit bloßem Auge. Der Grund liegt nicht nur darin, dass unsere Augen nicht empfindlich genug sind. Der wichtigere Grund ist, dass Augen und optische Mikroskope für das sichtbare Spektrum empfindlich sind, dessen Wellenlängen einige Tausendmal größer als ein Atom sind. Es gilt aber, dass man keine Objekte auflösen kann, die viel kleiner als die Wellenlängen sind, mit denen man sie betrachtet. Aus diesem Grund war die Geschichte der Physik des 20. Jahrhunderts zum großen Teil die Suche nach immer kürzeren Wellenlängen des Lichts – oder irgendeiner anderen Art von Wellen. In Vorlesung 10 werden wir feststellen, dass Licht einer gegebenen Wellenlänge aus Photonen besteht, deren Impuls zu der Wellenlänge genau in dieser Beziehung steht:

$$\lambda = \frac{2\pi\hbar}{p}.$$

Die Folge ist, dass man zur Beobachtung von immer kleineren Objekten Photonen (oder andere Objekte) mit immer größerem Impuls benötigt. Großer Impuls bedeutet unweigerlich größere Energie. Aus diesem Grund braucht es zur Entdeckung der mikroskopischen Eigenschaften der Materie immer mächtigere Teilchenbeschleuniger.

8.3 Fourier-Transformation und die Impulsbasis

Die Wellenfunktion hat die wichtige Rolle, die Wahrscheinlichkeit zu bestimmen, mit der man das Teilchen am Ort x findet:

$$P(x) = \psi^*(x)\psi(x).$$

Wie wir sehen werden, kann kein Experiment gleichzeitig den Ort und den Impuls eines Teilchens bestimmen. Aber wenn wir jedes Wissen über den Ort aufgeben, kann der Impuls exakt gemessen werden. Die Situation entspricht genau der mit den x- und z-Komponenten eines Spins. Jeder einzelne Wert kann gemessen werden, aber nicht beide.

Was ist die Wahrscheinlichkeit, dass ein Teilchen den Impuls p hat, wenn wir ihn messen? Die Antwort ist eine direkte Verallgemeinerung der Prinzipien aus Vorlesung 3. Die Wahrscheinlichkeit für eine Impulsmessung mit Ergebnis p ist

$$P(p) = |\langle p|\Psi\rangle|^2. \tag{8.19}$$

Die Entität $\langle p|\Psi\rangle$ wird die **Wellenfunktion von** $|\Psi\rangle$ **in der Impulsdarstellung** genannt. Sie ist natürlich eine Funktion in p und wird mit einem neuen Symbol bezeichnet:

$$\tilde{\psi}(p) = \langle p|\Psi\rangle. \tag{8.20}$$

Es ist nun klar, dass es zwei Wege gibt, um einen Zustandsvektor darzustellen. Beide Wellenfunktionen – die Orts-Wellenfunktion $\psi(p)$ und die Impuls-Wellenfunktion $\tilde{\psi}(p)$ – stellen genau denselben Zustandsvektor $|\Psi\rangle$ dar. Es muss daher eine Transformation zwischen ihnen geben, so dass diese bei bekanntem $\psi(p)$ die Funktion $\tilde{\psi}(p)$ liefert, und umgekehrt. Tatsächlich sind die beiden Darstellungen jeweils die Fourier-Transformierte der anderen.

8.3.1 Zerlegung der Eins

Wir werden gleich die Mächtigkeit von Diracs Bra-Ket-Notation bei der Vereinfachung der Dinge sehen. Zuerst erinnern wir uns an eine wichtige Idee aus früheren Vorlesungen. Nehmen wir eine Orthonormalbasis von Zuständen durch die Eigenvektoren einer hermiteschen Observablen. Nennen wir die Basis $|i\rangle$. In Vorlesung 7 habe ich einen sehr nützlichen Trick erklärt, und wir werden nun sehen, wie nützlich er wirklich ist. Man nennt ihn die **Zerlegung der Eins**.[*] Der Trick aus Gl. 7.11 besteht darin, den Identitätsoperator $\mathbf{I}$ (der Operator, der bei jedem Operator den Operator selbst liefert) in der folgenden Form zu schreiben:

$$\mathbf{I} = \sum_i |i\rangle\langle i|.$$

Da Impuls und Ort beide hermitesch sind, definieren die beiden Mengen von Vektoren $|x\rangle$ und $|p\rangle$ jeweils Basisvektoren. Durch Ersetzen der Summe durch ein Integral entdecken wir zwei Möglichkeiten, die Eins zu zerlegen:

$$\mathbf{I} = \int dx\, |x\rangle\langle x| \tag{8.21}$$

und

$$\mathbf{I} = \int dp\, |p\rangle\langle p|. \tag{8.22}$$

---

[*]Im Deutschen ist dieser Begriff in diesem Zusammenhang nicht üblich; man spricht von der „Vollständigkeitsreltion". Wir verwenden aber Prof. Susskinds Bezeichnung, weil er so gut beschreibt, was passiert. (A.d.Ü.)

Nehmen wir an, wir kennen die Wellenfunktion eines abstrakten Vektors $|\Psi\rangle$ in der Ortsdarstellung. Nach Definition ist sie gleich

$$\psi(x) = \langle x|\Psi\rangle. \tag{8.23}$$

Nun wollen wir die Wellenfunktion $\tilde{\psi}(p)$ in der Impulsdarstellung wissen. Hier alle Schritte im Detail:

- Verwende zuerst die Definition der Impulsdarstellung der Wellenfunktion

$$\tilde{\psi}(p) = \langle p|\Psi\rangle.$$

- Setze nun den Identitätsoperator zwischen die Bra- und Ket-Vektoren in der Form aus Gl. 8.21

$$\tilde{\psi}(p) = \int dx\, \langle p|x\rangle \langle x|\Psi\rangle.$$

- Der Ausdruck $\langle x|\Psi\rangle$ ist gerade die Wellenfunktion $\psi(x)$, und $\langle p|x\rangle$ wird uns durch die zweite Gleichung aus Gl. 8.18 gegeben:

$$\langle p|x\rangle = \frac{1}{\sqrt{2\pi}} e^{\frac{-ipx}{\hbar}}.$$

- Fügen wir alles zusammen, so finden wir

$$\tilde{\psi}(p) = \frac{1}{\sqrt{2\pi}} \int dx\, e^{\frac{-ipx}{\hbar}} \psi(x). \tag{8.24}$$

Diese Gleichung zeigt uns genau, wie wir eine gegebene Wellenfunktion in der Ortsdarstellung in die korrespondierende Wellenfunktion in der Impulsdarstellung transformieren können. Wozu ist das gut? Nehmen wir an, die Orts-Wellenfunktion für ein Teilchen ist bekannt; das Ziel Ihres Experiments ist aber die Messung des Impulses, und Sie wollen die Wahrscheinlichkeit bestimmen, den Impuls p zu beobachten. Die Vorgehensweise besteht darin, zuerst $\tilde{\psi}(p)$ mit Gl. 8.24 zu berechnen und danach die Wahrscheinlichkeit

$$P(p) = \tilde{\psi}^*(p)\tilde{\psi}(p).$$

Umgekehrt geht es genauso einfach. Nehmen wir an, wir kennen $\tilde{\psi}(p)$ und wollen $\psi(x)$ bestimmen. Dieses Mal verwenden wir Gl. 8.22 mit der Zerlegung der Eins. Hier sind die Schritte (beachten Sie, dass diese verdächtig wie die früheren aussehen):

- Verwende zuerst die Definition der Ortsdarstellung der Wellenfunktion

$$\psi(x) = \langle x|\Psi\rangle.$$

- Setze nun den Identitätsoperator zwischen die Bra- und Ket-Vektoren in der Form aus Gl. 8.22

$$\psi(x) = \int dp \, \langle x|p\rangle \, \langle p|\Psi\rangle.$$

- Der Ausdruck $\langle p|\Psi\rangle$ ist gerade die Wellenfunktion $\tilde{\psi}(p)$, und $\langle x|p\rangle$ wird uns durch die Gl. 8.18 gegeben. Diesmal ist es aber die erste der beiden Gleichungen:

$$\langle x|p\rangle = \frac{1}{\sqrt{2\pi}} e^{\frac{ipx}{\hbar}}.$$

- Fügen wir alles zusammen, so finden wir

$$\psi(x) = \frac{1}{\sqrt{2\pi}} \int dp \, e^{\frac{ipx}{\hbar}} \, \tilde{\psi}(p).$$

Werfen wir noch einen weiteren Blick auf die beiden Gleichungen zum Wechsel zwischen Ort und Impuls. Beachten Sie, wie symmetrisch sie sind. Die einzige Asymmetrie besteht darin, dass die eine Gleichung $e^{\frac{ipx}{\hbar}}$ enthält und die andere $e^{\frac{-ipx}{\hbar}}$:

$$\tilde{\psi}(p) = \frac{1}{\sqrt{2\pi}} \int dx \, e^{\frac{-ipx}{\hbar}} \psi(x)$$
$$\psi(x) = \frac{1}{\sqrt{2\pi}} \int dp \, e^{\frac{ipx}{\hbar}} \tilde{\psi}(p). \tag{8.25}$$

Die Beziehung zwischen der Orts- und der Impulsdarstellung in Gleichungen Gl. 8.25 besteht darin, dass sie ihre gegenseitigen **Fourier-Transformatierten** sind. Tatsächlich sind sie die zentralen Gleichungen im Bereich der **Fourier-Analysis**. Ich hoffe, Sie haben bemerkt, wie einfach sie mit Diracs eleganter Notation herzuleiten waren.

8.4 Kommutatoren und Poisson-Klammern

In Vorlesung 4 haben wir zwei wichtige Prinzipien über Kommutatoren formuliert. Das erste hatte mit dem Zusammenhang zwischen klassischer und Quantenmechanik zu tun, das zweite mit der Unbestimmtheit. Ich komme nun zum Ende diese sehr langen Vorlesung, indem ich Ihnen zeige, was diese Prinzipien mit $\mathbf{X}$ und $\mathbf{P}$ zu tun haben.

Wir beginnen mit dem Zusammenhang von Kommutatoren und klassischer Mechanik. Wie Sie sich vielleicht erinnern, entdeckten wir eine große Ähnlichkeit mit den Poisson-Klammern, eine Beziehung, die wir in Gl. 4.21 formulierten. Setzen wir die in dieser Vorlesung benutzten Symbole $\mathbf{L}$ und $\mathbf{M}$ ein, so erhalten wir

$$[\mathbf{L}, \mathbf{M}] = i\hbar\{L, M\}, \tag{8.26}$$

und dies erinnert uns daran, dass die Bewegungsgleichung für Quanten stark ihrem klassischen Gegenstück ähnelt. Dies zeigt, dass wir etwas aus der Berechnung des Kommutators der Observablen $\mathbf{X}$ und $\mathbf{P}$ lernen können. Die ist zum Glück recht einfach.

Zuerst schauen wir, was das Produkt $\mathbf{XP}$ macht, wenn es als Operator auf einer beliebigen Wellenfunktion $\psi(x)$ wirkt. Mit Gl. 8.5 und Gl. 8.15 können wir schreiben

$$\mathbf{X}\psi(x) = x\,\psi(x)$$
$$\mathbf{P}\psi(x) = -i\hbar\frac{d\psi(x)}{dx}.$$

Zusammen sagen uns diese Gleichungen, wie $\mathbf{XP}$ auf $\psi(x)$ wirkt:

$$\mathbf{XP}\psi(x) = -i\hbar x\frac{d\psi(x)}{dx}. \tag{8.27}$$

Nun versuchen wir es mit $\mathbf{X}$ und $\mathbf{P}$ in der umgekehrten Reihenfolge:

$$\mathbf{PX}\psi(x) = -i\hbar\frac{d(x\psi(x))}{dx}.$$

Um den letzten Ausdruck zu berechnen, verwenden wir einfach die Standardregel für die Ableitung des Produkts $x\psi(x)$. Mit dieser Regel sieht man leicht

$$\mathbf{PX}\psi(x) = -i\hbar x\frac{d\psi(x)}{dx} - i\hbar\psi(x). \tag{8.28}$$

Nun ziehen wir Gl. 8.28 von Gl. 8.27 ab, um die Wirkung des Kommutators auf die Wellenfunktion zu sehen:

$$[\mathbf{X}, \mathbf{P}]\psi(x) = \mathbf{XP}\psi(x) - \mathbf{PX}\psi(x)$$

oder

$$[\mathbf{X}, \mathbf{P}]\psi(x) = i\hbar\psi(x).$$

Wirkt also der Kommutator $[\mathbf{X},\mathbf{P}]$ auf einer *beliebigen* Wellenfunktion $\psi(x)$, so multipliziert er $\psi(x)$ lediglich mit $i\hbar$. Wir schreiben dies als

$$[\mathbf{X}, \mathbf{P}] = -i\hbar. \tag{8.29}$$

Dies ist für sich selbst sehr wichtig. Die Tatsache, dass $\mathbf{X}$ und $\mathbf{P}$ nicht kommutieren, ist der Schlüssel zum Verständnis, warum sie nicht gleichzeitig messbar sind. Aber die Dinge werden noch interessanter, wenn wir diese Gleichung mit der äquivalenten Gl. 8.26 vergleichen, die Kommutatoren mit den klassischen Poisson-Klammern verbinden. Tatsächlich lässt Gl. 8.29 vermuten, dass die korrespondierende klassische Poisson-Klammer

$$\{x, p\} = 1$$

ist, was genau die klassische Beziehung zwischen Koordinaten und ihrem konjugierten Impuls ist (**Band I**, Vorlesung 10, Gl. 10.8). Letztlich ist es diese Verbindung, die erklärt, warum das quantentheoretische Konzept des Impulses dem klassischen Konzept entspricht.

Nach dem allgemeinen Unbestimmtheitsprinzip aus Vorlesung 5 haben wir nun den Spezialfall

$$[\mathbf{X}, \mathbf{P}] = i\hbar$$

und

$$\Delta\mathbf{X}\Delta\mathbf{P} \geq \frac{\hbar}{2}.$$

Wir zeigen dies im nächsten Abschnitt.

Jetzt erinnern wir uns an das zweite Prinzip zu Kommutatoren. In Vorlesung 4 haben wir gesehen, dass zwei Observablen $\mathbf{L}$ und $\mathbf{M}$ nicht gemeinsam bestimmt werden können, wenn sie nicht kommutieren. Wenn sie nicht kommutieren, kann man $\mathbf{L}$ nicht messen, ohne mit einer Messung von $\mathbf{M}$ zu interferieren. Es ist nicht möglich, gemeinsame Eigenvektoren zu zwei nicht-kommutierenden Observablen zu finden. Dies führte zum allgemeinen Unbestimmtheitsprinzip.

8.5   Das Heisenbergsche Unbestimmtheitsprinzip

Und nun, meine Damen und Herren, worauf Sie die ganze Zeit gewartet haben. Endlich: das **Heisenbergsche Unbestimmtheitsprinzip**.

Das Heisenbergsche Unbestimmtheitsprinzip ist eines der berühmtesten Ergebnisse der Quantenmechanik: Es sorgt nicht nur dafür, dass Ort und Impuls eines Teilchens nicht gleichzeitig bekannt sein können, sondern liefert auch eine genaue Grenze für ihre gegenseitigen Unschärfen. An dieser Stelle schlage ich vor, dass Sie sich Vorlesung 5 noch einmal ansehen, wo ich das allgemeine Unbestimmtheitsprinzip erklärte. Dort haben wir die ganze Arbeit geleistet, und jetzt profitieren wir davon.

Wie wir gesehen haben, setzt das allgemeine Unbestimmtheitsprinzip eine quantitative Grenze für die gleichzeitige Unbestimmtheit zweier Observablen **A** und **B**. Diese Idee wurde in Ungleichung Gl. 5.13 zusammengefasst:

$$\Delta\mathbf{A}\Delta\mathbf{B} \geq \frac{1}{2}|\langle\Psi|[\mathbf{A}|\mathbf{B}]|\Psi\rangle|.$$

Nun wenden wir dieses Prinzip direkt auf den Orts- und den Impulsoperator **X** und **P** an. In diesem Fall ist der Kommutator nur eine Zahl, und der Erwartungswert ist genau dieselbe Zahl. Durch Ersetzen von **A** und **B** durch **X** und **P** erhalten wir

$$\Delta\mathbf{X}\Delta\mathbf{P} \geq \frac{1}{2}|\langle\Psi|[\mathbf{X}|\mathbf{P}]|\Psi\rangle|,$$

und Einsetzen von $i\hbar$ für $[\mathbf{X}|\mathbf{P}]$ ergibt

$$\Delta\mathbf{X}\Delta\mathbf{P} \geq \frac{1}{2}|i\hbar\langle\Psi|\Psi\rangle|.$$

$\langle\Psi|\Psi\rangle|$ ist aber 1, und damit lautet das Endergebnis

$$\Delta\mathbf{X}\Delta\mathbf{P} \geq \frac{1}{2}\hbar.$$

Kein Experiment schlägt jemals diese Grenze. Man kann sein Bestes geben, um Impuls und Ort eines Teilchens in reproduzierbarer Weise zu messen, aber wie vorsichtig man auch sein mag, die Unbestimmtheit des Ortes mal der Unbestimmtheit des Impulses wird niemals kleiner sein als $\frac{1}{2}\hbar$.

Wie wir in Abschnitt 8.2.1 gesehen haben, ist die Wellenfunktion eines Eigenzustands von **X** stark in einem Punkt x_0 konzentriert; in diesem Eigenzustand ist auch die Wahrscheinlichkeit perfekt gebündelt. Andererseits ist die Wahrscheinlichkeit $P(x)$ für einen Impuls-Eigenzustand gleichmäßig über die ganze x-Achse verteilt. Um dies zu sehen, nehmen wir die Wellenfunktion aus Gl. 8.17 und multiplizieren sie mit ihrer komplex Konjugierten:

$$\psi_p^*(x)\psi_p(x) = \left(\frac{1}{\sqrt{2\pi}}e^{\frac{-ipx}{\hbar}}\right)\left(\frac{1}{\sqrt{2\pi}}e^{\frac{ipx}{\hbar}}\right) = \frac{1}{2\pi}.$$

Das Ergebnis ist völlig gleichförmig, mit keinerlei Spitzen irgendwo auf der x-Achse. Offensichtlich ist ein Zustand mit einem bestimmten Impuls in seinem Ort völlig unbestimmt.

Abb. 8.2 zeigt die Definition der Unbestimmtheit für die Ortsvariable x. In der oberen Hälfte der Abbildung können Sie sehen, dass die Unbestimmtheit Δx ein Maß dafür ist, wie die Funktion im Verhältnis zu ihrem Erwartungswert $\langle x\rangle$ auseinandergezogen ist. Der Bezeichner d zeigt die Abweichung eines Punktes im Verhältnis zu $\langle x\rangle$; dies kann eine positive oder negative Größe sein. Die Unbestimmtheit Δx ist das Ergebnis einer Durchschnittsbildung über alle möglichen Werte von d und charakterisiert die Funktion als Ganzes. Um zu verhindern,

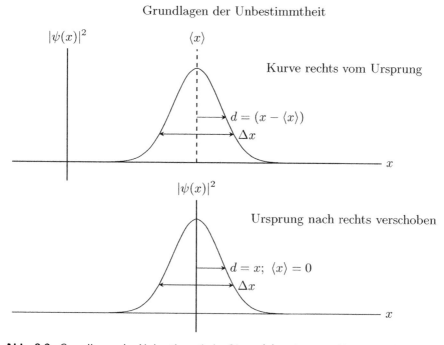

Grundlagen der Unbestimmtheit

Abb. 8.2 Grundlagen der Unbestimmtheit. Oben: $\langle x \rangle$ rechts vom Ursprung. Abweichungen d können positiv oder negativ sein. Die Gesamt-Unbestimmtheit $\Delta x (> 0)$ abgeleitet aus dem Mittelwert von d^2. Unten: Ursprung nach rechts verschoben, $\langle x \rangle = 0$, Δx hat denselben Wert.

dass sich positive und negative d gegenseitig aufheben, wird dabei von jedem Wert von d das Quadrat genommen.

Die untere Hälfte von Abb. 8.2 zeigt, wie die Berechnung durch Verschiebung von $\langle x \rangle$ in den Ursprung vereinfacht wird. Der numerische Wert von Δx bleibt bei der Verschiebung unverändert.

Vorlesung 9

Teilchendynamik

Art und Lenny hatten ein bisschen Action bei Hilbert erwartet. Aber alle Zustandsvektoren waren absolut still – sozusagen eingefroren.

Lenny: „Das ist langweilig, Art. Passiert hier denn nie etwas? He, Hilbert, warum ist es so still hier im Laden?".
Hilbert: „Oh, keine Sorge. Es geht hier sofort los, wenn erst einmal die Hamilton-Funktion hier ist."
Art: „Die Hamilton-Funktion? Die scheint ja wirklich was in Bewegung zu setzen."

9.1 Ein einfaches Beispiel

Die ersten beiden Bände vom Theoretischen Minimum haben sich größtenteils mit zwei Themen beschäftigt. Das erste: Was verstehen wir unter einem System, und wie beschreiben wir seine momentanen Zustände? Wie wir gesehen haben, sind die klassischen und quantentheoretischen Antworten auf diese Fragen sehr

© Springer-Verlag GmbH Deutschland, ein Teil von Springer Nature 2020
L. Susskind und A. Friedman, *Quantenmechanik: Das Theoretische Minimum*, https://doi.org/10.1007/978-3-662-60330-7_9

verschieden. Der klassische Phasenraum – der Raum der Koordinaten und Impulse – wird in der Quantentheorie durch den linearen Vektorraum der Zustände ersetzt. Die zweite große Frage lautet: Wie ändern sich Zustände mit der Zeit? Sowohl in der klassischen als auch der Quantenmechanik lautet die Antwort: *gemäß dem Minus-Ersten Gesetz.* Mit anderen Worten ändern sich Zustände so, dass Informationen und Unterschiede niemals ausgelöscht werden. In der klassischen Mechanik führte dieses Prinzip zu den **Hamilton-Gleichungen** und dem **Satz von Liouville.** Zuvor habe ich in Vorlesung 4 erklärt, wie dieses Prinzip in der Quantenmechanik zum Unitaritäts-Prinzip führte, aus dem wiederum die Schrödingergleichungen folgten.

In Vorlesung 8 ging es vor allem um die erste Frage: Wie beschreiben wir den Zustand eines Systems? In dieser Vorlesung kommen wir nun zur zweiten Frage, die wir auch umformulieren könnten zu: „*Wie bewegen sich Teilchen in der Quantenmechanik?*"

In Vorlesung 4 haben ich die grundlegenden Regeln für die zeitlichen Veränderungen von Quantenzuständen gezeigt. Die essentielle Zutat ist die Hamilton-Funktion **H**, die sowohl in der klassischen als auch in der Quantenmechanik die Gesamtenergie eines Systems darstellt. In der Quantenmechanik kontrolliert die Hamilton-Funktion die zeitliche Entwicklung durch die zeitabhängige Schrödingergleichung:

$$i\hbar \frac{\partial \, |\Psi\rangle}{\partial t} = \mathbf{H} \, |\Psi\rangle \, . \tag{9.1}$$

In dieser Vorlesung geht es nun um die **originale Schrödingergleichung** – die Gleichung, die Schrödinger zur Beschreibung eines quantenmechanischen Teilchens aufgestellt hat. Die originale Schrödingergleichung ist ein Spezialfall der Gl. 9.1. Die Bewegung gewöhnlicher (nicht-relativistischer) Teilchen wird in der klassischen Mechanik durch eine Hamilton-Funktion geregelt, die der kinetischen Energie plus der potentiellen Energie entspricht. Wir werden gleich zur Quanten-Version dieser Hamilton-Funktion kommen, aber zuerst wollen wir eine noch einfachere Hamilton-Funktion betrachten.

Wir fangen mit der einfachsten Hamilton-Funktion an, die ich mir vorstellen kann. Hier ist der Hamilton-Operator **H** eine feste Konstante mal dem Impulsoperator **P**:

$$\mathbf{H} = c\mathbf{P} \, . \tag{9.2}$$

Dieses Beispiel wird selten gebracht, aber es stellt sich heraus, dass es sehr aufschlussreich ist. Die Konstante c ist eine feste Zahl. Ist $c\mathbf{P}$ eine vernünftige Hamilton-Funktion für ein Teilchen? Ja, das ist sie, und gleich werden wir herausfinden, was für eine Art von Teilchen sie beschreibt. Fürs erste bemerken Sie, dass Gl. 9.2 sich von dem unterscheidet, was wir für ein nicht-relativistisches Teilchen erwarten. Sie ist nämlich nicht $\mathbf{P}^2/2m$. Dieses einfachere Beispiel ist es

wert, untersucht zu werden, nur um zu sehen, wie unser mathematischer Apparat
funktioniert.

Wie stellen wir dieses Beispiel in Termen der Wellenfunktionen $\psi(x)$ in der
Ortsbasis dar? Wir stecken zunächst unsere Operatoren in die zeitabhängige
Schrödingergleichung Gl. 9.1:

$$i\hbar\frac{\partial\psi(x,t)}{\partial t} = -ci\hbar\frac{\partial\psi(x,t)}{\partial x}.$$

Bemerken Sie, dass wir ψ nun als Funktion *sowohl von t als auch von x* schreiben.
Kürzen der Terme $i\hbar$ ergibt

$$\frac{\partial\psi(x,t)}{\partial t} = -c\frac{\partial\psi(x,t)}{\partial x}, \tag{9.3}$$

was eine ziemlich einfache Gleichung ist. Tatsächlich ist jede Funktion von $(x-ct)$
eine Lösung. Mit „Funktion von $(x-ct)$" meine ich eine Funktion, die nicht
von x und t getrennt abhängt, sondern nur von der Kombination $(x-ct)$. Um
zu sehen, wie dies funktioniert, nehmen Sie eine beliebige Funktion $\psi(x-ct)$
und betrachten ihre Ableitungen. Nehmen Sie die partielle Ableitung nach x, so
erhalten Sie einfach

$$\frac{\partial\psi(x-ct)}{\partial x},$$

denn die Ableitung von $(x-ct)$ nach x ist 1. Aber nehmen Sie die partielle
Ableitung nach t, so erhalten Sie

$$-c\frac{\partial\psi(x-ct)}{\partial t}.$$

Es ist klar, dass diese Kombination von Ableitungen die Gl. 9.3 erfüllt; daher
löst jede Funktion dieser Form die Schrödingergleichung.

Sehen wir nun, wie sich eine Funktion $\psi(x-ct)$ verhält. Wie sieht sie aus? Wie
entwickelt sie sich mit der Zeit? Nehmen wir an, wir machen zu einem Zeitpunkt
$t=0$ einen Schnappschuss. Wir können den Schnappschuss $\psi(x)$ nennen, denn
er zeigt uns, wie ψ in jedem Punkt im Raum *zur gegebenen Zeit $t=0$* aussieht.
Natürlich wollen wir nicht irgendeine Funktion von $(x-ct)$. Wir wollen, dass
die gesamte Wahrscheinlichkeit

$$\int_{-\infty}^{\infty}\psi^*(x)\psi(x)\,dx$$

gleich 1 ist. Wir wollen also, dass $\psi(x)$ schön im Unendlichen gegen 0 abfällt, so
dass das Integral nicht explodiert. Abb. 9.1 zeigt $\psi(x)$ schematisch. Mit diesen
Eigenschaften macht es Sinn, $\psi(x)$ ein **Wellenpaket** zu nennen.

Nachdem wir den Schnappschuss von $\psi(x)$ bei $t=0$ beschrieben haben: Was
geschieht, wenn wir die Zeit voranschreiten lassen? Mit zunehmendem t behält

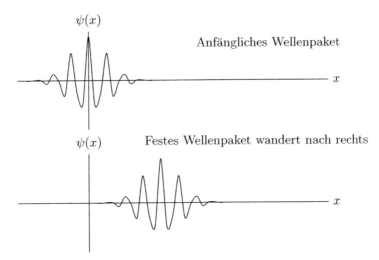

Abb. 9.1 Festes Wellenpaket mit fester Geschwindigkeit.

das Wellenpaket exakt seine Gestalt. Jede Eigenschaft der komplexwertigen Funktion $\psi(x, t)$ bewegt sich mit konstanter Geschwindigkeit c nach rechts.[1]

Ich hatte einen Grund, unsere Konstante mit c zu bezeichnen – das Symbol c steht häufig für die Lichtgeschwindigkeit. Ist unser Teilchen also ein Photon? Nein, nicht wirklich. Aber unsere Beschreibung dieses hypothetischen Teilchens ist nahe an der korrekten Beschreibung eines Neutrinos, das sich mit Lichtgeschwindigkeit bewegt. (Reale Neutrinos bewegen sich mit einer Geschwindigkeit unmessbar langsamer als die Lichtgeschwindigkeit.) Diese Hamilton-Funktion wäre eine sehr gute Beschreibung eines eindimensionalen Neutrinos, bis auf eine Schwierigkeit: Das Teilchen, das durch unsere Wellenfunktion beschrieben wird, kann sich nur nach rechts bewegen. Um diese Beschreibung abzurunden, müssten wir eine andere Wahrscheinlichkeit addieren – damit das Teilchen sich auch nach links bewegen kann![2]

Unser rechts-laufendes Zaxon[3] hat eine andere merkwürdige Eigenschaft – seine Energie kann entweder positiv oder negativ sein. Dies liegt daran, dass der Operator **P** als Vektor positive und negative Werte annehmen kann. Im Allgemeinen ist die Energie eines Teilchens mit negativem Impuls negativ, und die Energie eines Teilchens mit positivem Impuls positiv. Ich werde dazu nicht mehr sagen, als dass dieses Problem der negativen Energie von Dirac gelöst

---

[1] Dies umfasst sowohl den reellen als auch den imaginären Teil von $\psi(x)$.

[2] Unser rechts-laufendes Teilchen erinnert mich an Dr. Seuss' klassische Geschichte „Das Zax", und ich bin versucht, sie „rechts-laufende Zaxone" zu nennen. Wer weiß, wie die Geschichte ausgegangen wäre, wenn Theodore Geisel mehr über Neutrinos gewusst hätte.

[3] Da! Ich habe es ja gesagt.

wurde, der darauf die theoretische Basis der **Antiteilchen** gründete. Für unsere
Zwecke können wir diesen Punkt ignorieren und es der Energie einfach erlauben,
positiv oder negativ zu sein.

Da die Wellenfunktion unseres Teilchens starr die x-Achse entlangläuft, gilt
dies auch für die Wahrscheinlichkeitsverteilung. Als Resultat bewegt sich auch
der Erwartungswert von x in genau derselben Weise, d.h. er bewegt sich nach
rechts mit der Geschwindigkeit c. Das ist im Wesentlichen die Quantenmechanik
dieses Systems. Es gibt aber noch einen anderen wichtigen Punkt zu beachten.
Als wir sagten, dass c eine *feste* Konstante ist, geschah das nicht ohne Grund.
Unser Teilchen kann nur in einem Zustand existieren, in dem es sich mit dieser
Geschwindigkeit bewegt. Es kann niemals langsamer werden oder schneller.

Wie kann man dies mit der klassischen Beschreibung eines solchen Teilchens
vergleichen? Beginnend mit derselben Hamilton-Funktion würde ein klassischer
Physiker einfach die Hamilton-Gleichungen aufschreiben. Mit $\mathcal{H} = cp$ lauten die
Hamilton-Gleichungen

$$\frac{\partial \mathcal{H}}{\partial p} = \dot{x}$$

$$\frac{\partial \mathcal{H}}{\partial x} = -\dot{p}.$$

Durch Ausrechnen der partiellen Ableitungen werden diese zu

$$\frac{\partial \mathcal{H}}{\partial p} = \dot{x} = c$$

und

$$\frac{\partial \mathcal{H}}{\partial x} = -\dot{p} = 0.$$

In der klassischen Beschreibung des Teilchens bleibt also der Impuls erhalten,
und das Teilchen bewegt sich mit fester Geschwindigkeit c. In der quantenmechanischen Beschreibung bewegen sich die gesamte Wahrscheinlichkeitsverteilung
und der Erwartungswert mit Geschwindigkeit c. Anders gesagt bewegt sich also
der Erwartungswert des Ortes gemäß den klassischen Bewegungsgleichungen.

9.2   Nicht-relativistische freie Teilchen

Nur masselose Teilchen können sich mit Lichtgeschwindigkeit bewegen, und
ich füge hinzu, sie können sich nur mit dieser Geschwindigkeit bewegen. Alle
bekannten Teilchen außer Photonen und **Gravitonen** besitzen Masse und können
sich mit jeder Geschwindigkeit kleiner als c bewegen. Wenn sie sich mit einer
Geschwindigkeit *weit* unter c bewegen, nennt man sie nicht-relativistisch, und ihre
Bewegung wird durch die normale Newtonsche Mechanik beschrieben, jedenfalls
klassisch. Die erste Anwendung der Quantenmechanik betraf die Bewegung
nicht-relativistischer Teilchen.

Ich habe zuvor (in den Vorlesungen 4 und 8) gezeigt, dass die Poisson-Klammern dieselbe mathematische Rolle in der klassischen Mechanik spielen wie die Kommutatoren in der Quantenmechanik. Mit diesen Konstrukten sind die klassischen und quantenmechanischen Bewegungsgleichungen formal fast identisch. Insbesondere kommt die Hamilton-Funktion genauso ins Spiel bei den Poisson-Klammern wie bei den Kommutatoren. Will man also die quantenmechanischen Gleichungen eines Systems aufstellen, dessen klassische Physik man bereits kennt, so ist es sehr vernünftig, die klassische Hamilton-Funktion auszuprobieren, übersetzt in ihre Operator-Form.

Für ein nicht-relativistisches freies Teilchen ist die natürliche Hamilton-Funktion $p^2/2m$. Wenn wir sagen, dass ein Teilchen frei ist, meinen wir damit eigentlich, dass keine Kräfte darauf wirken und wir daher die potentielle Energie ignorieren können. Wir kümmern uns nur um die kinetische Energie, die definiert ist als

$$T = \frac{1}{2}mv^2.$$

Wie Sie sich erinnern, ist der Impuls eines klassischen Teilchens

$$p = mv.$$

Die Hamilton-Funktion ist einfach die kinetische Energie, die wir in Termen des Impulses p hinschreiben können. Damit erhalten wir

$$\mathcal{H} = \frac{1}{2}mv^2 = \frac{p^2}{2m}$$

als Hamilton-Funktion eines klassischen nicht-relativistischen freien Teilchens. Anders als das rechts-laufende Zaxon aus dem letzten Beispiel hängt die Energie dieses Teilchens nicht von der Bewegungsrichtung ab. Dies liegt daran, dass die Energie proportional zu p^2 ist statt zu p. Wir starten daher mit einem Teilchen mit der Energie $p^2/2m$ und leiten die Schrödingergleichung (die original von Schrödinger entdeckte) für ein freies Teilchen her.

Unser Plan ist, denselben Prozess wie im vorherigen Beispiel anzuwenden, um mit der Hamilton-Funktion eine zeitabhängige Schrödingergleichung aufzustellen.

Wie üblich ist der linke Teil der Gleichung

$$i\hbar\frac{\partial\psi}{\partial t}.$$

Wir leiten den rechten Teil her, indem wir die klassische Hamilton-Funktion – die kinetische Energie – als Operator schreiben. Die klassische kinetische Energie ist

$$p^2/2m.$$

Bei der Quantenversion wird p durch $\mathbf{P}$ ersetzt:

$$\mathbf{H} = \mathbf{P}^2/2m.$$

Was bedeutet das? Wie wir gesehen haben, ist der Operator $\mathbf{P}$ definiert als

$$\mathbf{P} = -i\hbar\frac{\partial}{\partial x}.$$

Das Quadrat von $\mathbf{P}$ ist gerade der Operator, den man erhält, wenn man $\mathbf{P}$ zweimal hintereinander ausführt. Also

$$\mathbf{P}^2 = \left(-i\hbar\frac{\partial}{\partial x}\right)\left(-i\hbar\frac{\partial}{\partial x}\right),$$

oder

$$\mathbf{P}^2 = -\hbar^2\frac{\partial^2}{\partial x^2},$$

und die Hamilton-Funktion wird zu

$$\mathbf{H} = -\frac{\hbar^2}{2m}\frac{\partial^2}{\partial x^2}.$$

Setzen wir schließlich die linke und rechte Seite der zeitabhängigen Schrödinger-gleichung gleich, so erhalten wir

$$i\hbar\frac{\partial\psi}{\partial t} = \frac{-\hbar^2}{2m}\frac{\partial^2\psi}{\partial x^2}. \tag{9.4}$$

Dies ist die traditionelle Schrödingergleichung für ein gewöhnliches nicht-relativistisches freies Teilchen. Sie ist eine spezielle Art der Wellengleichung, aber im Gegensatz zum vorherigen Beispiel bewegen sich Wellen verschiedener Wellenlänge (und Impulse) mit unterschiedlichen Geschwindigkeiten. Deswegen behält die Wellenfunktion *nicht* ihre Form. Anders als die Wellenfunktion des Zaxons läuft sie auseinander und zerfällt. Dies wird schematisch in Abb. 9.2 gezeigt.

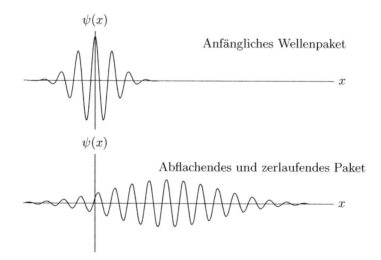

Abb. 9.2 Typisches Wellenpaket für ein nicht-relativistisches freies Teilchen. Oben: Das anfängliche Wellenpaket ist kompakt und hoch-lokal. Unten: Mit der Zeit bewegt sich das Wellenpaket nach rechts und zerfließt.

9.3   Zeitunabhängige Schrödingergleichung

Wir werden gleich die zeitabhängige Schrödingergleichung für nicht-relativistische
freie Teilchen lösen, aber zuerst müssen wir die zeitunabhängige Version lösen.
Die zeitunabhängige Gleichung ist im Wesentlichen die Eigenvektorgleichung für
die Hamilton-Funktion:

$$\mathbf{H}\left|\Psi\right\rangle = E\left|\Psi\right\rangle,$$

ausgeschrieben in Termen der Wellenfunktion $\psi(x)$:

$$-\frac{\hbar^2}{2m}\frac{\partial^2\psi(x)}{\partial x^2} = E\psi(x). \tag{9.5}$$

Es ist leicht, einen vollständigen Satz von Eigenvektoren zu finden, die diese
Gleichung erfüllen. Tatsächlich erledigen Eigenvektoren des Impulses die Aufgabe.
Probieren wir einmal folgende Funktion

$$\psi(x) = e^{\frac{ipx}{\hbar}} \tag{9.6}$$

als mögliche Lösung aus. Bilden wir die Ableitungen, so sehen wir, dass diese
Funktion tatsächlich eine Lösung für Gl. 9.5 ist, sobald wir

$$E = p^2/2m \tag{9.7}$$

setzen. Dies sollte nicht überraschen – schließlich steht E für einen Eigenwert
der Energie in Gl. 9.5.

Aufgabe 9.1
Leiten Sie Gl. 9.7 her, indem Sie Gl. 9.6 in Gl. 9.5 stecken.

Wie wir in Abschnitt 4.13 gesehen haben, ermöglicht uns nun jede Lösung der
zeitunabhängigen Schrödingergleichung, eine zeitabhängige Lösung zu konstruieren. Dazu müssen wir nur die zeitabhängige Lösung – in diesem Fall $e^{\frac{ipx}{\hbar}}$ – mit
$e^{-i\frac{Et}{\hbar}} = e^{-i\frac{p^2t}{2m\hbar}}$ multiplizieren. Daher kann ein vollständiger Satz von Lösungen
geschrieben werden als

$$\psi(x,t) = \exp\frac{i(px - \frac{p^2t}{2m})}{\hbar}.$$

Jede Lösung ist eine Summe bzw. ein Integral dieser Lösungen

$$\psi(x,t) = \int \tilde{\psi}(p)\left(\exp\frac{i(px - \frac{p^2t}{2m})}{\hbar}\right)dp.$$

Man kann mit jeder Wellenfunktion bei $t = 0$ beginnen, $\tilde{\psi}(p)$ durch Fourier-Transformation finden und sie sich dann entwickeln lassen. Die Form wird sich verändern, da sich die Wellen für verschiedene Werte von p mit verschiedenen Geschwindigkeiten bewegen. Wie wir aber bald sehen werden, wird sich das gesamte Wellenpaket mit der Geschwindigkeit $\langle p/m \rangle$ bewegen, genauso wie ein klassisches Teilchen.

Diese einfache allgemeine Lösung hat eine wichtige Konsequenz. Unter anderem besagt sie, dass sich die Wellenfunktion in der Impulsdarstellung auf einfache Art mit der Zeit ändert:

$$\tilde{\psi}(x,t) = \tilde{\psi}(p) \exp \frac{i(px - \frac{p^2 t}{2m})}{\hbar}.$$

Anders gesagt ändert sich lediglich die Phase mit der Zeit, während die Größe konstant bleibt. Was dies so interessant macht, ist dass sich die Wahrscheinlichkeit $P(p)$ mit der Zeit überhaupt nicht ändert. Das ist natürlich eine Folge der Impulserhaltung, aber sie gilt nur, wenn keine Kräfte auf das Teilchen wirken.

9.4   Geschwindigkeit und Impuls

Bislang habe ich noch nicht die Beziehung zwischen dem Operator $\mathbf{P}$ und dem klassischen Begriff des Impulses erklärt, d.h. Masse mal Geschwindigkeit, oder

$$v = p/m. \tag{9.8}$$

Was verstehen wir unter der Geschwindigkeit eines quantenmechanischen Teilchens? Die einfachste Antwort ist, dass wir damit die Zeitableitung der mittleren Position $\langle \Psi | \mathbf{X} | \Psi \rangle$ meinen:

$$v = \frac{d \langle \Psi | \mathbf{X} | \Psi \rangle}{dt}$$

oder konkreter in Ausdrücken von Wellenfunktionen

$$v = \frac{d}{dt} \int \psi^*(x,t) \, x \, \psi(x,t) \, dx.$$

Wieso ändert sich $\langle \Psi | \mathbf{X} | \Psi \rangle$ mit der Zeit? Weil ψ von der Zeit abhängt, und tatsächlich wissen wir auch wie. Die Zeitabhängigkeit von ψ ist durch die zeitabhängige Schrödingergleichung gegeben. Wir könnten dies benutzen, um herauszufinden, wie sich $\langle \Psi | \mathbf{X} | \Psi \rangle$ mit der Zeit ändert. Ich habe es ausprobiert – mit Gewalt – und dazu einige Seiten gebraucht. Glücklicherweise vereinfachen dies die abstrakten Methoden, die Sie in den früheren Vorlesungen gelernt haben; tatsächlich haben wir die meiste Arbeit bereits in Vorlesung 4 geleistet. Und so empfehle ich, dass Sie sich noch einmal Vorlesung 4 ansehen, bevor wir

weitermachen, insbesondere Abschnitt 4.9, vom Anfang bis zu Gl. 4.17. Hier ist
Gl. 4.17 noch einmal:

$$\frac{d}{dt} \langle \mathbf{L} \rangle = \frac{i}{\hbar} \langle [\mathbf{H}, \mathbf{L}] \rangle .$$

In Worten: Die Zeitableitung des Erwartungswerts jeder Observablen $\mathbf{L}$ ist durch
$i/\hbar$ mal dem Erwartungswert des Kommutators der Hamilton-Funktion mit $\mathbf{L}$
gegeben. Wendet man dieses Prinzip auf die Geschwindigkeit v an, so sehen wir

$$v = \frac{i}{2m\hbar} \langle [\mathbf{P}^2, \mathbf{X}] \rangle . \tag{9.9}$$

Nun müssen wir nur den Kommutator von $\mathbf{P}^2$ und $\mathbf{X}$ ausrechnen. Ein paar
einfache Schritte zeigen, dass

$$[\mathbf{P}^2, \mathbf{X}] = \mathbf{P}[\mathbf{P}, \mathbf{X}] + [\mathbf{P}, \mathbf{X}]\mathbf{P} \tag{9.10}$$

gilt. Diese Relation bestätigt man, indem man jeden Kommutator ausschreibt
und dann einige Terme entdeckt, die sich aufheben.

Aufgabe 9.2
Beweisen Sie Gl. 9.10, indem Sie jede Seite ausschreiben und die Ergebnisse
vergleichen.

Der letzte Schritt benutzt die Standardbeziehung für den Kommutator

$$[\mathbf{P}, \mathbf{X}] = -i\hbar.$$

Setzt man dies in Gl. 9.10 ein und steckt das Ergebnis in Gl. 9.9, so sehen wir

$$v = \frac{\langle \mathbf{P} \rangle}{m}$$

oder vielleicht etwas vertrauter

$$\langle \mathbf{P} \rangle = mv. \tag{9.11}$$

Wir haben genau das bewiesen, was wir wollten: Der Impuls ist gleich der Masse
mal der Geschwindigkeit, oder genauer: Der durchschnittliche Impuls entspricht
der Masse mal der Geschwindigkeit.

Um eine bessere Vorstellung zu bekommen, was das bedeutet, nehmen wir
an, die Wellenfunktion hat die Form eines Pakets, oder eines ziemlich schmalen
Klumpens. Der Erwartungswert von x wird etwa in der Mitte des Klumpens
sein. Gl. 9.11 sagt uns nun, dass sich das Zentrum des Wellenpakets gemäß der
klassischen Regel $p = mv$ bewegt.

9.5   Quantisierung

Bevor wir zum Thema der Kräfte in der Quantenmechanik kommen, möchte ich kurz pausieren und diskutieren, was wir gemacht haben. Wir sind mit einem wohlbekannten und verlässlichen klassischen System gestartet – dem freien Teilchen – und **quantisierten** es. Wir können diesen Prozess formalisieren:

---

1. Beginne mit einem klassischen System. Das umfasst eine Menge von Koordinaten x und Impulsen p. In unserem Beispiel war dies nur eine Koordinate und ein Impuls, aber die Prozedur lässt sich leicht verallgemeinern. Die Koordinaten und Impulse treten als Paare x_i und p_i auf. Das klassische System besitzt auch eine Hamilton-Funktion, die eine Funktion der x und p ist.

2. Ersetze den klassischen Phasenraum durch einen linearen Vektorraum. In der Ortsdarstellung wird der Zustandsraum durch eine Wellenfunktion $\psi(x)$ dargestellt, die von den Koordinaten abhängt, im Allgemeinen von allen.

3. Ersetze die x und p durch Operatoren $\mathbf{X}_i$ und $\mathbf{P}_i$. Jedes $\mathbf{X}_i$ wirkt auf die Wellenfunktion durch Multiplikation mit x_i. Jedes $\mathbf{P}_i$ wirkt gemäß der Regel

$$\mathbf{P}_i \to -i\hbar\frac{\partial}{\partial x_i}.$$

4. Wenn diese Ersetzungen erfolgt sind, wird die Hamilton-Funktion zu einem Operator, der entweder in der zeitabhängigen oder zeitunabhängigen Schrödingergleichung verwendet werden kann. Die zeitabhängige Gleichung sagt uns, wie sich die Wellenfunktion mit der Zeit ändert. Die zeitunabhängige Form erlaubt uns, die Eigenvektoren und Eigenwerte der Hamilton-Funktion zu bestimmen.

Diese Prozedur der Quantisierung ist das Mittel, mit dem die klassischen Gleichungen eines Systems zu den Quantengleichungen umgeformt werden können. Sie ist wieder und wieder angewandt worden, in Bereichen von der Bewegung der Teilchen bis zur Quantenelektrodynamik; es gab sogar (nicht so erfolgreiche) Versuche, Einsteins Gravitationstheorie zu quantisieren. Wie wir in einem einfachen Beispiel sahen, garantiert die Prozedur, dass die Bewegung der Erwartungswerte eng mit der klassischen Bewegung zusammenhängen.

Aus all diesem entsteht eine „Henne-Ei"-Frage: Was kommt zuerst – die klassische Theorie oder die Quantentheorie? Sollte der logische Ausgangspunkt der Physik die klassische oder die Quantenmechanik sein? Ich denke, die Antwort ist offensichtlich. Die Quantenmechanik ist die wahre Beschreibung der Natur. Die klassische Mechanik ist schön und elegant, jedoch nur eine Approximation. Grob gesagt ist sie korrekt, wenn die Wellenfunktionen ihre Form als Pakete behalten. Manchmal haben wir Glück, und die Quantentheorie eines Systems kann erraten werden – und das ist es wirklich: ein Raten – indem man mit einem vertrauten klassischen System anfängt und es quantisiert. Manchmal funktioniert das. Die Quantenbewegung von Elektronen, abgeleitet aus der klassischen Mechanik von Teilchen, ist solch ein Fall. Die Quantenelektrodynamik, abgeleitet aus den Maxwell-Gleichungen, ist ein anderer. Aber manchmal gibt es keine klassische Theorie als Ausgangspunkt. Der Spin eines Teilchens hat kein klassisches Gegenstück. Quantentheorie ist wahrscheinlich wesentlich fundamentaler als die klassische Theorie, die allgemein als Annäherung verstanden werden sollte.

Nachdem dies gesagt ist, werde ich jetzt mit der Quantisierung der Bewegung von Teilchen fortfahren, aber diesmal schließen wir die Wirkung von Kräften ein.

9.6   Kräfte

Die Welt wäre ein langweiliger Ort, wenn alle Teilchen frei wären. Es sind die Kräfte, die Teilchen interessante Dinge tun lassen, etwa sich zu Atomen zusammenzufügen, oder zu Molekülen, Schokoriegeln und schwarzen Löchern. Die Kraft auf ein gegebenes Teilchen ist die Summe aller Kräfte, die darauf von allen anderen Teilchen im Universum ausgeübt werden. In der Praxis nehmen wir normalerweise an, dass wir wissen, was all die anderen Teilchen machen, und ersetzen ihren Effekt durch eine Funktion der potentiellen Energie für das untersuchte Teilchen. Bis hierhin gilt dies sowohl in der klassischen als auch in der Quantenmechanik.

Die Potentialfunktion wird mit $V(x)$ bezeichnet. In der klassischen Mechanik hängt sie mit der Kraft auf ein Teilchen zusammen durch die Formel

$$F(x) = -\frac{\partial V}{\partial x}.$$

Ist die Bewegung eindimensional, kann die partielle Ableitung durch die gewöhnliche Ableitung ersetzt werden, aber ich lasse es, wie es ist. Wenn wir nun dieses Gleichung mit Newtons zweitem Gesetz $F = ma$ kombinieren, erhalten wir

$$m\frac{d^2x}{dt^2} = -\frac{\partial V}{\partial x}.$$

In der Quantenmechanik gehen wir anders vor; wir stellen eine Hamilton-Funktion auf und lösen die Schrödingergleichung. Die potentielle Energie in dieses Programm einzufügen ist naheliegend. Die potentielle Energie $V(x)$ wird zu einem Operator $\mathbf{V}$, der zur Hamilton-Funktion addiert wird.

Was für eine Art Operator ist **V**? Die Antwort drückt man am einfachsten aus, wenn wir in der Sprache der Wellenfunktionen denken und nicht in Ausdrücken von Bras und Kets. Wirkt der Operator **V** auf eine beliebige Wellenfunktion $\psi(x)$, multipliziert sie die Wellenfunktion mit der Funktion $V(x)$:

$$\mathbf{V}\,|\Psi\rangle \to V(x)\psi(x).$$

Wie in der klassischen Mechanik bleibt nach Hinzufügen der Kräfte der Impuls eines Teilchens nicht erhalten. Tatsächlich können Newtons Bewegungsgesetze in der Form

$$\frac{dp}{dt} = F$$

geschrieben werden, oder

$$\frac{dp}{dt} = -\frac{\partial V}{\partial x}. \tag{9.12}$$

Wegen der Quantisierungs-Regeln müssen wir $\mathbf{V}(x)$ zur Hamilton-Funktion hinzufügen:[4]

$$\mathbf{H} = \frac{\mathbf{P}^2}{2m} + \mathbf{V}(x), \tag{9.13}$$

und die Schrödingergleichung auf offensichtliche Weise modifizieren:

$$i\hbar\frac{\partial\psi}{\partial t} = \frac{-\hbar^2}{2m}\frac{\partial^2\psi}{\partial x^2} + V(x)\psi$$

$$\tag{9.14}$$

$$E\psi = \frac{-\hbar^2}{2m}\frac{\partial^2\psi}{\partial x^2} + V(x)\psi.$$

Welche Auswirkung hat das? Der zusätzliche Term beeinflusst sicher, wie sich ψ mit der Zeit ändert. Das muss natürlich so sein, wenn die mittlere Position eines Wellenpakets einer klassischen Bahn folgen soll. Um unsere Überlegung zu überprüfen, schauen wir mal, ob es so ist. Zuerst einmal: Gilt Gl. 9.11 immer noch? Das sollte sie, denn die Beziehung zwischen Impuls und Geschwindigkeit wird durch die Anwesenheit von Kräften nicht verändert.

Da ein neuer Term zu **H** hinzugefügt wurde, wird es auch einen neuen Term im Kommutator von **X** und **H** geben. Dies könnte möglicherweise den Ausdruck für die Geschwindigkeit in Gl. 9.9 ändern, aber man sieht leicht, dass dies nicht geschieht. Der neue Term betrifft den Kommutator von **X** mit **V**(x). Aber Multiplikation mit x und Multiplikation mit einer Funktion von x sind Operationen, die kommutieren. Anders gesagt:

$$[\mathbf{X}, \mathbf{V}(x)] = 0.$$

---

[4]Technisch gesehen gilt dies auch für freie Teilchen. Im Fall der freien Teilchen setzen wir aber $V(x)$ als 0 fest.

Daher bleibt die Beziehung zwischen Geschwindigkeit und Impuls von Kräften in der Quantenmechanik unberührt, genau wie in der klassischen Mechanik.

Die interessantere Frage lautet: Können wir die Quanten-Version von Newtons Gesetz verstehen? Wie oben bemerkt, kann dieses Gesetz geschrieben werden als

$$\frac{dp}{dt} = F.$$

Berechnen wir einmal die Zeitableitung des Erwartungswerts von $\mathbf{P}$. Wieder besteht der Trick darin, den Kommutator von $\mathbf{P}$ mit der Hamilton-Funktion zu bilden:

$$\frac{d}{dt} \langle \mathbf{P} \rangle = \frac{i}{2m\hbar} \langle [\mathbf{P}^2, \mathbf{P}] \rangle + \frac{i}{\hbar} \langle [\mathbf{V}, \mathbf{P}] \rangle . \tag{9.15}$$

Der erste Term ist 0, da ein Operator mit jeder Funktion von sich selbst kommutiert. Um den zweiten Term zu berechnen, verwenden wir eine Gleichung, die wir noch nicht bewiesen haben:

$$[\mathbf{V}(x), \mathbf{P}] = i\hbar \frac{dV(x)}{dx} . \tag{9.16}$$

Stecken wir Gl. 9.16 in Gl. 9.15, so erhalten wir

$$\frac{d}{dt} \langle \mathbf{P} \rangle = - \langle \frac{dV}{dx} \rangle .$$

Beweisen wir nun Gl. 9.16. Lassen wir den Kommutator auf eine Wellenfunktion wirken, so können wir schreiben

$$[\mathbf{V}(x), \mathbf{P}]\psi(x) = V(x)(-i\hbar \frac{d}{dx})\psi(x) - (-i\hbar \frac{d}{dx})V(x)\psi(x). \tag{9.17}$$

Dies lässt sich leicht vereinfachen zu Gl. 9.16. Damit haben wir gezeigt

$$\frac{d}{dt} \langle \mathbf{P} \rangle = - \langle \frac{dV}{dx} \rangle , \tag{9.18}$$

was das Quanten-Analogon zu Newtons Gleichung für die zeitliche Änderungsrate des Impulses ist.

Aufgabe 9.3
Zeigen Sie, dass die rechte Seite von Gl. 9.17 sich zur rechten Seite von Gl. 9.16 vereinfachen lässt.
Hinweis: Erweitern Sie zunächst den zweiten Term, indem Sie die Ableitung des Produkts bilden. Danach können Sie kürzen.

9.7 Lineare Bewegung und der klassische Grenzfall

Sie denken vielleicht, dass wir bewiesen haben, dass der Erwartungswert von $\mathbf{X}$ genau der klassischen Trajektorie folgt. Aber wir haben etwas bewiesen, dass tatsächlich etwas ganz anderes ist. Dieser Unterschied besteht, da der Mittelwert einer Funktion von x nicht dasselbe ist wie eine Funktion des Mittelwertes von x. Wenn Gl. 9.18 lauten würde

$$\frac{d}{dt}\langle\mathbf{P}\rangle = -\frac{dV(\langle x\rangle)}{d\langle x\rangle} \quad \longleftarrow \textbf{ Das ist falsch!}$$

(und ich möchte klarstellen, *dass sie nicht so lautet*), dann würden wir wirklich sagen, dass die mittlere Position und der mittlere Impuls die klassischen Gleichungen erfüllen. Aber in Wirklichkeit sind die klassischen Gleichungen nur Approximationen, nur gut, wenn wir den mittleren Wert von dV/dx durch die Funktion des Mittelwerts von x ersetzen können. Wann ist dies vernünftig? Die Antwort ist: Wann immer $V(x)$ sich nur langsam ändert im Vergleich zur Größe des Wellenpakets. Ändert sich V schnell längs des Wellenpakets, so bricht die klassische Näherung zusammen. Und so zerbricht in dieser Situation ein schönes schmales Wellenpaket in eine scheußlich zerstreute Welle, die keine Ähnlichkeit mehr mit dem originalen Wellenpaket hat. Die Wahrscheinlichkeitsfunktion wird ebenfalls zerstreut. Dann haben Sie keine andere Wahl, als die Schrödingergleichung zu lösen.

Sehen wir uns das genauer an. Mathematisch haben wir keine Annahmen über die Form unserer Wellenpakete getroffen. Aber wir haben sie uns stillschweigend als schön geformte Funktionen mit einem einzelnen Maximum gedacht, langsam zu 0 zerfließend in der positiven und negativen Richtung. Diese Bedingung, obwohl nicht explizit in unseren mathematischen Annahmen eingeschlossen, hat eine reale Auswirkung auf die Frage, ob sich ein Teilchen gemäß der klassischen Mechanik verhält.

Um diesen Punkt zu illustrieren, nehmen wir ein etwas „merkwürdiges" Wellenpaket. Abb. 9.3 zeigt ein **bimodales Wellenpaket** (mit zwei Maxima), zentriert am Ursprung auf der x-Achse. Nun nehmen wir irgendeine Funktion von x, etwa $F(x)$, wobei F für die Kraft steht. Der Erwartungswert von $F(x)$ ist nicht dasselbe wie die Funktion F des Erwartungswerts von x. Mit anderen Worten:

$$\langle F(x)\rangle \neq F(\langle x\rangle).$$

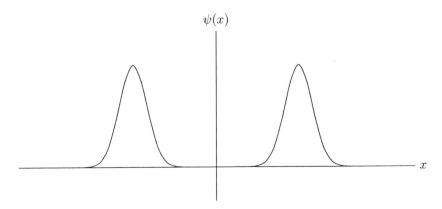

Abb. 9.3 Bimodale (zweihöckrige) Funktion, zentriert in $x = 0$. Beachten Sie $\langle x \rangle = 0$, aber $\Delta x > 0$.

Die rechte Seite ist eine Funktion des Zentrums des Wellenpakets. Das ist nicht dasselbe wie die linke Seite, die zu unserem Ergebnis aus dem vorherigen Abschnitt gehört; $\langle F(x) \rangle$ hat dieselbe Form wie die rechte Seite von Gl. 9.18.[5]

Lassen Sie mich Ihnen ein Beispiel geben, wo diese Ausdrücke extrem verschieden sein können. Nehmen wir an, dass F für das Quadrat von x steht:

$$F = x^2.$$

Und nehmen wir an, das Wellenpaket sieht aus wie in Abb. 9.3. Was ist der Erwartungswert von x? Er ist 0, und damit auch $F(x)$, denn $F(0) = 0^2 = 0$. Was ist andererseits der Erwartungswert von x^2? Er ist größer als 0. Wenn also ein Wellenpaket kein hübscher einzelner Höcker ist, der im Wesentlichen durch seinen Mittelpunkt bestimmt wird, dann ist die zeitliche Veränderungsrate des Impulses nicht immer die Kraft, ausgewertet am Erwartungswert von x. Dies gilt nur, wenn die Wellenfunktion in einem schmalen Bereich konzentriert ist, so dass der Erwartungswert von $F(x)$ dasselbe ist wie $\langle F(x) \rangle$. Wir haben also etwas gemogelt, als wir sagten, dass unsere quantentheoretische Bewegungsgleichung klassisch aussieht. Das hängt davon ab, ob das Wellenpaket **kohärent** und gut lokalisiert ist.

Ist sonst alles gleich, und die Masse des Teilchens groß, so ist die Wellenfunktion meist gut konzentriert. Wenn es keine sehr scharfen Spitzen in der Potentialfunktion $V(x)$ gibt, dann kann man $\langle F(x) \rangle$ gut durch Ersetzen mit $F(\langle x \rangle)$ annähern. Wenn aber $V(x)$ Spitzen hat, so bricht das Wellenpaket auseinander. Nehmen wir zum Beispiel an, das wir ein hübsches Wellenpaket haben, das sich nach rechts bewegt, und es trifft auf eine punktförmige Struktur, etwa

---

[5]Erinnern Sie sich, dass $-\langle \frac{dV}{dx} \rangle$ in dieser Gleichung für die Kraft steht.

ein Atom, mit einer Potentialfunktion ähnlich der in Abb. 9.4. Das Wellenpaket wird sich ausbreiten und auflösen. Falls es aber andererseits auf ein sehr glattes Potential trifft, so wird es durch das glatte Potential hindurchgehen und sich mehr oder weniger gemäß den klassischen Bewegungsgleichungen verhalten. Wir erwarten nicht, dass die Quantenmechanik in jeder Umgebung die klassische Mechanik ergibt. Wir erwarten die klassische Mechanik unter den richtigen Umständen – wo die Teilchen schwer sind, die Potentiale glatt, und nichts die Wellenpakete dazu bringt, sich aufzulösen oder zu verteilen.[6]

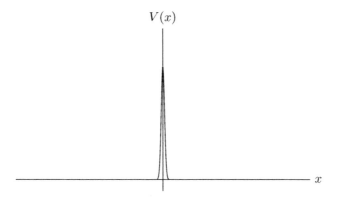

Abb. 9.4 Potentialfunktion mit Spitze. Potentialfunktionen mit scharfen Spitzen bringen Wellenfunktionen zum Zerfließen. Je kleiner diese Spitzen sind in Relation zum Wellenpaket, umso mehr wird das Wellenpaket zerfließen, und je weniger „klassisch" wird es werden.

Welche physikalischen Situationen führen zu „schlechten Potentialen", die die Wellenfunktion auflösen? Nehmen wir an, ein Potential hat Ausprägungen, die von einer bestimmten Größe abhängen. Stellen Sie sich Abb. 9.4 auf Steroiden vor, mit einer Menge von großen, dicht gepackten Spitzen. Nehmen wir an, wir nennen die Größe dieser Ausprägungen δx, und dass δx wesentlich kleiner ist als die Ortsunschärfe des einlaufenden Teilchens:

$$\delta x < \Delta x.$$

Wenn die scharfen Ausprägungen von $V(x)$ auf einer sehr viel kleineren Skala als die Größe des einlaufenden Wellenpakets liegen, so wird das Paket in viele kleine Stücke zerfallen. Jedes wird in eine andere Richtung laufen. Grob gesprochen: Wenn die Ausprägungen des Potentials kürzer als die Wellenlängen des einlaufenden Teilchens sind, so wird die Wellenfunktion auseinanderlaufen.

---

[6]Nicht so eloquent wie Garrison Keillors Inhaltsangaben, aber trotzdem richtig.

Sagen wir, Sie nehmen eine Bowlingkugel und fragen: „Was ist Δx?" Wir können das Unbestimmtheitsprinzip verwenden, um etwas Einblick in die Frage zu gewinnen. Typischerweise ist $\Delta p \times \Delta x$ größer als $\hbar$. Aber in vielen vernünftigen Fällen ist es von der Größenordnung von $\hbar$:

$$\Delta p \Delta x \sim \hbar.$$

Nun ist p so konzentriert wie möglich, aber für ein gewöhnliches makroskopisches Objekt ist die Unbestimmtheitsrelation schon ziemlich erfüllt – die linke Seite ist etwa *gleich* $\hbar$. Die Gründe dafür sind sehr kompliziert, und ich gehe hier nicht darauf ein. Stattdessen nehmen wir einmal an, dass es stimmt, und arbeiten die Folgerungen heraus. Was ist Δp? Es ist $m \Delta v$, was uns

$$m \Delta v \Delta x \sim \hbar$$

gibt. Durch Umsortieren erhalten wir

$$\Delta v \Delta x \sim \frac{\hbar}{m}$$

oder

$$\Delta x \sim \frac{\hbar}{m \Delta v}.$$

Wenn ich nun eine Bowlingkugel auf den Boden lege, so weiß ich sehr wohl, dass die Unbestimmtheit in ihrer Geschwindigkeit nicht sehr groß ist. Wird die Kugel schwerer und schwerer, erwarten Sie vielleicht, dass die Unbestimmtheit der Geschwindigkeit immer kleiner und kleiner wird. Aber in jedem Fall hat die rechte Seite ein m im Nenner, und unabhängig von Δv wird mit kleiner werdendem m Δx größer. Und insbesondere wird es größer werden als die Ausprägungen im Potential.

In der quantenmechanischen Grenze, wo m sehr klein wird und Δx sehr groß, wird sich die Wellenfunktion unter dem Einfluss eines gezackten Potentials bewegen, das sie als viel schärfer und ausgeprägter als die Wellenfunktion selbst sieht. In dieser Situation zerbricht die Wellenfunktion. Ist andererseits m sehr groß, so wird Δx sehr klein. Bei einer großen Bowlingkugel kann das Wellenpaket *sehr* konzentriert sein. Wenn es durch ein Potential mit vielen Spitzen läuft, begegnet diese *winzige* Wellenfunktion einem Potential, dessen Ausprägungen (vergleichsweise) ausgedehnt sind. Die Bewegung durch ausgedehnte glatte Ausprägungen zerlegt die Wellenfunktion nicht in Einzelteile. Große Massen und glatte Potentiale charakterisieren die klassische Grenze. Ein Teilchen mit niedriger Masse, das sich durch ein schnell wechselndes Potential bewegt, verhält sich wie ein quantenmechanisches System.

Was ist mit Elektronen? Sind sie massiv genug, um sich klassisch zu verhalten? Die Antwort hängt vom Zusammenspiel zwischen dem Potential und der Masse ab. Hat man zum Beispiel zwei Kondensatorplatten, die einen Zentimeter auseinanderliegen und zwischen denen ein glattes elektrisches Feld liegt, so wird sich das Elektron durch den Spalt wie ein schönes, kohärentes, fast klassisches Teilchen bewegen. Andererseits hat das Potential, das mit dem Kern eines Atoms verbunden ist, immer eine scharfe Spitze. Wenn das Wellenpaket eines Elektrons dieses Potential trifft, wird es über den ganzen Raum verstreut.

Bevor wir dieses Thema verlassen, möchte ich die **Wellenpakete minimaler Unbestimmtheit** erwähnen. Dies sind Wellenpakete, bei denen $\Delta x \Delta p$ *gleich* $\hbar/2$ (und nicht größer) ist. Mit anderen Worten ist in diesen Fällen $\Delta x \Delta p$ so klein, wie es die Quantenmechanik gestattet. Diese Wellenpakete haben die Form einer Gaußkurve, und sie werden oft auch **Gaußsche Wellenpakete** genannt. Mit der Zeit breiten sie sich aus und verflachen. Solche Wellenpakete kommen nicht so häufig vor, aber es gibt sie. Eine ruhende Bowlingkugel ist eine gute Annäherung. In Vorlesung 10 werden wir sehen, dass der Grundzustand eines harmonischen Oszillators ein Gaußsches Wellenpaket ist.

9.8   Pfadintegrale

Die klassische Hamilton-Mechanik konzentriert sich auf die schrittweise Änderung des Zustands eines Systems. Aber es gibt noch eine weitere Formulierung der Mechanik – **das Prinzip der kleinsten Wirkung** – bei der die gesamte Historie im Mittelpunkt ist. Für ein Teilchen bedeutet dies die Untersuchung der gesamten Trajektorie des Teilchens von einem Startzeitpunkt bis zu einem Endzeitpunkt. Der Inhalt dieser beiden Ansätze ist gleich, aber der Schwerpunkt liegt woanders. Die Hamilton-Mechanik konzentriert sich auf einen Zeitpunkt und sagt aus, wie sich das System zwischen diesem und dem nächsten Zeitpunkt ändert. Das Prinzip der kleinsten Wirkung macht einen Schritt zurück und blickt auf das Ganze. Man kann sich vorstellen, wie die Natur alle möglichen Bahnen ausprobiert und diejenige auswählt, die die Wirkung zwischen einem Paar gegebener Start- und Endpunkte minimiert.[7]

Die Quantenmechanik hat auch eine hamiltonsche Beschreibung, die sich auf schrittweise Änderungen konzentriert. Sie wird die zeitabhängige Schrödingergleichung genannt, und sie ist sehr allgemein. Soweit wir wissen, kann

---

[7]Streng genommen sollte das Prinzip besser das Prinzip der stationären Wirkung genannt werden. Tatsächliche Trajektorien sind stationäre Punkte der Wirkung und nicht immer Minima. Für unsere Zwecke ist dieser subtile Punkt nicht wichtig.

sie zur Beschreibung aller physikalischen Systeme verwendet werden. Trotzdem ist es angebracht zu fragen, so wie es **Richard Feynman** vor beinahe 70 Jahren getan hat, ob man die Quantenmechanik auch unter dem Aspekt vollständiger Historien betrachten kann. Gibt es anders gesagt eine Formulierung, die dem Prinzip der kleinsten Wirkung entspricht? Ich werde in dieser Vorlesung nicht Feynmans Beschreibung des Pfadintegrals detailliert erklären können, aber ich werde Ihnen einen Eindruck davon geben, wie es funktioniert, um Sie auf den Geschmack zu bringen.

Zuerst erinnere ich Sie kurz an das klassische Prinzip der kleinsten Wirkung, wie ich es in **Band I** erklärt habe. Nehmen Sie ein klassisches Teilchen, das am Ort x_1 zum Zeitpunkt t_1 startet und am Ort x_2 zum Zeitpunkt t_2 ankommt (Abb. 9.5). Die Frage ist: Was ist die Trajektorie, die es zwischen t_1 und t_2 nimmt?

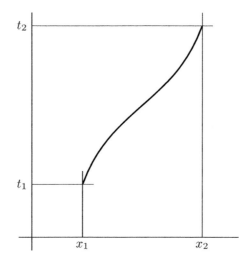

Abb. 9.5 Klassische Trajektorie. Gezeigt ist ein Pfad, den ein Teilchen nehmen kann, wenn es sich vom Punkt 1 (x_1, t_1) zum Punkt 2 (x_2, t_2) bewegt. Um es einfach zu halten, ist die $\dot{x}$-Achse, die die Geschwindigkeit des Teilchens in Richtung x darstellt, nicht gezeigt.

Gemäß dem Prinzip der kleinsten Wirkung ist die tatsächliche Trajektorie die der kleinsten Wirkung. **Wirkung** ist natürlich ein technischer Begriff und steht für das Integral der **Lagrange-Funktion** zwischen den Endpunkten der Bahn. Für einfache Systeme ist die Lagrange-Funktion die kinetische minus der potentiellen Energie. Daher lautet die Wirkung für ein Teilchen, das sich in einer Dimension bewegt:

$$\mathcal{W} = \int_{t_1}^{t_2} \mathcal{L}(x, \dot{x}) \, dt \tag{9.19}$$

oder

$$W = \int_{t_1}^{t_2} \left(\frac{m\dot{x}^2}{2} - V(x) \right) dt.$$

Die Idee besteht darin, alle möglichen Trajektorien auszuprobieren, die die beiden Endpunkte verbinden, und W für jede einzelne zu berechnen. Es gewinnt die mit der kleinsten Wirkung.[8,9]

Kommen wir nun zur Quantenmechanik. Die Idee dabei ist, dass eine wohl-definierte Trajektorie zwischen zwei Punkten in der Quantenmechanik wegen des Unbestimmtheitsprinzips keinen Sinn macht. Ein Frage, die wir aber stellen *können*, ist: Wie groß die Wahrscheinlichkeit, dass ein Teilchen, das bei (x_1, t_1) startet, bei (x_2, t_2) landet, wenn eine Beobachtung seines Ortes erfolgt?

Wie immer in der Quantenmechanik ist die Wahrscheinlichkeit das Quadrat des absoluten Wertes einer komplexen Amplitude. Die globale Version der Quantenmechanik fragt:

> „Wenn ein Teilchen bei (x_1, t_1) startet, wie groß ist dann die Amplitude, dass es am Punkt (x_2, t_2) erscheint?"

Nennen wir diese Amplitude $C(x_1, t_1; x_2, t_2)$ oder einfacher $C_{1,2}$. Der Anfangszustand des Teilchens ist $|\Psi(t_1)\rangle = |x_1\rangle$. Im Zeitintervall zwischen t_1 und t_2 entwickelt sich der Zustand zu

$$|\Psi(t_2)\rangle = e^{-i\mathbf{H}(t_2 - t_1)} |x_1\rangle . \tag{9.20}$$

Die Amplitude, das Teilchen bei $|x_2\rangle$ zu entdecken, ist einfach das innere Produkt von $|\Psi(t_2)\rangle$ mit $|x_2\rangle$. Der Wert ist

$$C_{1,2} = \langle x_2 | e^{-i\mathbf{H}(t_2 - t_1)} | x_1 \rangle . \tag{9.21}$$

Anders gesagt: Die Amplitude für den Weg von x_1 nach x_2 im Zeitintervall $t_2 - t_1$ wird berechnet, indem man $e^{-i\mathbf{H}(t_2 - t_1)}$ zwischen die Anfangs- und Endposition steckt. Um die Formel zu vereinfachen, schreiben wir t für $t_2 - t_1$. Dann beträgt die Amplitude

$$C_{1,2} = \langle x_2 | e^{-i\mathbf{H}t} | x_1 \rangle . \tag{9.22}$$

Nun lassen Sie uns das Zeitintervall t in zwei kleinere Intervalle der Größe $t/2$ zerlegen (s. Abb. 9.6). Der Operator $e^{-i\mathbf{H}t}$ kann geschrieben werden als das Produkt zweier Operatoren

$$e^{-i\mathbf{H}t} = e^{-i\mathbf{H}t/2} e^{-i\mathbf{H}t/2} . \tag{9.23}$$

---

[8]So läuft es zumindest im Konzept. Praktisch bieten die Euler-Lagrange-Gleichungen eine Abkürzung, wie in **Band I** erklärt.

[9]Um unsere Diagramme einfach zu halten, zeigen wir die $\dot{x}$-Achse nicht, auch wenn die Lagrange-Funktion natürlich von $\dot{x}$ abhängt.

Stecken wir den Identitäts-Operator in der Form

$$\mathbf{I} = \int dx \, |x\rangle \, \langle x| \tag{9.24}$$

hinein, können wir die Amplitude auch schreiben als

$$C_{1,2} = \int dx \, \langle x_2| e^{-i\mathbf{H}t/2} |x\rangle \, \langle x| e^{-i\mathbf{H}t/2} |x_1\rangle \,. \tag{9.25}$$

Diese Form der Gleichung sieht komplizierter aus, aber sie hat eine sehr interessante Interpretation. Lassen Sie es mich in Worten ausdrücken. Die Amplitude für den Weg von x_1 nach x_2 im Zeitintervall t ist ein Integral über eine Zwischenposition x. Der Integrand ist die Amplitude für den Weg von x_1 nach x im Zeitintervall $t/2$ *multipliziert mit* der Amplitude für den Weg von x nach x_2 in einem weiteren Zeitintervall $t/2$.

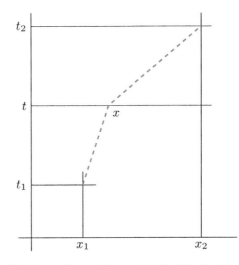

Abb. 9.6 Der erste Schritt zur Quantisierung der Trajektorie. Man zerlegt die Teilchenbahn in zwei gleiche Teile (gleich in der Zeit, heißt das). Das Teilchen hat denselben Start- und Endpunkt, aber diesmal geht die Trajektorie durch den mittleren Punkt x.

Abb. 9.6 stellt dieselbe Idee grafisch dar. Um klassisch von x_1 nach x_2 zu gelangen, muss das Teilchen durch einen Zwischenpunkt x laufen. Aber in der Quantenmechanik ist die Amplitude für den Weg von x_1 nach x_2 ein Integral über alle möglichen Zwischenpunkte.

Wir können diese Idee fortführen und das Zeitintervall in viele winzige Intervalle zerlegen, wie in Abb. 9.7 dargestellt.

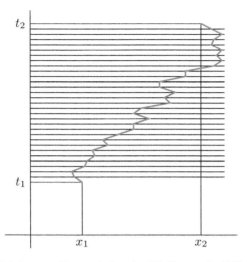

Abb. 9.7 Weitere Schritte zur Konstruktion des Pfadintegrals. Während man die Start- und Endpunkte festhält, zerlegt man den Pfad in eine große Zahl gleich großer Segmente.

Ich schreibe die komplizierten Formeln nicht hin, aber die Idee sollte klar sein. Für jedes winzige Zeitintervall, sagen wir von der Größe ϵ, haben wir einen Faktor

$$e^{-i\epsilon\mathbf{H}}.$$

Zwischen jedes Paar von Faktoren fügen wir die Identität ein, so dass die Amplitude $C_{1,2}$ ein mehrfaches Integral über alle Zwischenpositionen wird. Der Integrand wird gebildet durch Produkte von Ausdrücken der Form

$$\langle x_i | e^{-i\epsilon\mathbf{H}} | x_{i+1} \rangle.$$

Definieren wir $U(\epsilon)$ als

$$U(\epsilon) = e^{-i\epsilon\mathbf{H}},$$

so können wir das gesamte Produkt schreiben als

$$\langle x_2 | U^N | x_1 \rangle$$

oder

$$\langle x_2 | UUUU... | x_1 \rangle.$$

In dieser Gleichung erscheint U N-mal als Faktor, wobei N die Anzahl der Epsilon-Schritte ist. Wir können dann die Identitäts-Operatoren zwischen die U setzen.

Solch ein Ausdruck kann als Amplitude für den gegebenen Pfad gelten. Aber das Teilchen reist nicht entlang eines speziellen Pfades. Stattdessen ist im Grenzfall einer sehr großen Anzahl infinitesimal kleiner Zeitintervalle *die Amplitude ein Integral über alle möglichen Pfade zwischen den Endpunkten.* Feynman entdeckte die interessante Tatsache, dass die Amplitude für jeden Pfad eine einfache Beziehung zu einem bekannten Ausdruck aus der klassischen Mechanik besitzt – die Wirkung für den Pfad. Der genaue Ausdruck für jeden Pfad ist

$$e^{i\mathcal{W}/\hbar},$$

wobei $\mathcal{W}$ die Wirkung für den individuellen Pfad ist.

Feynmans Formulierung kann durch eine einfache Gleichung zusammengefasst werden:

$$C_{1,2} = \int_{\text{Pfade}} e^{i\mathcal{W}/\hbar}. \tag{9.26}$$

Die Formulierung als Pfadintegral ist nicht nur ein eleganter mathematischer Trick; sie ist richtig mächtig. Tatsächlich kann man aus ihr beide Schrödingergleichungen ableiten, und alle Vertauschungsrelationen der Quantenmechanik. Aber sie kommt richtig zum Tragen in der **Quantenfeldtheorie**, wo sie das erste Werkzeug zur Formulierung der Gesetze für Elementarteilchenphysik ist.

Vorlesung 10

Der harmonische Oszillator

Übersicht

> **Art**: „Ich glaube, ich sehe es jetzt, Lenny. Das ganze Bild wird langsam scharf. Minus-1, allgemeine Unbestimmtheit, verschränkte Paare – selbst die Entartungen. Was kommt als Nächstes?"
>
> **Lenny**: „Schwingungen, Art. Vibrationen. Du bist Geigenspieler – spiele uns heute eine letzte Melodie. Etwas mit guten Schwingungen."

Von all den Zutaten, die zu einer quantentheoretischen Beschreibung der Welt gebraucht werden, stehen zwei besonders fundamental da. Der Spin, oder das Qubit, ist natürlich eine von ihnen. In der klassischen Logik kann alles aus Ja-Nein-Fragen aufgebaut werden. Auf ähnliche Weise lässt sich jede logische Frage auf eine Frage nach Qubits zurückführen. Wir haben in früheren Vorlesungen eine Menge Zeit mit Qubits verbracht. In dieser Vorlesung lernen wir die zweite grundlegende Zutat der Quantenmechanik kennen – den **harmonischen Oszillator**.

Der harmonische Oszillator ist kein spezifisches Objekt wie ein Wasserstoffatom oder ein Quark. Es ist in Wirklichkeit ein mathematischer Rahmen zum Verständnis einer riesigen Anzahl von Erscheinungen. Dieses Konzept des har-

© Springer-Verlag GmbH Deutschland, ein Teil von Springer Nature 2020
L. Susskind und A. Friedman, *Quantenmechanik: Das Theoretische
Minimum*, https://doi.org/10.1007/978-3-662-60330-7_10

monischen Oszillators existiert auch in der klassischen Physik, aber richtig
bedeutend wird es in der Quantentheorie.

Ein Beispiel für einen harmonischen Oszillator ist ein Teilchen, das sich unter
einer linearen Rückstellkraft bewegt; etwa das berühmte Gewicht am Ende einer
Feder. Eine idealisierte Feder erfüllt das **Hookesche Gesetz**: Die Kraft auf die
bewegte Masse ist proportional zur Auslenkung. Wir nennen diese Kraft die
Rückstellkraft, denn sie zieht die Masse zurück zum Gleichgewichtszentrum.

Ein anderes Beispiel ist eine Murmel, die am Boden einer Schale hin- und her-
rollt, ohne Energie durch Reibung zu verlieren. Was diese Systeme charakterisiert,
ist die Potentialfunktion, die wie eine Parabel geformt ist:

$$V(x) = \frac{k}{2}x^2. \tag{10.1}$$

Die Konstante k wird **Federkonstante** genannt. Wenn wir uns erinnern, dass
die Kraft auf ein Objekt gleich dem Negativen des Gradienten von V ist, so
finden wir als Kraft auf das Objekt

$$F = -kx. \tag{10.2}$$

Das Minuszeichen sagt uns, dass die Kraft gegen die Auslenkung wirkt und die
Masse zum Ursprung zieht.

Warum tauchen harmonische Oszillatoren so oft in der Physik auf? Weil fast
jede glatte Funktion an ihrem Minimum wie eine Parabel aussieht. Tatsächlich
sind viele Arten von Systemen durch eine Energiefunktion charakterisiert, die
man durch eine quadratische Funktion einer Veränderlichen approximieren kann,
die für eine Auslenkung von einem Gleichgewicht steht. Bei einer Störung werden
diese Systeme um den Gleichgewichtspunkt schwingen. Hier sind einige weitere
Beispiele:

- Ein Atom in einem Kristallgitter. Wird das Atom leicht aus seiner Gleich-
  gewichtsposition ausgelenkt, so wird es mit einer ungefähr linearen Kraft
  zurückgeschoben. Diese Bewegung ist dreidimensional und besteht aus drei
  unabhängigen Schwingungen.
- Der elektrische Strom in einem Stromkreis mit niedrigem Widerstand schwingt
  oft mit einer charakteristischen Energie. Die Mathematik von Stromkreisen
  ist identisch zu der Mathematik von an Federn befestigten Massen.
- Wellen. Wird die Oberfläche eines Teiches gestört, so breiten sich Wellen aus.
  Ein Beobachter an einer bestimmten Position sieht die Oberfläche schwingen,
  wenn die Welle vorbeizieht. Diese Bewegung kann als einfache harmonische
  Schwingung beschrieben werden.
- Elektromagnetische Wellen. Wie jede andere Welle schwingt eine Lichtwelle
  oder Radiowelle, wenn sie an Ihnen vorbeizieht. Dieselbe Mathematik, die
  schwingende Teilchen beschreibt, gilt auch für elektromagnetische Wellen.

Die Liste geht immer so weiter, aber die Mathematik ist immer dieselbe. Um ein Beispiel vor Augen zu haben, stellen wir uns einen Oszillator als ein Gewicht an einer Feder vor. Überflüssig zu sagen, dass wir kaum Quantenmechanik brauchen, um ein gewöhnliches Gewicht und eine Feder zu beschreiben; daher stellen wir uns eine ganz winzige Version dieses Systems vor und quantisieren sie.

10.1 Die klassische Beschreibung

Verwenden wir y, um die Höhe eines hängenden Gewichts zu bezeichnen. Wir wählen den Ursprung so, dass das Gewicht im Gleichgewicht bei $y = 0$ liegt, d.h. wenn das Gewicht in der Ruhelage ist. Um das System klassisch zu untersuchen, können wir die Lagrange-Methode anwenden, die wir in **Band I** kennengelernt haben. Die kinetische und potentielle Energie betragen $\frac{1}{2}m\dot{y}^2$ bzw. $\frac{1}{2}ky^2$.

Wie Sie sich erinnern, ist die Lagrange-Funktion die kinetische Energie *minus* der potentiellen Energie:

$$\mathcal{L} = \frac{1}{2}m\dot{y}^2 - \frac{1}{2}ky^2.$$

Zuerst überführen wir die Lagrange-Funktion in eine gewisse Standardform, indem wir die Variable y durch eine andere ersetzen, die wir x nennen. Diese Koordinate ist nichts Neues. Sie steht immer noch für die Auslenkung der Masse. Indem wir von y zu x wechseln, nehmen wir nur einen bequemen Einheitenwechsel vor. Definieren wir die neue Variable als

$$x = \sqrt{m}y.$$

In Termen von x wird die Lagrange-Funktion zu

$$\mathcal{L} = \frac{1}{2}\dot{x}^2 - \frac{1}{2}\omega^2 x^2. \tag{10.3}$$

Die Konstante ω ist definiert als $\omega = \sqrt{\frac{k}{m}}$ und ist die Frequenz des Oszillators.

Durch diesen Variablenwechsel können wir jeden Oszillator in derselben Form beschreiben. In dieser Form unterscheiden sich Oszillatoren nur durch ihre Frequenz ω.

Nun verwenden wir die Lagrange-Gleichungen, um die Bewegungsgleichungen zu bestimmen. Für ein eindimensionales System gibt es nur eine Lagrange-Gleichung, nämlich

$$\frac{\partial \mathcal{L}}{\partial x} = \frac{d}{dt}\frac{\partial \mathcal{L}}{\partial \dot{x}}. \tag{10.4}$$

Führen wir diese Operationen auf Gl. 10.3 aus, so erhalten wir

$$\frac{\partial \mathcal{L}}{\partial \dot{x}} = \dot{x}. \tag{10.5}$$

Dies wird der zu x **kanonisch konjugierte Impuls** genannt. Differenzieren nach der Zeit ergibt

$$\frac{d}{dt}\frac{\partial \mathcal{L}}{\partial \dot{x}} = \ddot{x}, \tag{10.6}$$

und damit haben wir die rechte Seite von Gl. 10.4. Und auf der linken Seite sehen wir

$$\frac{\partial \mathcal{L}}{\partial x} = -\omega^2 x. \tag{10.7}$$

Setzen wir die linken und rechten Seiten (Gl. 10.7 und Gl. 10.6) der Lagrange-Gleichung gleich, so erhalten wir

$$-\omega^2 x = \ddot{x}. \tag{10.8}$$

Diese Gleichung ist natürlich äquivalent zu $F = ma$. Warum das Minus-Zeichen? Weil die Kraft eine Rückstellkraft ist – ihre Richtung ist der Richtung der Auslenkung entgegengesetzt. Mittlerweile haben Sie diesen Typ von Gleichung oft genug gesehen, um zu wissen, dass die Lösung Sinus- und Cosinus-Funktionen enthält. Die allgemeine Lösung ist

$$x = A\cos(\omega t) + B\sin(\omega t), \tag{10.9}$$

was uns zeigt, dass ω tatsächlich die Frequenz des Oszillators ist. Wenn wir zweimal differenzieren, ziehen wir dadurch den Faktor ω^2 heraus.

Aufgabe 10.1
Ermitteln Sie die zweite Zeitableitung von x in Gl. 10.9 und zeigen Sie so, dass sie Gl. 10.8 erfüllt.

10.2   Die quantenmechanische Beschreibung

Kehren wir nun zu unserer mikroskopischen Version unseres Gewicht-und-Feder-Systems zurück – sagen wir, nicht größer als ein Molekül. Zuerst erscheint dies lächerlich. Wie könnten wir jemals eine so kleine Feder bauen? Aber in Wirklichkeit gibt es überall in der Natur derartige kleine Federn. Manche Moleküle bestehen aus zwei Atomen, zum Beispiel einem schweren und einem leichten Atom. Es gibt Kräfte, die das Molekül im Gleichgewicht halten, wobei die Atome durch einen bestimmten Abstand getrennt sind. Wenn das leichte Atom etwas verschoben wird, so wird es in die Gleichgewichtslage zurückgezogen. Das Molekül ist eine Miniaturversion des Gewicht-und-Feder-Systems, aber es ist so klein, dass wir es nur mit der Quantenmechanik verstehen können.

Nachdem wir die klassische Lagrange-Funktion ausgearbeitet haben, versuchen wir nun eine quantenmechanische Beschreibung unseres Systems. Als erstes brauchen wir den Zustandsraum. Wie wir gesehen haben, wird der Zustand eines Teilchens, das sich längs einer Linie bewegt, durch eine Wellenfunktion $\psi(x)$ beschrieben. Es gibt viele mögliche Systemzustände, und jeder wird durch eine andere Wellenfunktion beschrieben. Eine Funktion $\psi(x)$ ist so definiert, dass $\psi^*(x)\psi(x)$ die Wahrscheinlichkeitsdichte (die Wahrscheinlichkeit je Einheitsintervall) ist, mit der das Teilchen am Ort x gefunden wird:

$$\psi^*(x)\psi(x) = P(x).$$

In dieser Gleichung steht $P(x)$ für die Wahrscheinlichkeitsdichte. Wir haben nun eine Art von Kinematik – eine Spezifikation für Systemzustände.

Kann $\psi(x)$ überhaupt eine Funktion sein? Neben der Bedingung, dass sie stetig und differenzierbar sein muss, ist die einzige weitere Bedingung, dass die Gesamtwahrscheinlichkeit, das Teilchen an irgendeiner Position zu finden, 1 sein muss:

$$\int_{-\infty}^{+\infty} \psi^*(x)\psi(x)\,dx = 1. \tag{10.10}$$

Dies scheint keine große Einschränkung zu sein. Was auch immer auf der rechten Seite dieser Gleichung steht: Wir können ψ immer mit einer Konstanten multiplizieren, um das Integral zu 1 zu machen – es sei denn, das Integral ist entweder null oder unendlich. Da $\psi^*(x)\psi(x)$ positiv ist, müssen wir uns um die null nicht kümmern, aber unendlich ist eine ganz andere Sache. Es gibt eine Menge Funktionen, die das Integral in Gl. 10.10 explodieren lassen. Die Bedingungen für eine vernünftige Wellenfunktion müssen daher ein ausreichend schnelles Abfallen von ψ gegen null enthalten, damit das Integral konvergiert. Funktionen, die diese Bedingung erfüllen, heißen **normierbar**.

Es gibt zwei Fragen, die wir über unseren harmonischen Oszillator stellen könnten:

- Wie ändert sich der Zustandsvektor als Funktion mit der Zeit? Um diese Frage zu beantworten, müssen wir die Hamilton-Funktion kennen.
- Was sind die möglichen Energien des Systems? Diese sind ebenfalls durch die Hamilton-Funktion bestimmt.

Um also etwas Nützliches zu erfahren, brauchen wir die Hamilton-Funktion. Glücklicherweise können wir sie aus der Lagrange-Funktion ableiten, und ich erinnere Sie gleich wieder daran, wie das geht. Aber zuerst denken Sie wieder daran, dass der kanonisch konjugierte Impuls von x als $\partial\mathcal{L}/\partial\dot{x}$ definiert ist.[1]

---

[1] Dies wird in **Band I** erklärt.

Zusammen mit Gl. 10.5 erhalten wir

$$p = \frac{\partial \mathcal{L}}{\partial \dot{x}} = \dot{x}.$$

Mit der einfachen Definition aus der klassischen Mechanik finden wir die Hamilton-Funktion des harmonischen Oszillators als

$$\mathcal{H} = p\dot{x} - \mathcal{L},$$

wobei p der kanonisch konjugierte Impuls zu x ist und $\mathcal{L}$ für die Lagrange-Funktion steht.[2] Wir könnten direkt von dieser Definition ausgehen, aber wir nehmen eine Abkürzung. Da die Lagrange-Funktion die kinetische Energie *minus* der potentiellen Energie ist, ist die Hamilton-Funktion die kinetische Energie *plus* der potentiellen Energie – mit anderen Worten die Gesamtenergie. Die Hamilton-Funktion des Oszillators kann daher geschrieben werden als

$$\mathcal{H} = \frac{1}{2}\dot{x}^2 + \frac{1}{2}\omega^2 x^2.$$

So weit, so gut, aber wir sind noch nicht ganz fertig. Wir haben die kinetische Energie in Termen der Geschwindigkeit ausgedrückt. In der Quantenmechanik müssen wir unsere Observablen als Operatoren schreiben, und wir haben keinen Geschwindigkeitsoperator. Um das zu lösen, müssen wir alles in Termen von Ort und kanonischem *Impuls* formulieren. Die Hamilton-Funktion mit dem kanonischen Impuls zu schreiben ist einfach, denn

$$p = \frac{\partial \mathcal{L}}{\partial \dot{x}} = \dot{x},$$

und daher können wir schreiben

$$\mathcal{H} = \frac{1}{2}p^2 + \frac{1}{2}\omega^2 x^2. \tag{10.11}$$

Das ist die klassische Hamilton-Funktion. Wir können sie in eine quantenmechanische Gleichung überführen, indem wir x und p als Operatoren interpretieren, definiert durch ihre Wirkung auf $\psi(x)$. Wie zuvor benutzen wir fettgedruckte Bezeichner $\mathbf{X}$ und $\mathbf{P}$, um unsere Quantenoperatoren von ihren klassischen Gegenstücken x und p zu unterscheiden. Aus früheren Vorlesungen wissen wir genau, wie diese Operatoren arbeiten. $\mathbf{X}$ multipliziert die Wellenfunktion mit der Ortsvariablen:

$$\mathbf{X}\,|\psi(x)\rangle \;\longrightarrow\; x\,\psi(x).$$

Und $\mathbf{P}$ hat dieselbe Gestalt wie bei anderen eindimensionalen Problemen:

$$\mathbf{P}\,|\psi(x)\rangle \;\longrightarrow\; -i\hbar\frac{d}{dx}\psi(x).$$

---

[2]Wir brauchen kein Summenzeichen, da es nur einen Freiheitsgrad gibt.

Nun können wir die Wirkung der Hamilton-Funktion auf eine Wellenfunktion berechnen, indem wir **P** zweimal auf die Wellenfunktion anwenden. Dies ist dieselbe Prozedur, der wir in Vorlesung 9 gefolgt sind. Mit anderen Worten:

$$\mathbf{H}\,|\psi(x)\rangle \quad \longrightarrow \quad \frac{1}{2}\left(-i\hbar\frac{\partial}{\partial x}\left(-i\hbar\frac{\partial\psi(x)}{\partial x}\right)\right) + \frac{1}{2}\omega^2 x^2\psi(x),$$

oder

$$\mathbf{H}\,|\psi(x)\rangle \quad \longrightarrow \quad -\frac{\hbar^2}{2}\frac{\partial^2\psi(x)}{\partial x^2} + \frac{1}{2}\omega^2 x^2\psi(x). \tag{10.12}$$

Wir verwenden partielle Ableitungen, da im Allgemeinen ψ auch von einer weiteren Variablen abhängt, der *Zeit*. Die Zeit ist kein Operator und hat nicht denselben Status wie x, aber der Zustandsvektor ändert sich mit der Zeit, und daher behandeln wir die Zeit als einen Parameter. Die partielle Ableitung zeigt an, dass wir das System „zu einer festen Zeit" beschreiben.

10.3 Die Schrödingergleichung

Gl. 10.12 zeigt, wie die Hamilton-Funktion auf ψ wirkt. Nun wenden wir sie an. Wie wir im vorherigen Abschnitt sahen, ist es eine ihrer Aufgaben zu sagen, wie sich der Zustandsvektor mit der Zeit ändert. Schreiben wir also die zeitabhängige Schrödingergleichung aus:

$$i\frac{\partial\psi}{\partial t} = \frac{1}{\hbar}\mathbf{H}\psi.$$

Ersetzen wir **H** mit Hilfe von Gl. 10.12, so erhalten wir

$$i\frac{\partial\psi}{\partial t} = -\frac{\hbar}{2}\frac{\partial^2\psi}{\partial x^2} + \frac{1}{2\hbar}\omega^2 x^2\psi. \tag{10.13}$$

Die Gleichung drückt aus, dass man bei bekanntem ψ (also mit bekanntem Real- und Imaginärteil) zu einer gegebenen Zeit vorhersagen kann, wie es in der Zukunft sein wird. Beachten Sie, dass die Gleichung komplex ist – sie enthält i als Faktor. Das bedeutet, dass selbst wenn ψ zur Zeit $t = 0$ reellwertig beginnt, es kurz darauf einen Imaginärteil entwickeln wird. Jede Lösung ψ muss daher eine komplexe Funktion von x und t sein.

Man kann diese Gleichung auf verschiedene Weisen lösen. Zum Beispiel kann man sie numerisch auf einem Computer lösen. Man beginnt mit einem bekannten Wert von $\psi(x)$ und aktualisiert sie vorsichtig, indem man die Ableitung berechnet. Hat man einmal die Ableitung, berechnet man, wie sich $\psi(x)$ sich in einem kleinen Zeitintervall ändert. Dann addiert man diesen kleinen Zuwachs zu $\psi(x)$ und wiederholt dies immer wieder. Es stellt sich heraus, dass $\psi(x)$ einige interessante Dinge macht – es bewegt sich irgendwie herum. Tatsächlich bildet es unter gewissen Umständen ein Wellenpaket, dass sich genau wie ein harmonischer Oszillator verhält.

10.4   Energieniveaus

Das andere, was man mit der Hamilton-Funktion machen kann, ist die Berechnung der Energieniveaus des Oszillators, indem man die Eigenvektoren und Eigenwerte bestimmt. Wie wir in Vorlesung 4 gelernt haben, kann man, sobald man diese Eigenvektoren und Eigenwerte kennt, die Zeitabhängigkeit bestimmen, ohne irgendwelche Differentialgleichungen zu lösen. Das liegt daran, dass man bereits die Zeitabhängigkeit jedes Energie-Eigenvektors kennt. Schauen Sie sich vielleicht noch einmal das Schrödinger-Ketzchen-Rezept in Abschnitt 4.13 an.

Konzentrieren wir uns zunächst auf die Energie-Eigenwerte selbst mit Hilfe der zeitunabhängigen Schrödingergleichung

$$\mathbf{H} \, |\psi_E\rangle = E \, |\psi_E\rangle \, .$$

Der Index E zeigt an, dass ψ_E der Eigenvektor zu einem bestimmten Eigenwert E ist. Diese Gleichung definiert zwei Dinge: die Wellenfunktionen $\psi_E(x)$ und die Energieniveaus E. Machen wir die Dinge weniger abstrakt, indem wir $\mathbf{H}$ mit Gl. 10.12 ausschreiben:

$$-\frac{\hbar^2}{2} \frac{\partial^2 \psi_E(x)}{\partial x^2} + \frac{1}{2}\omega^2 x^2 \psi_E(x) = E\psi_E(x). \tag{10.14}$$

Um diese Gleichung zu lösen, müssen wir

- die erlaubten Werte von E finden, die eine mathematische Lösung zulassen
- die Eigenvektoren und möglichen Eigenwerte der Energie finden.

Dies ist etwas trickreicher, als Sie vielleicht denken. Es stellt sich heraus, dass es eine Lösung der Gleichung für jeden Wert von E gibt, einschließlich aller komplexen Zahlen, aber die meisten Lösungen sind physikalisch absurd. Wenn wir nur an einem Punkt beginnen und die Schrödingergleichung in kleinen Schritten lösen, werden wir fast immer entdecken, dass $\psi(x)$ wächst oder „explodiert", wenn x groß wird. Mit anderen Worten finden wir vielleicht Lösungen der Gleichungen, aber wir werden nur sehr selten eine *normierbare* Lösung finden.

Tatsächlich wachsen Lösungen von Gl. 10.14 für die meisten Werte von E, insbesondere für alle komplexen Werte, exponentiell an, wenn x gegen ∞, $-\infty$ oder beides geht. Diese Art von Lösungen macht physikalisch keinen Sinn; sie sagt uns, dass die Koordinate des Oszillators unendlich weit entfernt liegt. Sicherlich wollen wir eine Bedingung aufstellen, die solche Lösungen nicht gestattet. Also legen wir Folgendes fest:

Physikalische Lösungen der Schrödingergleichung müssen normierbar sein.

Dies ist eine sehr gravierende Einschränkung. Tatsächlich gibt es für fast alle Werte von E keine normierbaren Lösungen. Aber für gewisse, sehr spezielle Werte von E existieren solche Lösungen, und die werden wir finden.

10.5 Der Grundzustand

Was ist das niedrigste mögliche Energieniveau für einen harmonischen Oszillator? In der klassischen Physik kann die Energie niemals negativ sein, denn die Hamilton-Funktion hat einen x^2-Term und einen p^2-Term; um die Energie zu minimieren, setzen wir nur p und x gleich null. Aber in der Quantenmechanik ist das schon zu viel gefragt. Das Unbestimmtheitsprinzip besagt, dass man *nicht* x und p gleichzeitig gleich null setzen kann. Das beste, was man finden kann, ist ein Kompromiss, in dem x und p nicht zu weit auseinandergelaufen sind. Wegen dieses Kompromisses wird die niedrigste mögliche Energie *nicht* null sein. Weder p^2 noch x^2 werden null sein. Da die Operatoren $\mathbf{X}^2$ und $\mathbf{P}^2$ nur positive Eigenwerte haben können, hat der harmonische Oszillator keine negativen Energieniveaus, und tatsächlich hat er auch keinen Zustand mit Energie null.

Wenn alle Energieniveaus eines Systems positiv sein müssen, so muss es eine niedrigste erlaubte Energie samt dazugehörender Wellenfunktion geben. Das niedrigste Energieniveau wird der **Grundzustand** genannt und mit $\psi_0(x)$ bezeichnet. Denken Sie daran, dass der Index 0 nicht bedeutet, dass die Energie null ist; er bedeutet, dass es die niedrigste mögliche Energie ist.

Es gibt einen sehr nützlichen mathematischen Satz, der hilft, den Grundzustand zu identifizieren. Wir werden ihn hier nicht beweisen, aber er ist leicht zu formulieren:

Die Wellenfunktion des Grundzustands hat für jedes Potential keine Nullstellen und ist der einzige Energie-Eigenzustand, der keine Knoten hat.

Also ist alles, was wir tun müssen, um den Grundzustand unseres harmonischen Oszillators zu finden, eine knotenfreie Lösung für einen Wert von E zu finden. Es ist egal, wie wir das machen – wir können mathematische Tricks benutzen, raten, oder einfach den Professor fragen. Versuchen wir das letztere (ich spiele die Rolle des Professors).

Hier ist eine Funktion, die funktioniert:

$$\psi(x) = e^{-\frac{\omega}{2\hbar}x^2}. \tag{10.15}$$

Die Funktion ist schematisch in Abb. 10.1 gezeigt. Wie Sie sehen können, ist sie am Ursprung konzentriert, wo wir den Zustand niedrigster Energie auch erwarten. Sie geht sehr schnell gegen null, wenn sie sich vom Ursprung entfernt, so dass das Integral der Wahrscheinlichkeitsdichte endlich ist. Und, ganz wichtig, sie hat keine Knoten. Es besteht also die Möglichkeit, dass sie unser Grundzustand ist.

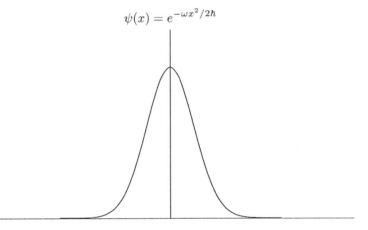

$$\psi(x) = e^{-\omega x^2/2\hbar}$$

Abb. 10.1 Grundzustand des harmonischen Oszillators.

Sehen wir einmal, ob wir herausfinden können, was die Hamilton-Funktion mit dieser Funktion macht. Der erste Term der Hamilton-Funktion (die linke Seite aus Gl. 10.14) lässt uns den Operator

$$-\frac{\hbar^2}{2}\frac{\partial^2}{\partial x^2}$$

auf $\psi(x)$ anwenden. Berechnen wir diesen Term, eine Ableitung nach der anderen. Der erste Schritt ist

$$\frac{\partial \psi(x)}{\partial x} = -\frac{\omega}{2\hbar}(2x)e^{-\frac{\omega}{2\hbar}x^2},$$

was sich vereinfacht zu

$$\frac{\partial \psi(x)}{\partial x} = -\frac{\omega}{\hbar}\,x\,e^{-\frac{\omega}{2\hbar}x^2}.$$

Wenn wir die zweite Ableitung bilden, wird es wegen der Produktregel zwei Terme geben:

$$\frac{\partial^2 \psi(x)}{\partial x^2} = -\frac{\omega}{\hbar}e^{-\frac{\omega}{2\hbar}x^2} + \frac{\omega^2}{\hbar^2}x^2 e^{-\frac{\omega}{2\hbar}x^2}.$$

Stecken wir dieses Ergebnis in Gl. 10.14, und ersetzen wir gleichzeitig ψ auf der rechten Seite mit unserem Ansatz $e^{-\frac{\omega}{2\hbar}}$:

$$\frac{\hbar}{2}\omega e^{-\frac{\omega}{2\hbar}x^2} - \frac{1}{2}\omega^2 x^2 e^{-\frac{\omega}{2\hbar}x^2} + \frac{1}{2}\omega^2 x^2 e^{-\frac{\omega}{2\hbar}x^2} = E\,e^{-\frac{\omega}{2\hbar}x^2}.$$

Nachdem wir die Terme proportional zu $x^2 e^{-\frac{\omega}{2\hbar}x^2}$ entfernt haben, entdecken wir die bemerkenswerte Tatsache, dass sich das Lösen der Schrödingergleichung auf das Lösen von

$$\frac{\hbar}{2}\omega e^{-\frac{\omega}{2\hbar}x^2} = E\, e^{-\frac{\omega}{2\hbar}x^2}$$

reduziert. Wie Sie sehen können, ist die einzige Möglichkeit, diese Gleichung zu lösen, das Energieniveau gleich $\frac{\omega\hbar}{2}$ zu setzen. Mit anderen Worten haben wir nicht nur die Wellenfunktion gefunden, sondern auch den Wert der Grundzustands-Energie. Nennen wir die Grundzustands-Energie E_0, so können wir schreiben

$$E_0 = \frac{\omega\hbar}{2}. \qquad (10.16)$$

Die Wellenfunktion des Grundzustands ist einfach die Gauß-Funktion, die uns der Professor gab:

$$\psi_0(x) = e^{-\frac{\omega}{2\hbar}x^2}.$$

Ein schlauer Kopf, dieser Professor.

10.6 Erzeugungs- und Vernichtungsoperatoren

Im Laufe dieser Vorlesungen haben wir zwei Denkweisen zur Quantenmechanik kennengelernt. Sie gehen zurück auf **Werner Heisenberg** und **Erwin Schrödinger**. Heisenberg mochte Algebra, Matrizen und, hätte er sie unter diesem Namen gekannt, lineare Operatoren. Schrödinger dagegen dachte in Begriffen von Wellenfunktionen und Wellengleichungen, darunter die Schrödingergleichung als ein berühmtes Beispiel. Natürlich widersprechen sich diese beiden Denkweisen nicht; Funktionen bilden einen Vektorraum, und Ableitungen sind Operatoren.

Bislang haben wir uns beim Studium des harmonischen Oszillators auf Funktionen und Differentialgleichungen konzentriert. Aber das in vielen Fällen mächtigere Werkzeug – insbesondere beim harmonischen Oszillator – ist die Methode der Operatoren. Sie reduziert das gesamte Studium der Wellenfunktionen und Wellengleichungen auf eine kleine Anzahl algebraischer Tricks, die fast immer die Kommutator-Beziehungen einschließen. Tatsächlich rate ich Ihnen, immer wenn Sie ein Paar von Operatoren sehen, den Kommutator herauszufinden. Wenn der Kommutator ein neuer Operator ist, den Sie noch nicht gesehen haben, finden Sie seinen Kommutator mit dem ursprünglichen Paar. Da fängt der Spaß an. Offensichtlich kann dieser Ratschlag zu einer unendlichen Kette langweiliger Operationen führen. Aber ab und zu hat man Glück und findet einen Satz von Operatoren, die **unter Vertauschung abgeschlossen** sind. Wenn dies geschieht, so sind Sie im Geschäft; wie wir sehen werden, sind Operator-Methoden enorm mächtig.

Wenden wir unseren Ansatz auf den harmonischen Oszillator an. Wir beginnen
mit der Hamilton-Funktion, ausgedrückt in Termen der Operatoren $\mathbf{P}$ und $\mathbf{X}$:

$$\mathbf{H} = \frac{\mathbf{P}^2 + \omega^2 \mathbf{X}^2}{2}. \tag{10.17}$$

Um die restlichen Energieniveaus zu bestimmen, verwenden wir einige Tricks. Die
Idee ist, einige der Eigenschaften von $\mathbf{X}$ und $\mathbf{P}$ (insbesondere die Kommutator-
Beziehung $[\mathbf{X}, \mathbf{P}] = i\hbar$) zu verwenden, um zwei neue Operatoren zu konstruieren,
genannt **Erzeugungsoperator** und **Vernichtungsoperator**. Wenn ein Erzeugungsoperator auf einen Energie-Eigenvektor (oder eine Eigenfunktion) wirkt, so
produziert er einen neuen Eigenvektor, der das nächsthöhere Energieniveau hat.
Ein Vernichtungsoperator macht genau das Gegenteil: Er produziert einen Eigenvektor, dessen Energieniveau eine Stufe unter der des Ausgangs-Eigenvektors
liegt. Grob gesagt ist also das, was sie erzeugen und vernichten, Energie. Sie
werden auch **Aufsteige-** und **Absteigeoperatoren** genannt. Aber erinnern Sie
sich: Operatoren wirken auf Zustandsvektoren, nicht auf Systeme. Um zu sehen,
wie diese Operatoren arbeiten, formen wir die Hamilton-Funktion um in

$$\mathbf{H} = \frac{1}{2}(\mathbf{P}^2 + \omega^2 \mathbf{X}^2). \tag{10.18}$$

Dies ist sowohl eine klassische als auch eine quantenmechanische Hamilton-
Funktion, und man könnte genauso gut die kleingeschriebenen Symbole p und x
verwenden. Wir verwenden aber die fettgedruckten $\mathbf{P}$ und $\mathbf{X}$, denn wir haben
vor, uns auf die quantenmechanische Hamilton-Funktion zu konzentrieren.

Beginnen wir mit einer Manipulation, die für die klassische Physik korrekt ist,
für die in der Quantenmechanik aber einige Modifikationen notwendig sind. In
den obigen Klammern haben wir eine Summe von Quadraten. Mit der Formel

$$a^2 + b^2 = (a + ib)(a - ib)$$

scheinen wir die Hamilton-Funktion neu schreiben zu können als

$$\mathbf{H} „=" \frac{1}{2}(\mathbf{P} + i\omega\mathbf{X})(\mathbf{P} - i\omega\mathbf{X}), \tag{10.19}$$

und das ist fast richtig. Wieso *fast*? Weil quantenmechanisch $\mathbf{P}$ und $\mathbf{X}$ nicht
kommutieren, und wir müssen sorgfältig mit der Operatoren-Reihenfolge sein.
Schreiben wir unseren faktorisierten Ausdruck aus und schauen, wie er sich von
der ursprünglichen Hamilton-Funktion in Gl. 10.18 unterscheidet. Indem wir
sorgfältig auf die Reihenfolge der Faktoren achten, können wir den Ausdruck
wie folgt ausschreiben:

$$\frac{1}{2}(\mathbf{P} + i\omega\mathbf{X})(\mathbf{P} - i\omega\mathbf{X}) = \frac{1}{2}(\mathbf{P}^2 + i\omega\mathbf{XP} - i\omega\mathbf{PX} - i^2\omega^2\mathbf{X}^2)$$

$$= \frac{1}{2}(\mathbf{P}^2 + i\omega(\mathbf{XP} - \mathbf{PX}) - i^2\omega^2\mathbf{X}^2)$$

$$= \frac{1}{2}(\mathbf{P}^2 + i\omega(\mathbf{XP} - \mathbf{PX}) + \omega^2\mathbf{X}^2)$$

$$= \frac{1}{2}(\mathbf{P}^2 + \omega^2\mathbf{X}^2) + \frac{1}{2}i\omega(\mathbf{XP} - \mathbf{PX}).$$

Sehen Sie sich den rechten Klammerausdruck in der letzten Zeile an. Wir haben diesen Ausdruck schon einmal gesehen – es ist der Kommutator von $\mathbf{X}$ und $\mathbf{P}$. Wir kennen tatsächlich schon seinen Wert:

$$(\mathbf{XP} - \mathbf{PX}) = [\mathbf{X}, \mathbf{P}] = i\hbar.$$

Daher wird unser Ausdruck für die faktorisierte Hamilton-Funktion zu

$$\frac{1}{2}(\mathbf{P}^2 + \omega^2\mathbf{X}^2) + \frac{1}{2}i\omega i\hbar$$

oder

$$\frac{1}{2}(\mathbf{P}^2 + \omega^2\mathbf{X}^2) - \frac{1}{2}\omega\hbar.$$

Mit anderen Worten: Der faktorisierte Ausdruck, mit dem wir in Gl. 10.19 begannen, ist tatsächlich um $\frac{\omega\hbar}{2}$ kleiner als die Hamilton-Funktion. Um die ursprüngliche Hamilton-Funktion zu erhalten, müssen wir $\frac{\omega\hbar}{2}$ hinzufügen:

$$\mathbf{H} = \frac{1}{2}(\mathbf{P} + i\omega\mathbf{X})(\mathbf{P} - i\omega\mathbf{X}) + \frac{\omega\hbar}{2}.$$

Die Hamilton-Funktion in dieser und jener Form zu schreiben scheint Beschäftigungstherapie zu sein, aber vertrauen Sie mir, das ist es nicht. Zuerst einmal ist der letzte Term nur eine additive Konstante, die den numerischen Wert $\frac{\omega\hbar}{2}$ zu jedem Eigenwert der Energie hinzufügt. Wir können ihn zunächst ignorieren. Später, wenn wir den Rest des Problems gelöst haben, können wir ihn wieder hinzufügen. Den Kern des Problems findet man im Ausdruck $(\mathbf{P} + i\omega\mathbf{X})(\mathbf{P} - i\omega\mathbf{X})$. Es stellt sich heraus, dass diese beiden Faktoren $(\mathbf{P} + i\omega\mathbf{X})$ und $(\mathbf{P} - i\omega\mathbf{X})$ einige bemerkenswerte Eigenschaften haben. Tatsächlich sind sie die Aufsteige- und Absteigeoperatoren (oder Erzeugungs- und Vernichtungsoperatoren), von denen ich vorhin erzählte. Fürs erste sind dies nur Namen, aber wir werden im weiteren Verlauf sehen, dass diese Namen gut gewählt sind. Die offensichtlichen Definitionen wären

$$a^- = (\mathbf{P} - i\omega\mathbf{X})$$

für den Absteigeoperator und

$$a^+ = (\mathbf{P} + i\omega\mathbf{X})$$

für den Aufsteigeoperator. Aber die Geschichte kommt manchmal dem Offensichtlichen zuvor. Historisch wurden die Aufsteige- und Absteigeoperatoren mit
einem Extra-Faktor davor definiert. Hier sind die offiziellen Definitionen:

$$\mathbf{a}^- = \frac{i}{\sqrt{2\omega\hbar}}(\mathbf{P} - i\omega\mathbf{X}), \tag{10.20}$$

$$\mathbf{a}^+ = \frac{-i}{\sqrt{2\omega\hbar}}(\mathbf{P} + i\omega\mathbf{X}). \tag{10.21}$$

Wenn wir diese Definitionen verwenden, sieht die Hamilton-Funktion plötzlich
sehr einfach aus:

$$\mathbf{H} = \omega\hbar(\mathbf{a}^+\mathbf{a}^- + \frac{1}{2}). \tag{10.22}$$

Es gibt nur zwei Eigenschaften von $\mathbf{a}^+$ und $\mathbf{a}^-$, die wir kennen müssen. Die
erste ist, dass sie zueinander hermitesch konjugiert sind. Dies folgt aus ihren
Definitionen. Die andere Eigenschaft ist es, die ihnen richtig Dampf verschafft.
Der Kommutator von $\mathbf{a}^+$ und $\mathbf{a}^-$ ist

$$[\mathbf{a}^-, \mathbf{a}^+] = 1.$$

Dies ist leicht zu beweisen. Zuerst verwenden wir die Definition, um zu schreiben

$$[\mathbf{a}^-, \mathbf{a}^+] = \frac{1}{2\omega\hbar}[(\mathbf{P} - i\omega\mathbf{X}), (\mathbf{P} + i\omega\mathbf{X})].$$

Der nächste Schritt ist die Anwendung der Kommutator-Beziehungen $[\mathbf{X}, \mathbf{X}] = 0$,
$[\mathbf{P}, \mathbf{P}] = 0$ und $[\mathbf{X}, \mathbf{P}] = -i\hbar$. Wenden Sie diese auf die obige Gleichung an, und
Sie sehen schnell, dass $[\mathbf{a}^-, \mathbf{a}^+] = 1$ gilt.

Wir können die Hamilton-Funktion in Gl. 10.22 noch einfacher machen, indem
wir einen neuen Operator definieren:

$$\mathbf{N} = \mathbf{a}^+\mathbf{a}^-,$$

genannt der **Besetzungszahloperator**. Wieder ist dies nur ein Name, aber
wie wir sehen werden, ein sehr guter. In Termen des Besetzungszahloperators
ausgedrückt wird die Hamilton-Funktion zu

$$\mathbf{H} = \omega\hbar(\mathbf{N} + \frac{1}{2}). \tag{10.23}$$

Bislang haben wir lediglich einige Symbole $\mathbf{a}^+$, $\mathbf{a}^-$ und $\mathbf{N}$ definiert, die die
Hamilton-Funktion trügerisch einfach aussehen lassen; es ist nicht klar, ob
wir wirklich der Berechnung der Energie-Eigenwerte nähergekommen sind. Um
weiterzumachen, erinnere ich an meinen früheren Rat: Wann immer Sie zwei
Operatoren sehen, schauen Sie auf den Kommutator. In diesem Fall kennen wir
bereits einen Kommutator:

$$[\mathbf{a}^-, \mathbf{a}^+] = 1. \tag{10.24}$$

Als Nächstes bestimmen wir den Kommutator des Aufsteige- und Absteigeoperators mit dem Besetzungszahloperator $\mathbf{N}$. Wir rechnen das einfach aus. Hier sind die Schritte:

$$[\mathbf{a}^-, \mathbf{N}] = \mathbf{a}^-\mathbf{N} - \mathbf{N}\mathbf{a}^- = \mathbf{a}^-\mathbf{a}^+\mathbf{a}^- - \mathbf{a}^+\mathbf{a}^-\mathbf{a}^-.$$

Jetzt kombinieren wir die Terme in der Form

$$[\mathbf{a}^-, \mathbf{N}] = (\mathbf{a}^-\mathbf{a}^+ - \mathbf{a}^+\mathbf{a}^-)\mathbf{a}^-.$$

Das sieht kompliziert aus, bis wir bemerken, dass der Ausdruck in Klammern einfach $[\mathbf{a}^-, \mathbf{a}^+]$ ist, und das ist gerade 1. Mit dieser Tatsache können wir vereinfachen:

$$[\mathbf{a}^-, \mathbf{N}] = \mathbf{a}^-.$$

Wir können dasselbe mit $\mathbf{a}^+$ und $\mathbf{N}$ machen. Das Ergebnis ist bis auf das Vorzeichen fast dasselbe. Hier ist die Liste der Kommutatoren in einer hübschen Zusammenfassung:

$$[\mathbf{a}^-, \mathbf{a}^+] = 1$$
$$[\mathbf{a}^-, \mathbf{N}] = \mathbf{a}^- \qquad (10.25)$$
$$[\mathbf{a}^+, \mathbf{N}] = -\mathbf{a}^+.$$

Dies könnte man schon als **Kommutator-Algebra** bezeichnen: eine Menge von Operatoren, abgeschlossen unter Vertauschung. Kommutator-Algebren haben wunderbare Eigenschaften, die sie zu einem der Lieblingswerkzeuge des theoretischen Physikers machen. Wir werden nun die Mächtigkeit dieser Kommutator-Algebra am berühmten Beispiel des harmonischen Oszillators sehen, indem wir sie verwenden, um die Eigenwerte und Eigenvektoren von $\mathbf{N}$ zu finden. Sobald wir diese kennen, können wir sofort die Eigenwerte von $\mathbf{H}$ aus Gl. 10.23 ablesen. Der Trick besteht in einer Art Induktion: Wir beginnen, indem wir annehmen, wir hätten einen Eigenwert n und einen Eigenvektor $|n\rangle$. Nach Definition ist

$$\mathbf{N}|n\rangle = n|n\rangle.$$

Nun betrachten wir einen neuen Vektor, den wir durch Anwendung von $\mathbf{a}^+$ auf $|n\rangle$ erhalten. Wir beweisen, dass er ein anderer Eigenvektor von $\mathbf{N}$ zu einem anderen Eigenwert ist. Wieder erreichen wir dies durch einfache Anwendung der Kommutator-Beziehungen. Wir beginnen, indem wir den Ausdruck $\mathbf{N}(\mathbf{a}^+|n\rangle)$ etwas komplizierter hinschreiben:

$$\mathbf{N}(\mathbf{a}^+|n\rangle) = [\mathbf{a}^+\mathbf{N} - (\mathbf{a}^+\mathbf{N} - \mathbf{N}\mathbf{a}^+)]|n\rangle.$$

Der Ausdruck rechts in Klammern ist dasselbe wie $\mathbf{N}\mathbf{a}^+$, wobei der Term $\mathbf{a}^+\mathbf{N}$ addiert und dann wieder subtrahiert wurde. Aber beachten Sie, dass der Ausdruck in Klammern der letzte der Kommutatoren aus Gl. 10.25 ist. Stecken wir dies hinein, so erhalten wir

$$\mathbf{N}(\mathbf{a}^+|n\rangle) = \mathbf{a}^+(\mathbf{N} + 1)|n\rangle.$$

Im letzten Schritt benutzen wir die Tatsache, dass $|n\rangle$ ein Eigenvektor von $\mathbf{N}$ zum Eigenwert n ist. Daher können wir $(\mathbf{N}+1)$ durch $n+1$ ersetzen:

$$\mathbf{N}(\mathbf{a}^+ |n\rangle) = (n+1)(\mathbf{a}^+ |n\rangle). \tag{10.26}$$

Wie immer, wenn wir mit Autopilot unterwegs sind, müssen wir unsere Augen offenhalten für interessante Ergebnisse. Gl. 10.26 ist interessant. Sie besagt, dass der Vektor $\mathbf{a}^+ |n\rangle$ ein neuer Eigenvektor von $\mathbf{N}$ ist zum Eigenwert $(n+1)$. Mit anderen Worten haben wir zu einem gegeben Eigenvektor $|n\rangle$ einen anderen Eigenvektor gefunden, dessen Eigenwert um 1 erhöht ist. All dies kann in einer Gleichung zusammengefasst werden:

$$\mathbf{a}^+ |n\rangle = |n+1\rangle. \tag{10.27}$$

Offensichtlich können wir dies immer wieder machen und Eigenvektoren $|n+2\rangle$, $|n+3\rangle$ und so weiter finden. Bemerkenswerterweise sehen wir, dass über einem Eigenwert n immer eine unendliche Folge von Eigenwerten liegt, durch ganze Zahlen getrennt. Der Name *Aufsteige*operator ist also gut gewählt.

Was ist mit dem Absteigeoperator? Wenig überrascht sehen wir, dass $\mathbf{a}^- |n\rangle$ einen Eigenvektor erzeugt, dessen Eigenwert eine Einheit niedriger ist:

$$\mathbf{a}^- |n\rangle = |n-1\rangle. \tag{10.28}$$

Dies suggeriert, dass es eine unendliche Folge von Eigenwerten unterhalb von n gibt, aber das kann nicht stimmen. Wir wissen bereits, dass der Grundzustand eine positive Energie besitzt, und wegen $\mathbf{H} = \omega\hbar(\mathbf{N}+1/2)$ muss die absteigende Folge enden. Die einzige Möglichkeit dazu ist die Existenz eines Eigenvektors $|0\rangle$, so dass die Anwendung von $\mathbf{a}^-$ null ergibt. (Wir sollten $|0\rangle$ nicht mit dem Nullvektor verwechseln.[3]) Symbolisch kann man dies schreiben als

$$\mathbf{a}^- |0\rangle = 0. \tag{10.29}$$

Da dies der niedrigste Energiezustand ist, ist $|0\rangle$ der Grundzustand, und seine Energie ist $E_0 = \omega\hbar/2$. Er ist ein Eigenvektor von $\mathbf{N}$ mit Eigenwert 0. Wie sagen oft, dass der Grundzustand durch $\mathbf{a}^-$ **vernichtet** wird.

Wie Sie sehen, hat sich die abstrakte Konstruktion von $\mathbf{a}^+$, $\mathbf{a}^-$ und $\mathbf{N}$ bezahlt gemacht. Sie erlaubt uns, das gesamte Spektrum der Energieniveaus des harmonischen Oszillators zu finden, ohne eine einzige Differentialgleichung zu lösen. Dieses Spektrum besteht aus den Energieniveaus

$$E_n = \omega\hbar(n + \frac{1}{2}) = \omega\hbar(\frac{1}{2}, \frac{3}{2}, \frac{5}{2}, \dots). \tag{10.30}$$

---

[3]Der 0-Vektor ist der Vektor, dessen Komponenten alle null sind. Der Vektor $|0\rangle$ dagegen ist ein Zustandsvektor, dessen Komponenten nicht alle verschwinden.

Diese Quantisierung der Energien des harmonischen Oszillators war eines der ersten Ergebnisse der Quantenmechanik, und vielleicht das wichtigste. Das Wasserstoffatom ist ein wunderbares Beispiel für die Quantenmechanik, aber letztendlich ist es nur das Wasserstoffatom. Der harmonische Oszillator dagegen taucht überall auf, von Kristallschwingungen über elektrische Stromkreise bis zu elektromagnetischen Wellen. Die Liste geht weiter. Selbst makroskopische Oszillatoren, wie ein Kind auf einer Schaukel, haben quantisierte Energieniveaus, aber die Gegenwart der Planckschen Konstante in Gl. 10.30 bedeutet, dass der Abstand zwischen den Niveaus so winzig ist, dass er unmöglich zu entdecken ist.

Das unendliche Spektrum der positiven Energieniveaus für einen harmonischen Oszillator wird manchmal als Turm bezeichnet, und manchmal als Leiter. Es ist schematisch in Abb. 10.2 dargestellt.

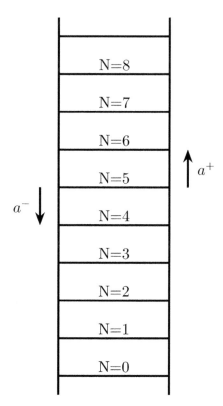

Abb. 10.2 Leiter der Energieniveaus des harmonischen Oszillators. Die Energieniveaus haben gleichen Abstand. a^+ und a^- heben und senken jeweils das Niveau. **N** hat eine untere Grenze von null (den Grundzustand), aber keine obere Grenze.

10.7   Zurück zu den Wellenfunktionen

Dieses Beispiel hat ausgiebig die bemerkenswerte Mächtigkeit der Operator-Algebra demonstriert, und die Operator-Methode ist wirklich bemerkenswert. Aber sie ist auch sehr abstrakt. Ist sie nützlich, um Wellenfunktionen zu finden, die konkreter und leichter zu visualisieren sind? Absolut.

Beginnen wir mit dem Grundzustand. Wir haben gerade in Gl. 10.29 gesehen, dass der Grundzustand der einzige Zustand ist, der durch $\mathbf{a}^-$ vernichtet wird. Nun schreiben wir einmal Gl. 10.29 in Termen der Orts- und Impulsoperatoren und der Wellenfunktion $\psi_0(x)$ des Grundzustands:

$$\frac{i}{\sqrt{2\omega\hbar}}(\mathbf{P} - i\omega\mathbf{X})\psi_0(x) = 0,$$

oder nach Kürzen des konstanten Faktors

$$(\mathbf{P} - i\omega\mathbf{X})\psi_0(x) = 0.$$

Wenn wir nun $\mathbf{P}$ durch $-i\hbar\frac{d}{dx}$ ersetzen, erhalten wir eine Differentialgleichung erster Ordnung, die viel einfacher ist als die Schrödingergleichung 2. Ordnung:

$$\frac{d\psi_0}{dx} = -\frac{\omega x}{\hbar}\psi_0(x).$$

Dies ist eine einfache Differentialgleichung, die Sie leicht lösen können. Oder Sie können einfach prüfen, ob die Wellenfunktion des Grundzustands

$$e^{-\frac{\omega}{2\hbar}x^2}$$

aus Gl. 10.15 eine Lösung ist. Die Berechnung der Wellenfunktionen der ange-regten (Nicht-Grund-) Zustände ist noch einfacher – wir müssen nicht einmal irgendwelche Gleichungen lösen. Gehen wir die Leiter hoch zu $n = +1$. Wir können dies tun, indem wir $\mathbf{a}^+$ auf den Grundzustand anwenden. Nennen wir die Wellenfunktion dieses neuen Zustands $\psi_1(x)$.

Um nicht immer die Konstante $-i/\sqrt{2\omega\hbar}$ in unseren Berechnungen herum-schleppen zu müssen, lassen wir sie einfach in unserer Definition von $\mathbf{a}^+$ fort. Dies betrifft nur den numerischen Koeffizienten. Die Gleichung lautet dann

$$\psi_1(x) = (\mathbf{P} + i\omega\mathbf{X})\psi_0(x)$$

oder

$$\psi_1(x) = \left(-i\hbar\frac{\partial}{\partial x} + i\omega x\right)e^{-\frac{\omega}{2\hbar}x^2}.$$

Klammern wir das i aus, erhalten wir

$$\psi_1(x) = i\left(-\hbar\frac{\partial}{\partial x} + \omega x\right)e^{-\frac{\omega}{2\hbar}x^2}.$$

Der „härteste" Teil dieser Berechnung ist die einfache Bildung der Ableitung von $e^{-\frac{\omega}{2\hbar}x^2}$. Hier ist das Ergebnis:

$$\psi_1(x) = 2i\omega\, x\, e^{-\frac{\omega}{2\hbar}x^2},$$

oder

$$\psi_1(x) = 2i\omega\, x\, \psi_0(x).$$

Der einzige wichtige Unterschied zwischen $\psi_0(x)$ und $\psi_1(x)$ ist die Anwesenheit des Faktors x in ψ_1. Dies bleibt nicht ohne Wirkung: Dadurch hat die Wellenfunktion des ersten angeregten Zustands einen Nulldurchgang oder Knoten bei $x = 0$. Das ist ein Muster, das sich beim Aufstieg längs der Leiter fortsetzt: Jeder folgende angeregte Zustand hat einen zusätzlichen Knoten. Wir erkennen dieses Muster, indem wir den zweiten angeregten Zustand bei $n = 2$ berechnen. Dazu müssen wir nur $\mathbf{a}^+$ erneut anwenden

$$\psi_2(x) = i\left(-\hbar\frac{\partial}{\partial x} + \omega x\right)\left(xe^{-\frac{\omega}{2\hbar}x^2}\right).$$

Wir können sofort erkennen, dass der ωx-Term einen Term ωx^2 ergeben wird. Durch $\frac{\partial}{\partial x}$ werden dagegen zwei Terme erzeugt wegen der Produktregel für Ableitungen. Einer dieser Terme kommt aus dem Exponential-Term (der ein weiteres ωx ergibt). Der andere kommt durch die Ableitung von x zustande. Es ist klar, dass wir bei einem quadratischen Polynom landen. Wenn wir diese Ableitungen ausarbeiten, ist die resultierende Wellenfunktion

$$\psi_2(x) = (-\hbar + 2\omega x^2)e^{-\frac{\omega}{2\hbar}x^2}.$$

Und so geht es weiter, die ganze Leiter hoch. Wir können hier ein anderes Muster erkennen: Jede Eigenfunktion ist ein Polynom in x, multipliziert mit $e^{-\frac{\omega}{2\hbar}x^2}$. Da die Exponentialfunktion schneller gegen null geht, als eines dieser Polynome wächst, geht jede Eigenfunktion asymptotisch gegen null, wenn x gegen plus oder minus unendlich geht. Und weil der Grad jedes Polynoms um eins größer ist als beim vorhergehenden, hat jede Eigenfunktion eine Nullstelle mehr als die davor.[4] Dies erklärt auch, warum aufeinanderfolgende Eigenfunktionen zwischen Symmetrie und Antisymmetrie wechseln. Genauer sind Eigenfunktionen von geradem Grad symmetrisch, während Polynome mit ungeradem Grad antisymmetrisch sind. Die Polynome dieser Folge sind wohlbekannt. Sie werden **Hermitesche Polynome** genannt. Die Eigenfunktion $e^{-\frac{\omega}{2}x^2}$ des Grundzustands, die in allen Eigenfunktionen der höheren Energien auftaucht, ist symmetrisch.

---

[4]Es stellt sich heraus, dass diese Nullstellen bei reellen x auftauchen, aber das ist hier nicht offensichtlich. In einem physikalischen Sinne scheinen diese Nullstellen etwas merkwürdig, denn es sind Punkte, an denen man die sich bewegende Masse niemals finden wird, obwohl sie munter hin- und herflitzt.

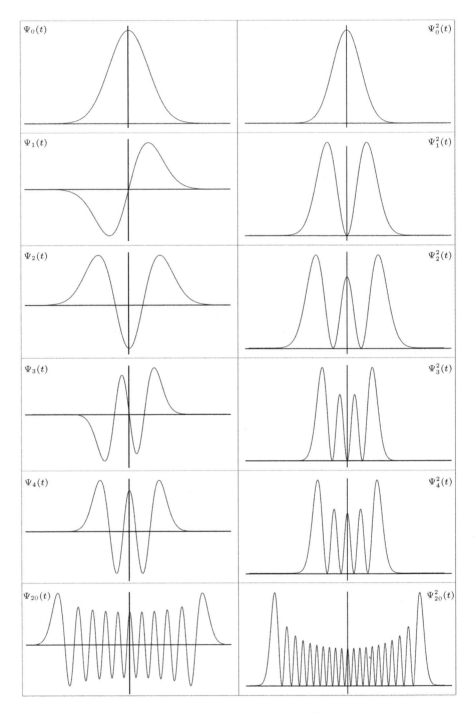

Abb. 10.3 Eigenfunktionen des harmonischen Oszillators. Die Amplituden werden links gezeigt, die Wahrscheinlichkeiten rechts. Die Wellenfunktionen höherer Energie oszillieren schneller und sind weiter ausgedehnt.

Abb. 10.3 zeigt die Eigenfunktionen verschiedener Energieniveaus. Jede folgende Eigenfunktion oszilliert schneller als die davor. Dies entspricht einem wachsenden Impuls. Je schneller die Wellenfunktion oszilliert, umso größer ist der Impuls des Systems. Bei höheren Energien ist das System auch weiter ausgedehnt. In physikalischen Begriffen bewegt sich die Masse weiter fort vom Gleichgewichtspunkt, und schneller.

Diese Eigenfunktionen enthalten noch eine weitere wichtige Lehre. Obwohl sie sich asymptotisch der 0 nähern (recht schnell), erreichen sie niemals die 0. Das bedeutet, dass es eine kleine, aber endliche Möglichkeit gibt, das Teilchen „außerhalb des Topfes" zu finden, der seine Energie-Potentialfunktion bestimmt. Dieses Phänomen, **Tunneleffekt** genannt, ist in der klassischen Physik völlig unbekannt.

10.8 Die Bedeutung der Quantisierung

Wir haben in diesen Vorlesungen einen hohen Berg erklommen, aber es ist nicht der letzte Berg. Von unserem jetzigen Aussichtspunkt können wir einen kleinen Blick auf die enorme Landschaft der Quantenfeldtheorie werfen. Das ist Material für ein anderes Buch. Oder vielleicht für drei. Aber immerhin können wir von hier aus etwas von dem Gebiet sehen.

Betrachten Sie das Beispiel der elektromagnetischen Strahlung in einem Hohlraum, wie in Abb. 10.4. In diesem Kontext ist ein Hohlraum ein Raumgebiet, das durch ein Paar perfekt reflektierender Spiegel eingefasst wird, die die Strahlung endlos hin- und herwerfen. Stellen Sie sich den Hohlraum als eine lange metallene Röhre vor, in der die Strahlung in beiden Richtungen wandern kann.

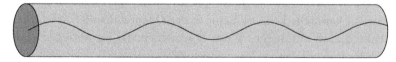

Abb. 10.4 Elektromagnetische Strahlung in einem Hohlraum.

Es gibt viele Wellenlängen, die in diesen Hohlraum passen. Betrachten wir Wellen der Länge λ. Wie alle Wellen schwingen auch diese, sehr ähnlich einer Masse am Ende einer Feder. Aber es ist wichtig, hier nicht durcheinander zu geraten: Die Oszillatoren sind keine an Federn befestigten Massen. Was wirklich oszilliert sind die elektrischen und magnetischen Felder. Für jede Wellenlänge gibt es einen mathematischen harmonischen Oszillator, der die Amplitude oder Stärke des Feldes beschreibt. Es gibt eine Menge harmonischer Oszillatoren, die alle gleichzeitig schwingen. Glücklicherweise jedoch oszillieren sie alle unabhängig voneinander, so dass wir unsere Aufmerksamkeit auf eine spezielle Wellenlänge konzentrieren und alle anderen ignorieren können.

Es gibt eine einzige wichtige Zahl, die zu einem Oszillator gehört, nämlich seine Frequenz. Sie wissen wahrscheinlich schon, wie man die Frequenz einer Welle mit der Wellenlänge λ berechnet:

$$\omega = \frac{2\pi c}{\lambda}.$$

In der klassischen Physik ist die Frequenz natürlich einfach nur die Frequenz. In der Quantenmechanik dagegen bestimmt die Frequenz das Energiequantum des Oszillators. Anders ausgedrückt muss die in den Wellen der Länge λ enthaltene Energie

$$(n + \frac{1}{2})/\hbar\omega$$

sein. Der Ausdruck $(\frac{1}{2})/\hbar\omega$ ist für unsere Zwecke nicht wichtig. Man nennt ihn die **Nullpunktsenergie**, und wir können sie ignorieren. Wenn wir dies tun, so wird die Energie der Wellen der Länge λ zu

$$\frac{2\pi\hbar c}{\lambda}n,$$

wobei n jede ganze Zahl ab null sein kann. Mit anderen Worten ist die Energie einer elektromagnetischen Welle quantisiert in unteilbaren Einheiten von

$$\frac{2\pi\hbar c}{\lambda}.$$

Für einen klassischen Physiker ist dies sehr seltsam. Egal was man macht, die Energie kommt immer in unteilbaren Einheiten.

Sie wissen wahrscheinlich, dass diese Einheiten **Photonen** genannt werden. Tatsächlich ist *Photon* nur ein anderer Name für die quantisierten Energieeinheiten in einem harmonischen Oszillator in der Quantentheorie. Aber wir können diese Fakten auch auf andere Weise beschreiben. Da sie unteilbar sind, kann man sich Photonen auch als Elementarteilchen vorstellen. Eine Welle im n-ten angeregten Quantenzustand kann man sich als Ansammlung von n Photonen vorstellen.

Was ist die Energie eines einzelnen Photons? Das ist einfach. Es ist die Energie, die man braucht, um eine einzelne Einheit hinzuzufügen, nämlich

$$E(\lambda) = \frac{2\pi\hbar c}{\lambda}.$$

Hier sehen wir etwas, das die Physik für über ein gutes Jahrhundert beherrscht hat: Je kürzer die Wellenlänge eines Photons ist, umso größer ist die Energie. Warum ist ein Physiker an der Erzeugung kurzwelliger Photonen interessiert, wenn sie soviel Energie kostet? Die Antwort ist: Um besser zu sehen. Wie in Vorlesung 1 diskutiert, muss man, um ein Objekt einer bestimmten Größe aufzulösen, Wellen dieser Größe oder kleiner verwenden. Um eine menschliche Gestalt zu sehen, reichen Wellenlängen von ein paar Zentimetern. Um ein kleines Staubkorn zu sehen, braucht man sichtbares Licht viel kürzerer Wellenlänge. Um Teile eines Protons aufzulösen, muss die Wellenlänge kleiner als 10^{15} Meter sein, und die korrespondierenden Photonen müssen sehr viel Energie haben. Am Ende geht alles auf den harmonischen Oszillator zurück.

> Mit dieser Bemerkung, meine Freunde, schließen wir diesen Band des Theoretischen Minimums. Wir freuen uns, Sie bei der Speziellen Relativitätstheorie wiederzusehen!

(c) Margaret Sloan

Anhang A

Matrizen

A.1   Pauli-Matrizen

$$\sigma_z = \begin{pmatrix} 1 & 0 \\ 0 & -1 \end{pmatrix}$$

$$\sigma_x = \begin{pmatrix} 0 & 1 \\ 1 & 0 \end{pmatrix}$$

$$\sigma_y = \begin{pmatrix} 0 & -i \\ i & 0 \end{pmatrix}$$

© Springer-Verlag GmbH Deutschland, ein Teil von Springer Nature 2020
L. Susskind und A. Friedman, *Quantenmechanik: Das Theoretische Minimum*, https://doi.org/10.1007/978-3-662-60330-7

A.2   Wirkung der Spinoperatoren

$$|u\rangle = \begin{pmatrix} 1 \\ 0 \end{pmatrix} \quad \Longleftrightarrow \quad \begin{aligned} \sigma_z\,|u\rangle &= |u\rangle \\ \sigma_x\,|u\rangle &= |d\rangle \\ \sigma_y\,|u\rangle &= i\,|d\rangle \end{aligned}$$

$$|d\rangle = \begin{pmatrix} 0 \\ 1 \end{pmatrix} \quad \Longleftrightarrow \quad \begin{aligned} \sigma_z\,|d\rangle &= -\,|d\rangle \\ \sigma_x\,|d\rangle &= |u\rangle \\ \sigma_y\,|d\rangle &= -i\,|u\rangle \end{aligned}$$

$$|r\rangle = \begin{pmatrix} \frac{1}{\sqrt{2}} \\ \frac{1}{\sqrt{2}} \end{pmatrix} \quad \Longleftrightarrow \quad \begin{aligned} \sigma_z\,|r\rangle &= |l\rangle \\ \sigma_x\,|r\rangle &= |r\rangle \\ \sigma_y\,|r\rangle &= -i\,|l\rangle \end{aligned}$$

$$|l\rangle = \begin{pmatrix} \frac{1}{\sqrt{2}} \\ \frac{-1}{\sqrt{2}} \end{pmatrix} \quad \Longleftrightarrow \quad \begin{aligned} \sigma_z\,|l\rangle &= |r\rangle \\ \sigma_x\,|l\rangle &= -\,|l\rangle \\ \sigma_y\,|l\rangle &= i\,|r\rangle \end{aligned}$$

$$|i\rangle = \begin{pmatrix} \frac{1}{\sqrt{2}} \\ \frac{i}{\sqrt{2}} \end{pmatrix} \quad \Longleftrightarrow \quad \begin{aligned} \sigma_z\,|i\rangle &= |o\rangle \\ \sigma_x\,|i\rangle &= i\,|o\rangle \\ \sigma_y\,|i\rangle &= |i\rangle \end{aligned}$$

$$|o\rangle = \begin{pmatrix} \frac{1}{\sqrt{2}} \\ \frac{-i}{\sqrt{2}} \end{pmatrix} \quad \Longleftrightarrow \quad \begin{aligned} \sigma_z\,|o\rangle &= |i\rangle \\ \sigma_x\,|o\rangle &= -i\,|i\rangle \\ \sigma_y\,|o\rangle &= -\,|o\rangle \end{aligned}$$

A.3   Basiswechsel

$$|r\rangle = \frac{1}{\sqrt{2}}\,|u\rangle + \frac{1}{\sqrt{2}}\,|d\rangle$$

$$|l\rangle = \frac{1}{\sqrt{2}}\,|u\rangle - \frac{1}{\sqrt{2}}\,|d\rangle$$

$$|i\rangle = \frac{1}{\sqrt{2}}\,|u\rangle + \frac{i}{\sqrt{2}}\,|d\rangle$$

$$|o\rangle = \frac{1}{\sqrt{2}}\,|u\rangle - \frac{i}{\sqrt{2}}\,|d\rangle$$

A.4   Spinkomponente in $\hat{n}$-Richtung

Vektorschreibweise

$$\sigma_n = \vec{\sigma} \cdot \hat{n}$$

Komponentenschreibweise

$$\sigma_n = \sigma_x n_x + \sigma_y n_y + \sigma_z n_z$$

Ausführlicher

$$\sigma_n = n_x \begin{pmatrix} 0 & 1 \\ 1 & 0 \end{pmatrix} + n_y \begin{pmatrix} 0 & -i \\ i & 0 \end{pmatrix} + n_z \begin{pmatrix} 1 & 0 \\ 0 & -1 \end{pmatrix}$$

Zusammengefasst zu einer einzigen Matrix

$$\sigma_n = \begin{pmatrix} n_z & (n_x - in_y) \\ (n_x + in_y) & -n_z \end{pmatrix}$$

A.5   Multiplikationstabellen der Spinoperatoren

Ein Wort zur Schreibweise: In Tab. A.3 wird das Zeichen i auf zwei verschiedene Arten verwendet. Innerhalb eines Kets, wie etwa $|io\rangle$, ist es Teil der Benennung des Zustands - io steht für „**in-out**". Erscheint i aber außerhalb eines Ket-Symbols, so steht es für die imaginäre Einheit.

Tab. A.1 up-down-Basis

	$|uu\rangle$	$|ud\rangle$	$|du\rangle$	$|dd\rangle$
σ_z	$|uu\rangle$	$|ud\rangle$	$-\,|du\rangle$	$-\,|dd\rangle$
σ_x	$|du\rangle$	$|dd\rangle$	$|uu\rangle$	$|ud\rangle$
σ_y	$i\,|du\rangle$	$i\,|dd\rangle$	$-i\,|uu\rangle$	$-i\,|ud\rangle$
τ_z	$|uu\rangle$	$-\,|ud\rangle$	$|du\rangle$	$-\,|dd\rangle$
τ_x	$|ud\rangle$	$|uu\rangle$	$|dd\rangle$	$|du\rangle$
τ_y	$i\,|ud\rangle$	$-i\,|uu\rangle$	$i\,|dd\rangle$	$-i\,|du\rangle$

Tab. A.2 right-left-Basis

	$|rr\rangle$	$|rl\rangle$	$|lr\rangle$	$|ll\rangle$
σ_z	$|lr\rangle$	$|ll\rangle$	$|rr\rangle$	$|rl\rangle$
σ_x	$|rr\rangle$	$|rl\rangle$	$-\,|lr\rangle$	$-\,|ll\rangle$
σ_y	$-i\,|lr\rangle$	$-i\,|ll\rangle$	$i\,|rr\rangle$	$i\,|rl\rangle$
τ_z	$|rl\rangle$	$|rr\rangle$	$|ll\rangle$	$|lr\rangle$
τ_x	$|rr\rangle$	$-\,|rl\rangle$	$|lr\rangle$	$-\,|ll\rangle$
τ_y	$-i\,|rl\rangle$	$i\,|rr\rangle$	$-i\,|ll\rangle$	$i\,|lr\rangle$

Tab. A.3 in-out-Basis

	$|ii\rangle$	$|io\rangle$	$|oi\rangle$	$|oo\rangle$
σ_z	$|oi\rangle$	$|oo\rangle$	$|ii\rangle$	$|io\rangle$
σ_x	$i\,|oi\rangle$	$i\,|oo\rangle$	$-\,|ii\rangle$	$-\,|io\rangle$
σ_y	$|ii\rangle$	$|io\rangle$	$-\,|oi\rangle$	$-\,|oo\rangle$
τ_z	$|io\rangle$	$|ii\rangle$	$|oo\rangle$	$|oi\rangle$
τ_x	$i\,|io\rangle$	$-i\,|ii\rangle$	$i\,|oo\rangle$	$-i\,|oi\rangle$
τ_y	$|ii\rangle$	$-\,|io\rangle$	$|oi\rangle$	$-\,|oo\rangle$

Index

© Springer-Verlag GmbH Deutschland, ein Teil von Springer Nature 2020
L. Susskind und A. Friedman, *Quantenmechanik: Das Theoretische
Minimum*, https://doi.org/10.1007/978-3-662-60330-7